"高等职业教育分析检验技术专业模块化系列教材" 编写委员会

主　任： 李慧民

副主任： 张　荣　　王国民　　马滕文

编　委（按拼音顺序排序）：

曹春梅	陈本寿	陈　斌	陈国靖	陈洪敏	陈小亮	陈　渝
陈　源	池雨芮	崔振伟	邓冬莉	邓治宇	刁银军	段正富
高小丽	龚　锋	韩玉花	何小丽	何勇平	胡　婕	胡　莉
黄力武	黄一波	黄永东	季剑波	姜思维	江志勇	揭芳芳
黎　庆	李　芬	李慧民	李　乐	李岷轩	李启华	李希希
李　应	李珍义	廖权昌	林晓毅	刘利亚	刘筱琴	刘玉梅
龙晓虎	鲁　宁	路　蕴	罗　谧	马　健	马　双	马滕文
聂明靖	欧蜀云	欧永春	彭传友	彭华友	秦　源	冉柳霞
任莉萍	任章成	孙建华	谭建川	唐　君	唐淑贞	王　波
王　芳	王国民	王会强	王丽聪	王文斌	王晓刚	王　雨
韦莹莹	吴丽君	夏子乔	熊　凤	徐　溢	薛莉君	严　斌
杨　兵	杨静静	杨　沛	杨　迅	杨永杰	杨振宁	姚　远
易达成	易　莎	袁玉奎	曾祥燕	张华东	张进忠	张　静
张径舟	张　兰	张　雷	张　丽	张曼玲	张　荣	张潇丹
赵其燕	周柏丞	周卫平	朱明吉	左　磊		

高等职业教育分析检验技术专业模块化系列教材

化工原料与产品分析

杨静静　何勇平　主编

张　荣　主审

化学工业出版社

·北京·

内容简介

本书是高等职业教育分析检验技术专业模块化系列教材的一个分册，包括 16 个模块 102 个学习单元，主要介绍常见化工产品的分析检验，主要包括工业硫酸分析、工业用氢氧化钠分析、工业用碳酸钠分析、工业氯化锌分析、涂料物理性能的检验、工业用乙酸乙酯分析、工业用丙烯腈分析、尿素分析、农业用碳酸氢铵分析、复混肥料分析、煤的分析、油类产品分析、水质分析、水质非金属成分分析、水质金属分析、水中有机化合物分析。在每个模块的学习单元中，都加入了前序分册相关学习单元的内容，用于复习巩固相关操作技能。

本书既可作为职业院校分析检验技术专业教材，又可作为从事分析检验相关工作在职人员的培训教材，还可供其他相关人员自学参考。

图书在版编目（CIP）数据

化工原料与产品分析／杨静静，何勇平主编. 北京：化学工业出版社，2024.9. — ISBN 978-7-122-44807-1

I. TQ072

中国国家版本馆 CIP 数据核字第 2024SG7599 号

责任编辑：刘心怡　窦　臻　　文字编辑：崔婷婷
责任校对：宋　玮　　　　　　装帧设计：关　飞

出版发行：化学工业出版社
　　　　　（北京市东城区青年湖南街 13 号　邮政编码 100011）
印　　装：中煤（北京）印务有限公司
787mm×1092mm　1/16　印张 20　字数 421 千字
2025 年 6 月北京第 1 版第 1 次印刷

购书咨询：010-64518888　　　售后服务：010-64518899
网　　址：http://www.cip.com.cn

凡购买本书，如有缺损质量问题，本社销售中心负责调换。

定　　价：56.00 元　　　　　　　　　　版权所有　违者必究

本书编写人员

主　编：杨静静　重庆化工职业学院
　　　　何勇平　中国航油集团重庆石油有限公司

参　编：江志勇　重庆化工职业学院
　　　　韦莹莹　重庆化工职业学院
　　　　韩玉花　重庆化工职业学院
　　　　龚　锋　重庆工信职业学院
　　　　孙建华　重庆工信职业学院
　　　　吴丽君　重庆化工职业学院
　　　　曹春梅　重庆化工职业学院
　　　　廖权昌　重庆工信职业学院
　　　　李岷轩　长寿区消防救援支队
　　　　易　莎　重庆化工职业学院

主　审：张　荣　重庆化工职业学院

序

根据《关于推动现代职业教育高质量发展的意见》和《国家职业教育改革实施方案》文件精神，为做好"三教"改革和配套教材的开发，在中国化工教育协会的领导下，全国石油和化工职业教育教学指导委员会分析检验类专业委员会具体组织指导下，由重庆化工职业学院牵头，依据学院二十多年教育教学改革研究与实践，在改革课题"高职工业分析与检验专业实施 MES（模块）教学模式研究"和"高职工业分析与检验专业校企联合人才培养模式改革试点"研究基础上，为建设高水平分析检验专业群，组织编写了分析检验技术专业模块化系列教材。

本系列教材为适应职业教育教学改革及科学技术发展的需要，采用国际劳工组织（ILO）开发的模块式技能培训教学模式，依据职业岗位需求标准、工作过程，以系统论、控制论和信息论为理论基础，坚持以技术技能为中心的课程改革，将"立德树人、课程思政"有机融合到教材中，将原有课程体系专业人才培养模式，改革为工学结合、校企合作的人才培养模式。

本系列教材分为 124 个模块、553 个学习单元，每个模块包含若干个学习单元，每个学习单元都有明确的"学习目标"和与其紧密对应的"进度检查"。"进度检查"题型多样、形式灵活。进度检查合格，本学习单元的学习目标即可达到。对有技能训练的模块，都有该模块的技能考试内容及评分标准，考试合格，该模块学习任务完成，也就获得了一种或一项技能。分析检验专业群中的各专业，可以选择不同学习单元组合成为专业课部分教学内容。

根据课堂教学需要或岗位培训需要，可选择学习单元，进行教学内容设计与安排。每个学习单元旁的编号也便于教学内容按顺序安排，具有使用的灵活性。

本系列教材可作为高等职业院校分析检验专业群教材使用，也可作为各行业相关分析检验检测技术人员培训教材使用，还可供各行业、企事业单位从事分析检验检测和管理工作的有关人员自学或参考。

本系列教材在编写过程中得到中国化工教育协会、全国石油和化工职业教育教学指导委员会、化学工业出版社的帮助和指导，参加教材编写的教师、研究员、工程师、技师有 103 人，他们来自全国本科院校、职业院校、企事业单位、科研院所等 34 个单位，在此一并表示感谢。

张荣
2022 年 12 月

前言

为了满足化工行业对专业人才的需求，培养具备扎实化工原料与产品检验知识和技能的高素质人才，在中国化工教育协会领导下，全国石油和化工职业教育教学指导委员会高职分析检验类专业教学指导委员会具体组织指导下，由重庆化工职业学院牵头，组织多所职业院校教师、科研院所、企业工程技术人员等编写了这本《化工原料与产品分析》教材。本书全面系统地介绍了常用化工原料与产品的分析方法，包括硫酸、氢氧化钠、氯化锌、乙酸乙酯、丙烯腈、尿素、碳酸氢铵、复混肥料、煤、油类产品、水质中的无机及有机分析等。

在编写过程中，我们注重理论与实践相结合，既详细阐述了检测的基本原理和方法，又通过丰富的实际案例分析，帮助读者更好地理解和应用所学知识。同时，我们紧跟行业发展动态，及时更新内容，融入了最新的检测技术和标准规范。本书可作为高等院校化工相关专业教材，也可供化工企业的技术人员、质量管理人员以及从事化工产品检验的相关人员参考使用。

本分册教材名称为《化工原料与产品分析》，由 16 个模块 102 个学习单元组成。本书主编为杨静静、何勇平，主审为张荣。其中模块 1 和模块 2 由杨静静、唐锡编写，模块 3 和模块 4 由江志勇、李岷轩编写，模块 5 和模块 9 由韦莹莹、王睿编写，模块 6 和模块 7 由韩玉花、廖权昌编写，模块 8 和模块 10 由龚锋、孙建华编写，模块 11 和模块 12 由何勇平、夏子乔编写，模块 13 和模块 14 由吴丽君编写，模块 15 和模块 16 由曹春梅编写。全书由杨静静统稿整理。

本书编写过程中参阅和引用了文献资料和相关著作，在此一并感谢。我们衷心希望本书能够为化工原料与产品检验领域的人才培养和技术发展贡献一份力量，同时也期待读者对本书提出宝贵的意见和建议，以便我们不断完善和改进。

编者
2024 年 10 月

目录

模块 1　工业硫酸分析　　1

学习单元 1-1　工业硫酸分析的国家标准　/ 1
学习单元 1-2　工业硫酸中铁含量的测定　/ 3
学习单元 1-3　工业硫酸中铅含量的测定　/ 6
学习单元 1-4　工业硫酸中硫酸含量的测定　/ 9
学习单元 1-5　工业硫酸中灰分含量的测定　/ 11
学习单元 1-6　工业硫酸透明度的测定　/ 13
学习单元 1-7　工业硫酸色度的测定　/ 15

模块 2　工业用氢氧化钠分析　　17

学习单元 2-1　工业用氢氧化钠的国家标准　/ 17
学习单元 2-2　工业用氢氧化钠中钙、镁含量的测定　/ 19
学习单元 2-3　工业用氢氧化钠中铁含量的测定　/ 22

模块 3　工业用碳酸钠分析　　26

学习单元 3-1　工业用碳酸钠分析的国家标准　/ 26
学习单元 3-2　工业用碳酸钠中总碱量的测定（滴定法）　/ 28
学习单元 3-3　工业用碳酸钠中氯化物含量的测定（电位滴定法）　/ 30
学习单元 3-4　工业用碳酸钠中铁含量的测定　/ 33
学习单元 3-5　工业用碳酸钠中硫酸盐含量的测定　/ 36
学习单元 3-6　工业用碳酸钠中水不溶物含量的测定　/ 38
学习单元 3-7　工业用碳酸钠烧失量的测定　/ 40

模块 4　工业氯化锌分析　　42

学习单元 4-1　工业氯化锌分析的国家标准　/ 42

学习单元 4-2　工业氯化锌含量的测定　/ 44

学习单元 4-3　工业氯化锌中碱式盐含量的测定　/ 47

学习单元 4-4　工业氯化锌中硫酸盐含量的测定　/ 49

学习单元 4-5　工业氯化锌中钡盐含量的测定　/ 51

学习单元 4-6　工业氯化锌中铁盐含量的测定　/ 53

学习单元 4-7　工业氯化锌中重金属铅含量的测定　/ 55

学习单元 4-8　工业氯化锌中盐酸不溶物含量的测定　/ 58

模块 5　涂料物理性能的检验　　　　　　　　　　　　　　　　60

学习单元 5-1　物理性能检验的知识及标准　/ 60

学习单元 5-2　喷塑流水线粉末涂料的性能检验　/ 63

学习单元 5-3　漆膜厚度的测定　/ 66

模块 6　工业用乙酸乙酯分析　　　　　　　　　　　　　　　　　70

学习单元 6-1　工业用乙酸乙酯分析的国家标准　/ 70

学习单元 6-2　工业用乙酸乙酯密度的测定　/ 72

学习单元 6-3　工业用乙酸乙酯酸度的测定　/ 74

学习单元 6-4　工业用乙酸乙酯蒸发残渣的测定　/ 76

学习单元 6-5　工业用乙酸乙酯含量的测定（气相色谱法）　/ 78

学习单元 6-6　工业用乙酸乙酯水分含量的测定（卡尔·费休法）　/ 80

模块 7　工业用丙烯腈分析　　　　　　　　　　　　　　　　　　84

学习单元 7-1　工业用丙烯腈分析的国家标准　/ 84

学习单元 7-2　工业用丙烯腈密度的测定　/ 86

学习单元 7-3　工业用丙烯腈（5%水溶液）pH 值的测定　/ 88

学习单元 7-4　工业用丙烯腈（5%水溶液）滴定值的测定　/ 90

学习单元 7-5　工业用丙烯腈中水分含量的测定　/ 92

学习单元 7-6　工业用丙烯腈中总醛含量的测定　/ 96

学习单元 7-7　工业用丙烯腈总氰含量的测定　/ 99

学习单元 7-8　工业用丙烯腈总铁含量的测定　/ 101

学习单元 7-9　工业用丙烯腈中对羟基苯甲醚含量的测定　/ 104

模块 8　尿素分析　　　　　　　　　　　　　　　　　　　　　　107

学习单元 8-1　尿素分析的国家标准　/ 107
学习单元 8-2　尿素总氮含量的测定　/ 109
学习单元 8-3　尿素中缩二脲含量的测定　/ 113
学习单元 8-4　尿素中水分含量的测定　/ 116
学习单元 8-5　工业尿素铁含量的测定　/ 120
学习单元 8-6　工业尿素碱度的测定　/ 124
学习单元 8-7　工业尿素中水不溶物含量的测定　/ 127
学习单元 8-8　尿素粒度的测定（筛分法）　/ 129

模块 9　农业用碳酸氢铵分析　131

学习单元 9-1　农业用碳酸氢铵分析的国家标准　/ 131
学习单元 9-2　农业用碳酸氢铵氮含量的测定　/ 133
学习单元 9-3　农业用碳酸氢铵水分含量的测定　/ 136

模块 10　复混肥料的分析　140

学习单元 10-1　复混肥料的分析方法　/ 140
学习单元 10-2　复混肥料分析的国家标准　/ 143
学习单元 10-3　磷酸一铵、磷酸二铵有效磷含量测定　/ 146
学习单元 10-4　磷酸一铵、磷酸二铵总氮含量测定　/ 150
学习单元 10-5　磷酸一铵、磷酸二铵水分测定　/ 153
学习单元 10-6　磷酸一铵、磷酸二铵粒度测定　/ 157

模块 11　煤的分析　159

学习单元 11-1　煤工业分析的国家标准　/ 159
学习单元 11-2　煤的工业分析中水分的测定　/ 161
学习单元 11-3　煤的工业分析中灰分的测定　/ 166
学习单元 11-4　煤的工业分析中挥发分的测定　/ 169
学习单元 11-5　煤的工业分析中固定碳的计算　/ 172
学习单元 11-6　煤的工业分析中煤的发热量测定　/ 174
学习单元 11-7　库仑滴定法测定煤的全硫量　/ 180

模块 12　油类产品的分析　185

学习单元 12-1　汽油、柴油、煤油分析的国家标准　/ 185

学习单元 12-2　液体石油产品密度的测定　/ 190

学习单元 12-3　车用汽油蒸气压的测定　/ 195

学习单元 12-4　石油产品馏程测定　/ 198

学习单元 12-5　石油产品水溶性酸碱测定　/ 201

学习单元 12-6　石油产品闪点测定（闭口杯法）　/ 203

模块 13　水质分析　　206

学习单元 13-1　水质分析的国家标准　/ 206

学习单元 13-2　水中 pH 值的测定　/ 209

学习单元 13-3　水中浊度测定　/ 212

学习单元 13-4　水中总硬度测定　/ 214

学习单元 13-5　水中悬浮物的测定　/ 217

学习单元 13-6　水中总残渣测定　/ 220

模块 14　水质非金属成分分析　　222

学习单元 14-1　水样中非金属成分分析的国家标准　/ 222

学习单元 14-2　水样中溶解氧 DO 的测定（碘量法）　/ 227

学习单元 14-3　水样中化学需氧量（COD_{Cr}）的测定　/ 230

学习单元 14-4　水样中生化需氧量 BOD_5 的测定　/ 234

学习单元 14-5　水样中氨氮的测定　/ 237

学习单元 14-6　水样中挥发酚的测定　/ 240

学习单元 14-7　水样中氰化物的测定　/ 243

学习单元 14-8　水样中油类的测定　/ 247

学习单元 14-9　水样中阴离子表面活性剂的测定　/ 252

学习单元 14-10　水样中砷的测定　/ 256

学习单元 14-11　水样中苯系物的测定　/ 259

模块 15　水质金属分析　　263

学习单元 15-1　水质金属分析的国家标准　/263

学习单元 15-2　水样中铜的测定　/265

学习单元 15-3　水样中铅的测定　/268

学习单元 15-4　水样中铬的测定　/271

学习单元 15-5　水样中镉的测定　/275

学习单元 15-6　水样中汞的测定　/277

学习单元 15-7　水样中锰的测定　/280
学习单元 15-8　水样中铁的测定　/283

模块 16　水样中有机化合物的测定　286

学习单元 16-1　水中有机化合物分析的国家标准　/286
学习单元 16-2　水中有机磷农药的测定　/289
学习单元 16-3　水中有机胺类（苯胺类）化合物的测定　/295
学习单元 16-4　水中挥发性有机物的测定　/298
学习单元 16-5　水中阴离子合成洗涤剂的测定　/305

参考文献　308

模块 1　工业硫酸分析

编号 FJC-102-01

学习单元 1-1　工业硫酸分析的国家标准

学习目标：完成了本单元的学习之后，掌握工业硫酸分析的必检项目，能够使用正确的标准进行工业硫酸必检项目的分析。

职业领域：化工、环保、食品、医药等

工作范围：分析

所需标准

序号	名称及说明	数量
1	《工业硫酸》GB/T 534—2014	1 套

通过学习本单元，可学会工业硫酸中各成分的分析，了解硫酸在工业中的应用及对人类社会发展的重要性，知道产品质量对社会生产和生活的重要性，形成质量意识，增强为人民服务的自觉性。

一、工业硫酸

硫酸，化学式 H_2SO_4，分子量 98.08。工业硫酸是一种油状的液体，通常情况下是无色透明状的，硫酸的密度比水的密度大，溶于水时放出大量的热；有强烈的腐蚀性和脱水性。

硫酸是一种重要的化工原料，用途十分广泛，除用于化学工业外，还非常广泛应用于肥料、非碱性清洁剂、护肤品、油漆添加剂与炸药的制造等方面。工业硫酸分为浓硫酸和发烟硫酸两种，两者的技术要求分别见表 1-1 和表 1-2。

表 1-1　浓硫酸的技术要求

项目		指标		
		优等品	一等品	合格品
$w[硫酸(H_2SO_4)]/\%$	≥	92.5 或 98	92.5 或 98	92.5 或 98
$w(灰分)/\%$	≤	0.02	0.03	0.10
$w[铁(Fe)]/\%$	≤	0.005	0.010	—
$w[砷(As)]/\%$	≤	0.0001	0.001	0.01
$w[铅(Pb)]/\%$	≤	0.005	0.02	—

续表

项目	指标		
	优等品	一等品	合格品
w[汞(Hg)]/% ≤	0.001	0.01	—
透明度/mm ≥	80	50	—
色度	不深于标准色度	不深于标准色度	—

注：指标中"—"表示该类别产品的技术要求中没有此项目。

表1-2 发烟硫酸的技术要求

项目	指标		
	优等品	一等品	合格品
w[游离三氧化硫(SO_3)]/% ≥	20.0 或 25.0	20.0 或 25.0	20.0 或 25.0 或 65.0
w(灰分)/% ≤	0.02	0.03	0.10
w[铁(Fe)]/% ≤	0.005	0.010	0.030
w[砷(As)]/% ≤	0.0001	0.0001	—
w[铅(Pb)]/% ≤	0.005	—	—

注：指标中"—"表示该类别产品的技术要求中没有此项目。

二、工业硫酸分析相关标准

工业硫酸分析相关标准为 GB/T 534—2014《工业硫酸》。

三、注意事项

使用标准时要注意标准的适用范围。

进度检查

一、填空题

1. 工业硫酸分为_____和_____。
2. 工业硫酸的密度比水_____，溶于水能_____大量的热。

二、判断题

1. 工业硫酸标准 GB/T 534—2014 开始实施后，GB/T 534—2002 仍可继续使用。（　　）
2. GB/T 534—2014 是强制性标准。（　　）

编号 FJC-102-02

学习单元 1-2　工业硫酸中铁含量的测定

学习目标： 完成了本单元的学习之后，能够用邻菲啰啉分光光度法测定工业硫酸中铁的含量。

职业领域： 化工、环保、食品、医药等

工作范围： 分析

所需仪器、药品

序号	名称及说明	数量
1	分光光度计(具有1cm比色皿)	1台
2	电子秤(精确到0.01g)	1台
3	可调温电炉	1台
4	容量瓶(100mL、50mL)	2个、8个
5	移液管(5mL)	3支
6	移液管(10mL)	2支
7	量筒(10mL、50mL)	各1个
8	烧杯(50mL)	1个
9	工业硫酸溶液(1+1)	适量
10	盐酸溶液(1+10)	适量
11	邻菲啰啉盐酸溶液(1g/L)	适量
12	盐酸羟胺溶液(10g/L)	适量
13	乙酸-乙酸钠缓冲溶液(pH≈4.5)	适量
14	铁标准溶液(0.100mg/mL)	适量
15	铁标准溶液(10μg/mL)	现用现配

一、测定原理

邻菲啰啉是测定铁的一种较好的显色剂，试样中的 Fe^{3+} 可先用盐酸羟胺或对苯二酚还原为 Fe^{2+}。在 pH 为 2～9 的水溶液中，邻菲啰啉与 Fe^{2+} 生成稳定的橙红色配位化合物，反应如下：

$$4Fe^{3+} + 2NH_2OH \longrightarrow 4Fe^{2+} + N_2O + H_2O + 4H^+$$

$$Fe^{2+} + 3C_{12}H_8N_2 \longrightarrow [Fe(C_{12}H_8N_2)_3]^{2+}$$

二、测定步骤

1. 10μg/mL 铁标准溶液的配制

量取 10.00mL 铁标准溶液（0.100mg/mL）置于 100mL 容量瓶中，用水稀释至

刻度，摇匀，备用。

2. 显色溶液的制备

用移液管分别取 0.00mL，2.50mL，5.00mL，7.50mL，10.00mL 10μg/mL 铁标准溶液于 5 个 50mL 容量瓶中，对每个容量瓶中的溶液做如下处理：加水至约 25mL，加 2.5mL 盐酸羟胺溶液和 5mL 乙酸-乙酸钠缓冲溶液，5min 后加 5mL 邻菲啰啉盐酸溶液，用水稀释至刻度，摇匀，放置 15～30min，显色。（铁质量分别为 0μg，25μg，50μg，75μg，100μg）

3. 吸收曲线的绘制（此步骤可省略）

用 1cm 比色皿取上述含 5mL 铁标准溶液的显色溶液，以未加铁标准溶液的试剂溶液作参比，在分光光度计上从波长 440～600nm 之间测定吸光度，在 440～480nm 和 540～600nm 间每间隔 20nm 测定一个数据，而在最大吸收波长附近每隔 2nm 测定一个数据。以波长为横坐标，吸光度为纵坐标，绘制吸收曲线，选取吸收曲线的峰值波长为测量波长，约为 510nm。

4. 标准曲线的绘制

在测量波长下，用 1cm 的比色皿分别取配制的标准系列显色溶液，以未加铁标准溶液的试剂溶液作参比，测定各溶液的吸光度。以 50mL 溶液中铁质量（单位为 μg）为横坐标，相应的吸光度 A（$A_{标}-A_{空}$）为纵坐标，绘制标准曲线或根据所得吸光度值计算出线性回归方程。

5. 试液的准备

称取 10～20g，精确到 0.01g，置于 50mL 烧杯中，在可调温电炉上蒸发至干，冷却，加 2mL 盐酸溶液，再加 25mL 水，加热使其溶解，移入 100mL 容量瓶中，用水稀释至刻度，摇匀，备用。

6. 试样中铁含量的测定

用移液管移取一定体积的试液于 50mL 容量瓶中，使其相应铁含量在 10～100μg 之间。按步骤 2 中对容量瓶中溶液的处理方法，依次加入各种试剂进行还原和显色，并在同样条件下测定试样溶液和空白溶液的吸光度 $A_{试}$。

平行测定三次，用（$A_{试}-A_{空}$）在标准曲线上查出相应的铁质量或用线性回归方程计算出铁的质量。

7. 结束工作

洗涤、整理仪器，打扫卫生，关闭水、电、门、窗。

三、结果计算

按下式计算工业硫酸中铁的质量分数：

$$w = \frac{m_1 \times 10^{-6}}{m} \times 100\%$$

式中 m_1——从标准曲线上查出的或用线性回归方程计算出的铁质量，μg；

m——试样的质量，g。

取平行测定结果的算术平均值为测定结果。铁的质量分数＞0.005％时，平行测定结果的相对偏差应不大于10％；铁的质量分数≤0.005％时，平行测定结果的相对偏差应不大于20％。

进度检查

一、填空题

1. 邻菲啰啉分光光度法测定铁含量的原理是：在 pH＝_____的溶液中，_____与邻菲啰啉作用，生成_____色的配位化合物，对此配位化合物作吸光度测定。

2. 加入还原剂盐酸羟胺溶液的作用是将_____还原为_____再进行测定。

3. 测定吸光度时，应选择_____ nm 波长，以_____为参比。

二、判断题

1. 在绘制标准曲线时，是以（$A_\text{试} - A_\text{空}$）作横坐标，以对应的铁质量为纵坐标。（　　）

2. 本实验中的参比溶液是蒸馏水。（　　）

3. 本实验所用到的铁标准溶液都要提前配制好。（　　）

三、简答题

1. 邻菲啰啉分光光度法测铁含量的原理是什么？

2. 如何准备试液？

编号 FJC-102-03

学习单元 1-3　工业硫酸中铅含量的测定

学习目标：完成了本单元的学习之后，能够用原子吸收分光光度法测定工业硫酸中铅的含量。

职业领域：化工、环保、食品、医药等

工作范围：分析

所需仪器、药品及设备

序号	名称及说明	数量
1	电子天平(精确到0.0001g)	1台
2	电子秤(精确到0.01g)	1台
3	原子吸收分光光度计	1台
4	铅空心阴极灯	1个
5	乙炔钢瓶或乙炔发生器	1个
6	空气压缩机	1台
7	可调温电炉	1台
8	滴瓶(30mL)	1个
9	移液管(5mL)	1支
10	量筒(25mL)	2个
11	容量瓶(10mL、50mL、100mL、1L)	若干
12	硝酸溶液(1+2)	适量
13	铅标准溶液(0.1mg/mL)	适量
14	工业硫酸试液	适量

一、测定原理

　　试液蒸干后，残渣溶解于稀硝酸中，在原子吸收分光光度计上，于波长283.3nm处，用空气-乙炔火焰测定含铅溶液的吸光度，用标准曲线法计算测定结果。硫酸中的杂质不干扰测定。

二、测定步骤

1. 铅标准溶液的制备

（1）称取1.6g（精确至0.0001g）预先在105℃烘干的硝酸铅，溶解于600mL水和65mL硝酸中，移入1L容量瓶中，用水稀释至刻度，摇匀。

（2）准确吸取上述溶液 10.00mL 置于 100mL 容量瓶中，加 50mL 硝酸溶液，用水稀释至刻度，摇匀。制得铅标准溶液。

2. 标准工作曲线的制作

（1）用移液管分别移取铅标准溶液 0mL、1.00mL、2.00mL、3.00mL、4.00mL 于 5 个 50mL 容量瓶中，各加入 25mL 硝酸溶液，用水稀释至刻度，摇匀。

（2）将原子吸收分光光度计调至最佳工作状态，用空气-乙炔火焰，以不加入铅标准溶液的空白溶液调零，于波长 283.3nm 处测量溶液的吸光度。

以上述溶液中铅的质量（单位为 μg）为横坐标，以对应的吸光度值为纵坐标，绘制工作曲线，或根据所得吸光度值计算出线性回归方程。

3. 试液的制备

用装满试样的滴瓶，以差减法称取 10～30g 试样，精确到 0.01g，置于 50mL 烧杯中，将样品在可调温电炉上蒸发至干，冷却，加 5mL 硝酸溶液和 25mL 水，加热至残渣溶解，再蒸发至干，再次用 5mL 硝酸溶液低温加热溶解残渣，冷却后移入 10mL 容量瓶中，用水稀释至刻度，摇匀。

4. 试液的测定

在原子吸收分光光度计上，按照仪器工作条件，用空气-乙炔火焰，以不加入铅标准溶液的空白溶液调零，于波长 283.3nm 处测量溶液的吸光度。根据试液的吸光度值从工作曲线上查出或根据线性回归方程计算出被测溶液中铅的质量。

5. 结束工作

洗涤、整理仪器，打扫卫生，关闭水、电、门、窗。

三、结果计算

按下式计算工业硫酸中铅的质量分数：

$$w = \frac{m_1 \times 10^{-6}}{m} \times 100\%$$

式中 m_1——从标准曲线上查出的或用线性回归方程计算出的铅的质量，μg；

m——试样的质量，g。

取平行测定结果的算术平均值为测定结果。铅的质量分数＞0.005％时，平行测定结果的相对偏差应不大于 20％；铅的质量分数≤0.005％时，平行测定结果的相对偏差应不大于 25％。

进度检查

一、填空题

1. 原子吸收分光光度法是将待测元素的溶液经雾化器_____后，在燃烧器上方火焰中进行试样_____化，使其离解为_____态原子。

2. 原子吸收分光光度计一般由_____、_____、_____及_____四个主要部分组成。

3. 原子吸收分光光度法定量分析遵循_____定律，即吸光度的大小与待测元素的浓度成_____比。

二、判断题

1. 在绘制标准曲线时，是以（$A_{试}-A_{空}$）作横坐标，以对应的铅质量为纵坐标。（   ）

2. 本实验中的参比溶液是蒸馏水。（   ）

3. 本实验所用到的铅标准溶液可以提前配制好。（   ）

三、简答题

1. 火焰原子化方法中火焰的作用是什么？
2. 原子吸收分光光度法与紫外-可见分光光度法有何异同？

编号 FJC-102-04

学习单元 1-4　工业硫酸中硫酸含量的测定

学习目标：完成了本单元的学习之后，能够应用酸碱滴定法测定工业硫酸中硫酸的质量分数。

职业领域：化工、环保、食品、医药等

工作范围：分析

所需仪器、药品

序号	名称及说明	数量
1	滴定管(碱式或两用,50mL)	1支
2	锥形瓶(250mL)	3个
3	称量瓶	1个
4	氢氧化钠标准滴定溶液(0.5mol/L)	适量
5	甲基红-亚甲基蓝混合指示剂	适量
6	工业硫酸试样	适量

一、测定原理

以甲基红-亚甲基蓝为指示剂，用氢氧化钠标准滴定溶液中和滴定，测得硫酸的质量分数。

二、测定步骤

1. 试液的制备

用已称量的带磨口盖的小称量瓶称取约0.7g试样，精确到0.0001g，将称量瓶和试料一起小心移入盛有50mL水的250mL锥形瓶中，冷却至室温。

2. 滴定

向试液中加入2～3滴甲基红-亚甲基蓝混合指示剂，用氢氧化钠标准滴定溶液滴定至溶液呈灰绿色为终点。平行测定三次。

3. 结束工作

洗涤、整理仪器，打扫卫生，关闭水、电、门、窗。

三、结果计算

浓硫酸中硫酸（H_2SO_4）的质量分数 w 按下式计算：

$$w = \frac{VcM}{2000m} \times 100\%$$

式中　V——滴定时耗用氢氧化钠标准滴定溶液的体积，mL；

　　　c——氢氧化钠标准溶液的浓度，mol/L；

　　　M——硫酸的摩尔质量（$M=98.08$），g/mol；

　　　m——试料的质量，g。

取平行测定结果的算术平均值为测定结果，平行测定结果的绝对差值应不大于 0.20%。

进度检查

一、填空题

1. 测定工业硫酸中硫酸质量分数时，用到的指示剂是_____。
2. 滴定终点时，颜色由_____变为_____。
3. 配制好的氢氧化钠标准溶液在使用时需要用_____进行标定。

二、简答题

1. 在试样的准备过程中，需要注意的问题有哪些？
2. 写出酸碱滴定的化学反应式。

编号 FJC-102-05

学习单元 1-5　工业硫酸中灰分含量的测定

学习目标： 完成本单元的学习之后，能够用酸碱滴定法测定工业硫酸中灰分的质量分数。
职业领域： 化工、环保、食品、医药等
工作范围： 分析
所需仪器、药品及设备

序号	名称及说明	数量
1	石英皿	1 只
2	高温电炉（800℃±50℃）	1 台
3	可调温电炉	1 台
4	电子天平（精确到 0.0001g）	1 台
5	干燥器	1 个
6	工业硫酸试样	适量

一、测定原理

试样蒸发至干，灼烧，冷却后称量。

二、测定步骤

称取 25～50g 试样，置于已于 800℃±50℃ 高温电炉灼烧至恒重的石英皿中，精确到 0.01g，在可调温电炉上小心加热蒸发至干，移入高温电炉内，在 800℃±50℃ 下灼烧 15min。取出石英皿，稍冷后置于干燥器中，冷却至室温后称量，精确到 0.0001g。

平行测定三次。

测定完毕，洗涤、整理仪器，打扫卫生，关闭水、电、门、窗。

三、结果计算

灰分的质量分数 w 按下式计算：

$$w = \frac{m_2 - m_1}{m} \times 100\%$$

式中　m_2——石英皿和灰分的质量，g；

m_1——石英皿的质量,g;

m——试料的质量,g。

取平行测定结果的算术平均值为测定结果,平行测定结果的相对偏差不大于 15%。

进度检查

一、填空题

1. 石英皿要在_____℃下蒸发至恒重。
2. 工业硫酸中灰分质量分数的测定原理是_____。

二、判断题

1. 工业硫酸试样在石英皿上可直接移入高温电炉。（ ）
2. 灼烧结束,取出石英皿后,立即放入干燥器中。（ ）
3. 石英皿在使用时应灼烧至恒重。（ ）

编号 FJC-102-06

学习单元 1-6　工业硫酸透明度的测定

学习目标：完成了本单元的学习之后，能够用透视法测定工业硫酸的透明度。
职业领域：化工、环保、食品、医药等
工作范围：分析
所需仪器、药品

序号	名称及说明	数量
1	玻璃透视管（$\phi=25mm$）	1支
2	毛玻璃（40mm×40mm×3mm）	1个
3	光源：木匣（160mm×160mm）内安装有灯泡（220V，60W）	1个
4	工业硫酸试样	适量

一、测定原理

透明度是指物质对光透射的程度。纯净的硫酸透明度非常好，工业硫酸中由于含有不溶性杂质而透明度差，而且杂质的含量越多，透明度越小。

工业硫酸透明度的测定通常是将它注入玻璃透视管内，将透视管置于光源的方格色板上，然后从排液口放出硫酸，边放边观察，直至能清晰辨别时停止排放，则此时试液的高度即工业硫酸的透明度。

二、测定步骤

1. 方格色板的准备

于40mm×40mm×3mm毛玻璃表面上，用黑色油漆或黑色贴纸绘制4mm×4mm的小方格。

2. 光源的准备

于160mm×160mm木匣内装220V、60W灯泡一只，上盖开口，紧密地装上方格色板，色板与灯泡的距离为10mm。

3. 透明度的测定

将盛满工业硫酸试样的透视管置于光源的方格色板上，从液面上方观察方格的轮廓，并从排液口小心放出试样，直至能清晰辨别方格并黑白分明，停止排放，准确记

模块1　工业硫酸分析

录试样的液面高度值,即得工业硫酸的透明度,以 mm 表示。平行测定三次。

4. 结束工作

洗涤、整理仪器,打扫卫生,关闭水、电、门、窗。

5. 结果表示

测得的工业硫酸试样液面高度值为透明度的测定结果,以 mm 表示。

进度检查

一、填空题

1. 透明度是指_____。试样中的_____越多,其透明度越_____。

2. 玻璃透视管是一种长_____,内径_____的玻璃筒。

二、判断题

1. 透视法适用于测定工业硫酸的透明度。（   ）

2. 在测定工业硫酸透明度的过程中,从排液口小心放出试液的目的是减少悬浊液。（   ）

3. 将盛满试样的透视管置于光源的方格色板上,观察方法是由上而下移动目光。（   ）

编号 FJC-102-07

学习单元 1-7　工业硫酸色度的测定

学习目标：完成了本单元的学习之后，能够用目视比色法测定工业硫酸的色度。
职业领域：化工、环保、食品、医药等
工作范围：分析
所需仪器、药品

序号	名称及说明	数量
1	电子天平（精确到 0.0001g）	1 台
2	刻度移液管（25mL）	1 个
3	移液管（5mL）	1 支
4	量筒（10mL、25mL）	1 个、1 个
5	具塞比色管（50mL）	4 支
6	氨水	适量
7	硫化钠溶液（20g/L）	适量
8	明胶溶液（10g/L）	适量
9	铅标准溶液（0.1mg/mL，如果浑浊可加几滴乙酸）	适量
10	工业硫酸试样	适量

一、测定原理

色度是指化工产品颜色的深浅。该法的原理是将样品的颜色与标准溶液的颜色目视比较。

二、测定步骤

1. 标准色度的制备

向 50mL 比色管中依次加入 10mL 水、3mL 明胶溶液、2～3 滴氨水、3mL 硫化钠溶液及 2.0mL 铅标准溶液，再用水稀释至 20mL，摇匀。

2. 测定

向另一支 50mL 比色管中加入 20mL 试样，目视比较试样和标准溶液比色管的色度，试样色度不深于标准色度为合格。平行测定三次。

3. 结束工作

洗涤、整理仪器，打扫卫生，关闭水、电、门、窗。

进度检查

一、填空题

1. 工业硫酸色度用_____法测定,该法适用于_____液体色度的测定。

2. 制备铅标准溶液时,如果浑浊可滴加_____。

二、判断题

1. 目视比色法可直接在自然光下进行。 （   ）

2. 洗涤比色管时,勿用去污粉和硬毛刷洗,以免擦伤管壁而影响光线透过。

（   ）

工业硫酸分析技能考试内容及评分标准　　　　现代工业硫酸制备工艺

模块 2　工业用氢氧化钠分析

编号 FJC-103-01

学习单元 2-1　工业用氢氧化钠的国家标准

学习目标： 完成了本单元的学习之后，能够使用正确的标准进行工业用氢氧化钠中钙镁总量、铁含量的分析。

职业领域： 化学、石油、环保、医药、冶金、建材等

工作范围： 分析

所需标准

序号	名称及说明	数量
1	《工业用氢氧化钠》GB/T 209—2018	1 套

通过学习，同学们可学会工业用氢氧化钠中各成分的分析，了解氢氧化钠在工业中的应用及对人类社会发展的重要性，知道产品质量对社会生产和生活的重要性，形成质量意识，增强为人民服务的自觉性。

一、氢氧化钠简介

氢氧化钠，化学式为 NaOH，摩尔质量为 40.01g/mol，密度为 2.130g/cm^3，熔点为 318.4℃，沸点为 1390℃。氢氧化钠俗称烧碱、火碱、苛性钠，为一种具有强腐蚀性的强碱。固体 NaOH 是白色晶体，有光泽，有块状、片状、粒状和棒状等。易溶于水（溶于水时放热）并形成碱性溶液，另有潮解性，易吸取空气中的水蒸气（潮解）和二氧化碳（变质）。

二、工业用氢氧化钠相关标准

《工业用氢氧化钠》（GB/T 209—2018）；

《工业用氢氧化钠 钙镁总含量的测定 络合滴定法》（GB/T 22650—2008）适用于钙镁总含量大于等于 0.0005％（质量分数）的工业用氢氧化钠产品；

《工业用氢氧化钠 铁含量的测定 1,10-菲啰啉分光光度法》（GB/T 4348.3—2012）适用于铁含量大于等于 0.00005％（质量分数）的工业用氢氧化钠产品。

三、注意事项

使用标准时应注意标准的适用范围。

进度检查

一、填空题

1. 工业用氢氧化钠易吸取空气中的_____和_____。
2. 用络合滴定法测定工业用氢氧化钠钙镁总含量,适用于钙镁总含量大于等于_____(质量分数)的工业用氢氧化钠产品。
3. 1,10-菲啰啉分光光度法用来测定工业氢氧化钠中_____的含量。

二、判断题

1. 1,10-菲啰啉分光光度法测定工业用氢氧化钠铁含量,适用于含铁量小于等于0.00005%(质量分数)的工业用氢氧化钠产品。( )
2. 《工业用氢氧化钠》GB/T 209—2018是强制性标准。( )

编号 FJC-103-02

学习单元2-2　工业用氢氧化钠中钙、镁含量的测定

学习目标：完成了本单元的学习之后，能够用EDTA法测定工业用氢氧化钠中钙、镁的含量。

职业领域：化学、石油、环保、医药、冶金、建材等工程

工作范围：分析

所需仪器、药品

序号	名称	数量
1	移液管(10mL)	2支
2	滴定管(50mL,酸式或两用)	1支
3	电子秤(精确到0.01g)	1台
4	量杯(5mL,10mL,100mL)	各1个
5	锥形瓶(250mL)	4个
6	pH试纸	适量
7	盐酸溶液(75g/L)	适量
8	氨水	适量
9	铬黑T指示剂(5g/L)	适量
10	氨-氯化铵缓冲溶液(pH=10.0)	适量
11	镁标准溶液(0.1g/L)	适量
12	EDTA标准溶液(0.05mol/L)	适量
13	工业用NaOH试样	适量

一、测定原理

在pH=10.0时，处理后的样品溶液中的钙、镁离子与铬黑T指示剂反应：

$$Ca^{2+} + HIn^{2-} \Longleftrightarrow CaIn^- + H^+$$
（蓝色）　　（红色）

$$Mg^{2+} + HIn^{2-} \Longleftrightarrow MgIn^- + H^+$$
（蓝色）　　（红色）

用EDTA标准溶液滴定，当溶液由红色变为纯蓝色为终点。

$$CaIn^- + H_2Y^{2-} \Longleftrightarrow CaY^{2-} + HIn^{2-} + H^+$$
（红色）　　　　　　　　（蓝色）

$$MgIn^- + H_2Y^{2-} \Longleftrightarrow MgY^{2-} + HIn^{2-} + H^+$$
（红色）　　　　　　　　（蓝色）

根据工业用氢氧化钠样品的质量、EDTA标准溶液浓度以及消耗EDTA标准溶

液的体积可以计算出工业用氢氧化钠中钙、镁的含量。

二、测定操作

1. 试液的制备

称取 10g 工业用氢氧化钠,精确至 0.01g,置于 250mL 锥形瓶中,加入 100mL 水溶解。实验室样品中钙、镁含量高时,可适当地减少称样量。

2. 空白试验

不加试料,在 250mL 锥形瓶中加 100mL 水,再加 10mL 氨-氯化铵缓冲溶液和 10.00mL 镁标准溶液,加 5～6 滴铬黑 T 指示剂,用 EDTA 标准溶液滴定至蓝色为终点。

3. 测定

将试样溶液冷却后,用盐酸中和至 pH=5～6(用 pH 试纸检查),再过量 3mL,冷却至室温,用氨水调至 pH=9～10,加 10mL 氨-氯化铵缓冲溶液和 10.00mL 镁标准溶液,加 5～6 滴铬黑 T 指示剂,用 EDTA 标准溶液滴定至蓝色为终点。

平行测定三次。

三、结果计算

工业用氢氧化钠中钙镁的含量以 Ca 的质量分数 w 计,数值以%表示,按下式计算:

$$w = \frac{(V_1 - V_0)/1000 \cdot cM}{m} \times 100 = \frac{(V_1 - V_0)cM}{10m}$$

式中 V_0——空白试验消耗的 EDTA 标准溶液的体积,mL;

V_1——试样试验消耗的 EDTA 标准溶液的体积,mL;

c——EDTA 标准溶液浓度的准确数值,mol/L;

m——工业用氢氧化钠样品的质量,g;

M——Ca 的摩尔质量,g/mol(M=40.0102)。

注:平行测定结果之差的绝对值不超过 0.0007%。取算术平均值为测定结果。

进度检查

一、简答题

1.工业用氢氧化钠中钙、镁的含量测定是采用什么方法?其化学反应原理是什么?

2. 工业用氢氧化钠中钙、镁的含量用什么表示?

二、操作题

试对工业用氢氧化钠中钙、镁的含量进行测定,教师检查:

1. 试液的制备;
2. 空白试验;
3. 试液的测定。

编号 FJC-103-03

学习单元 2-3　工业用氢氧化钠中铁含量的测定

学习目标：完成了本单元的学习之后，能够用 1,10-菲啰啉分光光度法测定工业用氢氧化钠中铁的含量。

职业领域：化学、石油、环保、医药、冶金、建材等工程

工作范围：分析

所需仪器、药品

序号	名称	数量
1	分光光度计	1 台
2	容量瓶(100mL,250mL,1000mL)	7 只,4 只,3 只
3	比色皿	2 只
4	电子天平	1 台
5	移液管(1mL,10mL)	2 支,1 支
6	量筒(25mL)	1 只
7	抗坏血酸溶液(10g/L)	适量
8	铁标准贮备溶液(0.200mg/mL)	适量
9	铁标准工作溶液(0.010mg/mL)	适量
10	盐酸溶液(1+3)	适量
11	氨水溶液(1+9)	适量
12	乙酸-乙酸钠缓冲溶液(pH=4.5)	适量
13	硫酸溶液(1+1)	适量
14	对硝基酚指示液(2.5g/L)	适量
15	1,10-菲啰啉溶液(1g/L)	适量
16	工业用氢氧化钠试样	适量

注：① 抗坏血酸溶液配制一周后不能使用。

② 铁标准贮备溶液配制方法：称取 1.727g 十二水硫酸铁铵 $[NH_4Fe(SO_4)_2 \cdot 12H_2O]$，精确至 0.001g，置于 500mL 烧杯中，加入 200mL 水溶解，加 20mL 硫酸溶液，冷却至室温，移入 1000mL 容量瓶中，用水稀释至刻度，摇匀。

③ 铁标准工作溶液要现用现配。

④ 乙酸-乙酸钠缓冲溶液配制方法：称取 164g 无水乙酸钠（CH_3COONa），用 500mL 水溶解，加 240mL 冰乙酸，用水稀释至 1000mL。

⑤ 对硝基酚指示液配制方法：称取 0.25g 对硝基酚，溶于乙醇，用乙醇稀释至 100mL。

⑥ 1,10-菲啰啉溶液配制方法：称取 1.0g 1,10-菲啰啉一水合物或 1,10-菲啰啉盐酸一水合物，用水溶解并稀释至 1000mL。该溶液避光保存。

一、测定原理

用抗坏血酸将样品溶液中的三价铁离子还原成二价铁离子，在 pH 为 4～6 的缓

冲溶液条件下，二价铁离子与1,10-菲啰啉作用生成橙红色配合物，在最大吸收波长（510nm）下，用分光光度计测定其吸光度，反应式如下：

$$Fe^{2+} + 3C_{12}H_8N_2 \longrightarrow [Fe(C_{12}H_8N_2)_3]^{2+}$$

二、测定操作

1. 标准比色液的配制

根据试样溶液中预计的铁含量，按表 2-1 指出的范围在一系列 100mL 容量瓶中分别加入给定体积的铁标准溶液，加水至约 60mL，再加 0.2mL 的盐酸溶液和 1mL 抗坏血酸溶液，然后加 20mL 缓冲溶液和 10mL 1,10-菲啰啉溶液，用水稀释至刻度，摇匀。静置 10min。

表 2-1 试样溶液中预计的铁含量

试样溶液中预计的铁含量/μg			
25~250		10~100	
铁标准工作溶液/mL	对应的铁含量/μg	铁标准工作溶液/mL	对应的铁含量/μg
0	0	0	0
3.00	30	0.50	5
5.00	50	1.00	10
7.00	70	2.00	20
9.00	90	3.00	30
11.00	110	4.00	40
13.00	130	5.00	50

2. 标准溶液吸光度的测定

按照表 2-2 选用合适的比色皿，于最大吸收波长 510nm 处，以水为参比，将分光光度计的吸光度调至零，进行吸光度的测定。

表 2-2 比色皿选用表

三氧化二铁/%	小于 0.005	0.005~0.01	0.01~0.015	0.015~0.03
比色皿/cm	5	2 或 3	2 或 1	1 或 0.5

3. 标准曲线的绘制或一元线性回归方程的计算

从标准液的吸光度中扣除空白试验吸光度，以 100mL 标准比色溶液中铁的质量（μg）为横坐标，对应的吸光度为纵坐标，绘制标准曲线或计算一元线性回归方程。

4. 试样溶液的准备

称取 10~15g 样品（工业用氢氧化钠），精确至 0.01g，置于 250mL 烧杯中，加入约120mL水溶解，滴加2～3滴对硝基酚指示剂，用盐酸溶液中和到黄色消失为止，再过量1mL，加热煮沸5min，冷却至室温。移入250mL容量瓶中，用水稀释至刻度，摇匀。

准确吸取50.00mL溶液至100mL容量瓶中，用盐酸溶液调整至pH值约为2（用精密试纸）。加入1mL抗坏血酸溶液，然后加入20mL乙酸-乙酸钠缓冲溶液和10mL 1,10-菲啰啉溶液，用水稀释至刻度，摇匀。放置10min。

5. 空白试验

不加试样溶液，加120mL水于250mL烧杯中，加入与中和试样等量的盐酸，滴加2～3滴对硝基酚指示剂溶液，然后用氨水中和至浅黄色，逐滴加入盐酸调至溶液为无色，再过量1mL，加热煮沸5min，冷却至室温。移入250mL容量瓶中，用水稀释至刻度，摇匀。

准确吸取50.00mL溶液至100mL容量瓶中，用氨水溶液调整至pH值约为2（用精密试纸）。加入1mL抗坏血酸溶液，然后加入20mL乙酸-乙酸钠缓冲溶液和10mL 1,10-菲啰啉溶液，用水稀释至刻度，摇匀。放置10min。

6. 试样吸光度测定

按照步骤2进行，平行测定三次。

三、结果计算

铁含量以三氧化二铁（Fe_2O_3）的质量分数（w）计，数值以%表示，按下式计算：

$$w(Fe) = 1.4297 \times \frac{m_2 \times 10^{-6}}{m_1 \times \frac{50}{250}} \times 100\% = 1.4297 \times \frac{5m_2 \times 10^{-6}}{m_1} \times 100\%$$

式中　m_1——试样的质量，g；
　　　m_2——与扣除空白后的试样吸光度相对应的由标准曲线上查得的或一元线性回归方程计算的铁的质量，μg；
　　1.4297——铁与三氧化二铁的折算系数。

注：平行测定结果之差的绝对值不应超过下列数值：当$w \leqslant 0.0020\%$时，0.0001%；当$w > 0.0020\%$时，0.0005%。取平行测定结果的算术平均值为测定结果。

进度检查

一、简答题

1. 工业用氢氧化钠中铁含量的测定是采用什么方法？其化学反应原理是什么？
2. 工业用氢氧化钠中铁含量用什么表示？

3. 简述工业用氢氧化钠中铁含量测定的基本步骤。

二、操作题

试对工业用氢氧化钠中铁含量进行测定，教师检查：

1. 试样溶液的制备；
2. 标准溶液的制备；
3. 标准曲线的绘制。

工业用氢氧化钠的分析
技能考试内容及评分标准

了解烧碱工业

模块 3　工业用碳酸钠分析

编号 FJC-104-01

学习单元 3-1　工业用碳酸钠分析的国家标准

学习目标：完成本单元的学习之后，能够查找相应的国家标准，能够解读国家标准并能结合岗位操作规程拟定检测方案。
职业领域：化学、石油、环保、医药、冶金、建材等工程
工作范围：分析

碳酸钠是重要的化工原料之一，广泛应用于轻工日化、建材、化学工业、食品工业、冶金、纺织、石油化工、国防、医药等领域，用作制造其他化学品的原料、清洗剂、洗涤剂，也用于照相和分析领域。作为新时代的大学生要正视自己的能力和所具有的价值，不自高自大，也不妄自菲薄，以习近平新时代中国特色社会主义思想武装头脑，在自己力所能及的领域实现人生价值，对社会做出应有的贡献！

一、碳酸钠简介

碳酸钠化学品的纯度多在99.5%以上（质量分数），又叫纯碱，但分类属于盐，不属于碱。国际贸易中又名苏打或碱灰。它是一种重要的有机化工原料，主要用于平板玻璃、玻璃制品和陶瓷釉的生产，还广泛用于生活洗涤、酸类中和以及食品加工等。

化学式：Na_2CO_3

分子量：105.99

性状：无水碳酸钠的纯品是白色粉末或细粒。

熔点：851℃

沸点：1600℃

密度：2.532g/cm³

折射率：1.535

溶解度：22g/100g 水（20℃）

溶解性易溶于水，水溶液呈弱碱性。在35.4℃其溶解度最大，每100g水中可溶解49.7g碳酸钠（0℃时为7.0g，100℃时为45.5g）。微溶于无水乙醇，不溶于丙醇。

二、工业用碳酸钠质量标准

GB/T 210—2022《工业碳酸钠》；

GB/T 601—2016《化学试剂　标准滴定溶液的制备》；

GB/T 6682—2008《分析实验室用水规格和试验方法》。

拟定实验方案，找出标准的适用范围、方法原理、精密度、准确度等内容。

三、注意事项

查找的标准要适合本行业本产品。

进度检查

一、填空题

1. 工业用碳酸钠的形状是_____或_____。
2. 碳酸钠溶解度最大的温度为_____。
3. GB/T 是_____。

二、操作题

进行工业用碳酸钠国家标准的查找，由教师检查下列项目是否正确：

1. 选择的标准。
2. 选择的项目。
3. 拟定的实验方案。

编号 FJC-104-02

学习单元 3-2　工业用碳酸钠中总碱量的测定（滴定法）

学习目标：完成了本单元的学习之后，能够用酸碱滴定法对工业用碳酸钠总碱量进行测定。

职业领域：化学、石油、环保、医药、冶金、建材等工程

工作范围：分析

所需仪器和试剂

序号	名称及说明	数量
1	盐酸标准溶液(浓度约 1mol/L)	适量
2	溴甲酚绿-甲基红混合指示剂	适量
3	50mL 聚四氟酸式滴定管	1 支
4	称量瓶(40mm×25mm)	1 只
5	250mL 锥形瓶	1 只
6	电炉	1 只
7	电子天平	1 台

一、测定原理

因为碳酸钠呈碱性，所以用盐酸标准溶液进行滴定以测定其总碱量。

$$Na_2CO_3 + 2HCl \longrightarrow 2NaCl + CO_2 + H_2O$$

由于碳酸钠在贮运过程中容易吸收水分和二氧化碳，故样品必须在 250～270℃ 的温度下干燥 2h 后才能测定碳酸钠含量。

二、测定操作

称取 1.7g 于 250～270℃ 下加热恒重的试样，精确至 0.0002g。将样品置于锥形瓶中，加入 50mL 纯水溶解，加 10 滴溴甲酚绿-甲基红混合指示剂，用浓度 1mol/L 盐酸标准溶液滴定至溶液由绿色变为暗红色。煮沸 2min，冷却后继续滴定至暗红色。同时做空白试验。

三、计算

$$w(Na_2CO_3,以干基计)=\frac{(V-V_0)c\times 0.0530}{m}\times 100\%$$

式中　V——滴定消耗盐酸标准溶液的体积，mL；

V_0——空白试验滴定消耗盐酸标准溶液的体积，mL；

c——盐酸标准溶液的物质的量浓度，mol/L；

m——样品质量，g；

0.0530——$\frac{1}{2}Na_2CO_3$ 的毫摩尔质量，g/mmol。

进度检查

一、判断题

1. 盐酸是强酸，具有挥发性，配制时要注意安全并在通风橱中进行操作。（　）
2. 试样测定所用的指示液是酚酞指示液。（　）
3. 标定盐酸标准滴定溶液时不用煮沸。（　）

二、简答题

1. 工业用碳酸钠总碱量测定的化学反应原理是什么？
2. 在测定前，为什么要把样品进行干燥？
3. 在滴定过程中，为什么要将溶液煮沸 2min？

三、操作题

试对工业用碳酸钠的总碱量进行测定（滴定法）。

编号 FJC-104-03

学习单元 3-3 工业用碳酸钠中氯化物含量的测定（电位滴定法）

学习目标：完成了本单元的学习之后，能够用电位滴定法测定工业用碳酸钠中氯化物的含量。

职业领域：化学、石油、环保、医药、冶金、建材等工程

工作范围：分析

所需仪器和试剂

序号	名称及说明	数量
1	乙醇溶液(95%)	适量
2	硝酸溶液(1+1)	适量
3	硝酸钾溶液(室温下饱和)	适量
4	溴酚蓝指示剂(0.1%乙醇溶液)	适量
5	氯化钠标准溶液(0.05mol/L)	适量
6	氯化钾标准溶液(0.1mol/L,0.01mol/L,0.005mol/L,0.001mol/L)	适量
7	硝酸银标准溶液(0.1mol/L,0.01mol/L,0.005mol/L,0.001mol/L)	适量
8	电位计(精度为2mV/格,量程为-500～+500mV)	1台
9	参比电极(双液接型饱和甘汞电极,内充饱和氯化钾溶液,滴定时外导管内盛饱和硝酸钾溶液和甘汞电极相连接)	1支
10	测量电极[银电极或 0.05mm 银丝(含银 99.9%,与电位计连接时要用屏蔽线。当使用的硝酸银标准溶液浓度低于 0.005mol/L 时,应使用具有硫化银涂层的银电极]	1支

注：具有硫化银涂层的银电极的制备方法：用金相砂纸将长为 15～20cm、直径为 0.5mm 的银丝打磨光亮，再用乙醇浸泡的脱脂棉擦洗干净，晾干，再浸没于 0.2mol/L 氯化钠和 0.2mol/L 硫化钠的等体积混合溶液（温度约为 25℃）中，浸没深度为 3～5cm，浸没时间为 30min。然后将银丝取出，用自来水冲洗 10min，再用蒸馏水洗净，备用。所制备的电极，用 0.005mol/L 硝酸银标准溶液对 0.005mol/L 氯化钾标准溶液进行滴定时，终点电位突跃值应大于 60mV。

一、测定原理

用硝酸银（$AgNO_3$）溶液滴定 Cl^-，参比电极用饱和甘汞电极，指示电极用银电极，其电极电位与 $[Ag^+]$ 的关系符合能斯特方程。

二、测定操作

称取试量（Ⅰ类 2g，Ⅱ 1g），精确至 0.01g。置于 100mL 烧杯中，加入 40mL 水

溶解，以下操作按硝酸银标准滴定液标定条规定进行（见备注），自放入电磁搅拌子开始，到终点后继续记录一个电位值 E 止，但不再一次先加入 4.00mL 硝酸银标准滴定溶液。

同时做空白试验。

备注：硝酸银标准滴定液标定方法

称取约 8.75g 硝酸银，溶于 1000mL 水中，摇匀。溶液保存于棕色瓶中。

用移液管移取 5mL 氯化钠基准溶液，置于 100mL 烧杯中，加 40mL 水，放入电磁搅拌子，将烧杯置于电磁搅拌器上，开动搅拌器，加入 2 滴溴酚蓝指示液，滴加硝酸溶液至试验溶液恰呈黄色。把测量电极和参比电极插入溶液中，将电极与电位计连接，调整电位计零点，记录起始电位值。用硝酸银标准滴定溶液滴定，先加入 4.00mL，再逐次加入 0.10mL，记录每次加入硝酸银标准滴定溶液的总体积和对应的电位值 E，计算出连续增加的电位值 ΔE_1 和 ΔE_2。ΔE_1 的最大值即为滴定的终点。终点后再记录一个电位值 E。

滴定至终点所消耗的硝酸银标准滴定溶液的体积 V 按以下公式计算：

$$V = V_0 + \frac{b}{B} V_1$$

式中 V_0——电位增量值 ΔE_1 达最大值前所加入硝酸银标准滴定溶液的体积，mL；

V_1——电位增量值 ΔE_1 达最大值前最后一次加入硝酸银标准滴定溶液体积，mL；

b——ΔE_2 最后一次正值；

B——ΔE_2 最后一次正值和第一次负值的绝对值之和（详见 GB/T 3050—2000 附录 C 的举例）。

硝酸银标准滴定溶液的浓度 c 按以下公式计算：

$$c = \frac{c_2 V_2}{V}$$

式中 c_2——氯化钠标准溶液的浓度，mol/L；

V_2——滴定时移取的氯化钠基准溶液的体积，mL；

V——滴定所消耗硝酸银标准滴定溶液的体积，mL。

三、计算

氯化物（以 NaCl 计）含量的质量分数 w 按下式计算：

$$w(\text{以 NaCl 计}) = \frac{c \times (V - V_0) \times 0.05844}{m \times (100 - w_0)/100} \times 100\%$$

式中 c——硝酸汞标准滴定溶液的实际浓度，mol/L；

V——滴定中消耗硝酸汞标准滴定溶液的体积，mL；

V_0——参比溶液制备中所消耗硝酸汞标准滴定溶液的体积，mL；

m——试料的质量，g；

w_0——按本模块学习单元 3-7 测得的烧失量的质量分数，%；

0.05844——氯化物的毫摩尔质量 M（NaCl），g/mmol。

进度检查

一、简答题

1. 工业用碳酸钠氯化物测定的基本原理是什么？
2. 电位分析中如何选择指示电极？
3. 在工业用碳酸钠氯化物的电位法测定中能选用银-氯化银电极吗？为什么？

二、操作题

试对工业用碳酸钠氯化物含量进行测定（电位滴定法）。

编号 FJC-104-04

学习单元 3-4　工业用碳酸钠中铁含量的测定

学习目标：完成了本单元的学习之后，能够用 1,10-菲啰啉分光光度法测定工业用碳酸钠中铁的含量。

职业领域：化学、石油、环保、医药、冶金、建材等工程

工作范围：分析

所需仪器和试剂

序号	名称及说明	数量
1	烧杯(250mL)	10 只
2	电子天平	1 台
3	容量瓶(1000mL,100mL)	10 只
4	721 型分光光度计	1 台
5	盐酸溶液(180g/L,1+1,1+3)	适量
6	氨水溶液(85g/L)	适量
7	乙酸-乙酸钠缓冲溶液(20℃时 pH=4.5)	适量
8	抗坏血酸(100g/L)	适量
9	1,10-菲啰啉一水合物溶液(1g/L)	适量
10	铁标准溶液(0.020g/L)	适量
11	碳酸钠(优级纯)	适量

注：铁标准溶液的制备：称取 1.727g 十二水硫酸铁铵 $[NH_4Fe(SO_4)_2 \cdot 12H_2O]$，置于 250mL 烧杯中，加 100mL 水使之溶解，再加 20mL 硫酸溶液（1+1），溶解后全部转移到 1000mL 容量瓶中，用水稀释至刻度，摇匀。该稀释液要在使用前配制。

一、测定原理

用抗坏血酸将试液中的 Fe^{3+} 还原成 Fe^{2+}，在 pH 值为 2~9 时，Fe^{2+} 与 1,10-菲啰啉生成橙红色配合物，在分光光度计最大波长（510nm）处测定其吸光度。反应式如下：

$$4Fe^{3+} + 2NH_2 \cdot OH^- \longrightarrow 4Fe^{2+} + N_2O + H_2O + 4H^+$$

$$Fe^{2+} + 3C_{12}H_8N_2 \longrightarrow [Fe(C_{12}H_8N_2)_3]^{2+}$$

二、测定操作

1. 标准溶液的配制

根据样品中预计的铁含量，按照表 3-1 指出的范围在一系列 100mL 容量瓶中，

分别加入给定体积的铁标准溶液。

分别向系列容量瓶中加入纯水约60mL，用盐酸溶液（180g/L）调至pH为2（用精密pH试纸检查）。加入1mL抗坏血酸（100g/L），然后加入20mL乙酸-乙酸钠缓冲溶液（pH=4.5）和10mL 1,10-菲啰啉一水合物溶液（1g/L），用水稀释至刻度，摇匀。放置不少于15min。

选择适当光程的比色皿（见表3-1），于最大吸收波长处（约510nm）处，以水为参比，测定其吸光度值。同时做空白试验。

表 3-1 铁含量

样品中预计铁的含量/μg					
50～500		25～250		10～100	
标准溶液体积/mL	对应的铁含量/μg	标准溶液体积/mL	对应的铁含量/μg	标准溶液体积/mL	对应的铁含量/μg
0.00	0.00	0.00	0.00	0.00	0.00
2.50	50.00	3.00	60.00	0.50	10.00
5.00	100.00	5.00	100.00	1.00	20.00
10.00	200.00	7.00	140.00	2.00	40.00
15.00	300.00	9.00	180.00	3.00	60.00
20.00	400.00	11.00	220.00	4.00	80.00
25.00	500.00	13.00	260.00	5.00	100.00
比色皿光程/cm					
1		2		4 或 5	

2. 样品的测定

称取10g试样，精确至0.01g，置于烧杯中，加少量水润湿，滴加35mL盐酸溶液（1+1），煮沸3～5min，冷却（必要时过滤），移入250mL容量瓶中，加水至刻度，摇匀。

用移液管移取50mL（或25mL）试验溶液，置于100mL烧杯中；另取7mL（或3.5mL）盐酸溶液（1+1）于另一烧杯中，用氨水（2+3）中和后，与试验溶液一并用氨水（1+9）和盐酸溶液（1+3）调节pH值为2（用精密pH试纸检验）。

分别移入100mL容量瓶中，分别向系列容量瓶中加入纯水约60mL，用盐酸溶液（180g/L）调至pH为2（用精密pH试纸检查）。加入1mL抗坏血酸（100g/L），然后加入20mL乙酸-乙酸钠缓冲溶液（pH=4.5）和10mL 1,10-菲啰啉一水合物溶液（1g/L），用水稀释至刻度，摇匀。放置不少于15min。以纯水为参比，测定试验溶液和空白试验溶液的吸光度。

用试验溶液的吸光度减去空白试验溶液的吸光度，从标准曲线上查出相应的铁的质量。

三、计算结果

铁含量以铁（Fe）的质量分数 $w(\text{Fe})$ 计，数值以％表示。

$$w(\text{Fe}) = \frac{m_1 \times 10^{-3}}{m(1-w_0)(V/250)} \times 100\%$$

式中　m_1——在标准曲线上查得的铁的质量的数值，mg；
　　　m——移取试样溶液中所含试料的质量的数值，g；
　　　w_0——学习单元 3-7 中测得的烧失量的质量分数，％；
　　　V——移取的试样溶液的体积，mL。

进度检查

一、填空题

1. 本实验中，1,10-菲啰啉在 pH 为＿＿＿＿＿的溶液中与＿＿＿＿＿发生显色反应。

2. 显色反应的适宜 pH 值范围很宽（2～9），酸度过高（pH＜2）时反应进行很＿＿＿＿＿；若酸度过低，Fe^{2+} 将＿＿＿＿＿，通常在 pH 值为 4～5 的＿＿＿＿＿缓冲溶液中进行测定。

3. 试样和工作曲线测定的实验条件应保持＿＿＿＿＿，所以最好两者同时显色＿＿＿＿＿测定。

二、判断题

1. 仪器分析用标准溶液制备时，一般先配制成标准贮备液，使用当天再稀释成标准溶液。　　　　　　　　　　　　　　　　　　　　　　　　　　（　）
2. 721 型分光光度计的光源常用碘钨灯。　　　　　　　　　　　　（　）
3. 光谱定量分析中，各标样和试样的测定条件应保持一致。　　　　（　）

三、简答题

1. 工业用碳酸钠铁含量测定的化学反应及原理是什么？
2. 测定工业产品中的铁含量可以采用哪些方法？
3. 在测定过程中，为什么要将溶液煮沸 3～5min？

四、操作题

试对工业用碳酸钠铁的含量进行测定（分光光度法）。

编号 FJC-104-05

学习单元 3-5　工业用碳酸钠中硫酸盐含量的测定

学习目标：完成了本单元的学习之后，能够用硫酸钡比浊法测定工业用碳酸钠中硫酸盐的含量。

职业领域：化学、石油、环保、医药、冶金、建材等工程

工作范围：分析

所需仪器和试剂

序号	名称及说明	数量
1	比色管（50mL）	5支
2	氯化钡溶液（100g/L）	适量
3	硫酸盐标准溶液（1mL 含有 0.1mg 硫酸根）	适量
4	酚酞指示液（10g/L）	适量
5	盐酸溶液（1+1）	适量

一、测定原理

在酸性溶液中，碳酸钠中的硫酸盐与氯化钡溶液反应：

$$Ba^{2+} + SO_4^{2-} \longrightarrow BaSO_4 \downarrow$$

生成的硫酸钡微细晶型沉淀颗粒，悬浮于溶液中，形成悬浊液，与标准管进行比较，从而测定出工业用碳酸钠中硫酸盐的含量。

二、测定操作

1. 试液的制备

称取 1.00g 试样，精确至 0.01g，置于 250mL 烧杯中，加 20mL 水和 1 滴酚酞指示液（10g/L），滴加盐酸溶液（1+1）至酚酞变色并过量 2mL，煮沸 2min，冷却（必要时过滤），移入 50mL 比色管中。

2. 标准浊度液的制备

根据试料中的硫酸盐含量，分别取 3～4 份硫酸盐标准溶液，分别置于 50mL 比色管中，每份间隔相差 0.5mL（根据试料中硫酸盐含量，可适当缩小或扩大间隔）。分别加入 20mL 水、2mL 盐酸溶液（1+1）。

在试料管及标准管中同时加入 10mL 氯化钡溶液（100g/L），加水至刻度，摇

匀。置于 40～50℃水浴中放置 20min 后比较标准管和试料管的浊度。

3. 测定

取与试料管浊度相当的标准管中的硫酸盐的量进行计算。当试料管浊度介于两支标准管浊度之间，按两标准管中硫酸盐的量的平均值进行计算。

三、计算

硫酸盐（以 SO_4^{2-} 计）含量的质量分数 w 按下式计算。

$$w(SO_4^{2-}) = \frac{m_1 \times 10^{-3}}{m(1-w_0)} \times 100\%$$

式中　m_1——与试料管浊度相当的标准管中硫酸盐（以 SO_4^{2-} 计）的质量，mg；
　　　m——试料的质量，g；
　　　w_0——学习单元 3-7 测得的烧失量的质量分数，%。

进度检查

一、简答题

1. 工业用碳酸钠中硫酸盐含量测定的化学反应及原理是什么？
2. 比色分析只能对有色物质进行分析吗？

二、操作题

试对工业用碳酸钠中硫酸盐的含量进行测定（比色分析法）。

编号 FJC-104-06

学习单元 3-6　工业用碳酸钠中水不溶物含量的测定

学习目标：完成了本单元的学习之后，能够用称量法测定工业用碳酸钠中水不溶物的含量。

职业领域：化学、石油、环保、医药、冶金、建材等工程

工作范围：分析

所需仪器和试剂

序号	名称及说明	数量
1	电子天平	1台
2	电热恒温干燥箱	1台
3	古氏坩埚（30mL）	4只
4	酸洗石棉 Q	适量
5	酚酞指示液（10g/L）	适量

注：酸洗石棉 Q 是取适量酸洗石棉，浸泡于（1+3）盐酸溶液中，煮沸 20min，用布氏漏斗过滤并洗涤至中性。再用 100g/L 无水碳酸钠（GB/T 639—2008）溶液浸泡并煮沸 20min，用布氏漏斗过滤并洗涤至中性（用酚酞指示液检查）。加水调成糊状，备用。

一、测定原理

试样中的溶解物溶解后用已恒重的古氏坩埚过滤除去后，留下水中的不溶物在 110℃±5℃ 下干燥至恒重。两次质量之差即水不溶物的含量。

二、测定操作

将古氏坩埚置于抽滤瓶上，在筛板上下各均匀铺一层酸洗石棉，边抽滤边用平头玻璃棒压紧，每层厚约 3mm。用 50℃±5℃ 水洗涤至滤液中不含石棉毛。将坩埚移入干燥箱内，于 110℃±5℃ 下烘干后称量。重复洗涤、干燥至恒重。

称取 20~40g 试样，精确至 0.01g，置于烧杯中，加入 200~400mL 约 40℃ 的水溶解，维持试验溶液温度在 50℃±5℃。用已恒重的古氏坩埚过滤，以 50℃±5℃ 的水洗涤不溶物，直至在 20mL 洗涤液与 20mL 水中加 2 滴酚酞指示液（10g/L）后所呈现的颜色一致为止。将古氏坩埚连同不溶物一并移入干燥箱内，在 110℃±5℃ 下干燥至恒重。

三、计算

水不溶物含量的质量分数 w 按下式计算。

$$w = \frac{m_1 - m_2}{m(1-w_0)} \times 100\%$$

式中　m_1——干燥的称量瓶，微孔过滤膜和不溶物的质量，g；

　　　m——试料的质量，g；

　　　m_2——干燥的称量瓶和微孔过滤膜的质量，g；

　　　w_0——学习单元 3-7 中测得的烧失量的质量分数，%。

进度检查

一、简答题

1. 什么是恒重？
2. 古氏坩埚的使用应注意哪些事项？
3. 测定工业用碳酸钠中水不溶物的含量能用蒸馏法吗？为什么？

二、操作题

试对工业用碳酸钠中水不溶物的含量进行测定。

编号 FJC-104-07

学习单元 3-7　工业用碳酸钠烧失量的测定

学习目标：完成了本单元的学习之后，能够用称量法测定工业用碳酸钠的烧失量。
职业领域：化学、石油、环保、医药、冶金、建材等工程
工作范围：分析
所需仪器和设备

序号	名称及说明	数量
1	瓷坩埚	1只
2	烘箱或高温炉	1台
3	电子天平	1台

一、测定原理

试料在 270～300℃下加热至恒重，加热时失去游离水和碳酸氢钠分解出的水和二氧化碳，计算烧失量。

二、测定操作

称量约 2g 试样，精确至 0.0002g，置于 270～300℃加热至恒重的称量瓶或瓷坩埚内，移入烘箱或高温炉内，在 270～300℃下加热至恒重。

三、结果表示

烧失量的质量分数以 w_0 计，数值以％表示，按下式计算。

$$w_0 = \frac{m_1}{m} \times 100\%$$

式中　m_1——试料加热时失去的质量，g；
　　　m——试料的质量，g。

进度检查

一、简答题

1. 什么是恒重？

2.称量法的基本操作程序是什么?

二、操作题

试对工业用碳酸钠的烧失量进行测定。

工业用碳酸钠分析技能考试内容及评分标准

模块 4　工业氯化锌分析

编号 FJC-105-01

学习单元 4-1　工业氯化锌分析的国家标准

学习目标：完成本单元的学习之后，能够查找相应的国家标准，能够解读国家标准并能结合岗位操作规程拟定检测方案。
职业领域：化工、石油、环保、医药、冶金、建材等
工作范围：分析

氯化锌是一种无机盐，工业上它应用范围极广，被用作脱水剂、催化剂、防腐剂，还用于电镀、医药、农药等工业中。当代大学生作为新时期国家建设的重要人才，如何成才是一个关键问题。大学生应该给予自己坚定的信心，远大的理想，然后根据既定的目标脚踏实地学习和构建自己的认知体系，为祖国的工业发展做出贡献。

一、氯化锌简介

氯化锌，别名：锌氯粉，化学式为 $ZnCl_2$，分子量为 136.30，是一种无机盐，工业上它应用范围极广，被用作脱水剂、催化剂、防腐剂，还用于电镀、医药、农药等工业中。氯化锌易溶于水，溶于甲醇、乙醇、甘油、丙酮、乙醚，不溶于液氨。潮解性强，能自空气中吸收水分而潮解。具有溶解金属氧化物和纤维素的特性。熔融氯化锌有很好的导电性能。灼热时有浓厚的白烟生成。氯化锌有腐蚀性，有毒。

二、工业氯化锌质量标准

HG/T 2323—2019《工业氯化锌》；
GB/T 601—2016《化学试剂　标准滴定溶液的制备》；
GB/T 6682—2008《分析实验室用水规格和试验方法》。
拟定实验方案，找出标准的适用范围、方法原理、精密度、准确度等内容。

三、注意事项

查找的标准要适合本行业本产品。

进度检查

一、判断题

1. 按《中华人民共和国标准化法》规定，我国标准分为四级，即国家标准、行业标准、地方标准和企业标准。（   ）
2. 标准，按执行力度可分为强制性标准和推荐性标准。（   ）
3. 国家强制标准代号为 GB/T。（   ）

二、简答题

1. 什么是国家标准？
2. 国家标准可以分为哪几类？

编号 FJC-105-02

学习单元 4-2　工业氯化锌含量的测定

学习目标： 完成本单元的学习之后，能够掌握工业氯化锌含量的测定方法。
职业领域： 化工、石油、环保、医药、冶金、建材等
工作范围： 分析
所需仪器、药品

序号	名称及说明	数量
1	盐酸(1+1)	适量
2	硫酸(1+3)	适量
3	氨水(1+1)	适量
4	硫酸铵(250g/L)	适量
5	亚铁氰化钾标准滴定溶液(约0.05mol/L)	适量
6	二苯胺硫酸溶液(10g/L)	适量
7	容量瓶(250mL)	1个
8	移液管(25mL)	1支
9	聚四氟酸式滴定管(50mL)	1支

一、实验原理

在酸性条件下，以二苯胺为指示剂，用亚铁氰化钾标准滴定溶液滴定至溶液由蓝紫色变为黄绿色为终点。主要方程式为

$$2K_4Fe(CN)_6 + 3Zn^{2+} \rightleftharpoons K_2Zn_3[Fe(CN)_6]_2 \downarrow + 6K^+$$

二、所需溶液配制

1. 亚铁氰化钾标准滴定溶液

（1）配制　称取 21.6g 亚铁氰化钾、0.6g 铁氰化钾及 0.2g 无水碳酸钠于 400mL 的烧杯中，加水溶解后，用水稀释至 1000mL，置于棕色瓶中，放置一周后用玻璃砂坩埚（滤板孔径为 5~15μm）过滤，标定。亚铁氰化钾标准滴定溶液每两个月至少标定一次；溶液中若有沉淀产生时，必须重新过滤、标定。

（2）标定　称取约 1.7g 于 800℃ 灼烧至恒重的基准氯化锌，精确至 0.0002g，用少许水润湿，加盐酸溶液至样品溶解，移入 250mL 容量瓶中，稀释至刻度，摇匀。用移液管移取 25mL，置于 250mL 锥形瓶中，加 70mL 水，滴加氨水溶液至白色胶状沉淀刚好产生，加入 20mL 硫酸铵溶液及 20mL 硫酸溶液，加热至 75~80℃，用亚铁

氰化钾标准滴定溶液滴定。近终点时加入 2~3 滴二苯胺指示剂，当滴定至溶液由蓝紫色变为黄绿色，并 30s 内不再反复出现蓝紫色即为终点，终点时溶液温度不得低于 60℃。

（3）计算

$$c = \frac{m \times (25/250)}{V/1000 \times M}$$

式中　m——称取基准氧化锌的质量，g；
　　　V——滴定中消耗亚铁氰化钾标准滴定溶液的体积，mL；
　　　M——氧化锌（3/2ZnO）的摩尔质量，122.07g/mol。

2. 二苯胺硫酸溶液

称取 1.0g 二苯胺，在搅拌下溶解于 100mL 浓硫酸中。

三、实验步骤

1. 试样溶液的制备

在有盖的称量瓶中，迅速称取 3.5g 试样（准确至 0.0002g）。于 250mL 烧杯中，加入 50mL 纯水及盐酸（1+1）数滴，直至溶液清亮，再过量 3 滴盐酸溶液，转移至 250mL 容量瓶中，用水稀释至刻度，摇匀。

2. 样品测定

用移液管移取 25.00mL 试样溶液，置于 250mL 锥形瓶中，加入 70mL 水，滴加氨水溶液至白色胶状沉淀刚好产生，加入 20mL 硫酸铵溶液及 20mL 硫酸溶液，加热至 75~80℃，用亚铁氰化钾标准滴定溶液滴定。近终点时加入 2~3 滴二苯胺指示剂，当滴定至溶液由蓝紫色变为黄绿色，并 30s 内不再反复出现蓝紫色即为终点，终点时温度不得低于 60℃。

四、结果计算

总锌含量以氯化锌（$ZnCl_2$）质量分数 w 表示的含量，按下式计算。

$$w = \frac{cVM \times 10^{-3}}{m \times (25/250)} \times 100\%$$

式中　c——亚铁氰化钾标准滴定溶液的实际浓度，mol/L；
　　　V——滴定中消耗亚铁氰化钾标准滴定溶液的体积，mL；
　　　m——试样的质量，g；
　　　M——氯化锌（3/2$ZnCl_2$）的摩尔质量，204.42g/mol。

结果要求：取平行测定结果的算术平均值为测定结果，两次平行测定结果的绝对差值不大于0.2%。

进度检查

一、填空题

1. 测定工业氯化锌的含量，是在酸性条件下，以_____为指示剂，用_____标准滴定溶液滴定至溶液由_____色变为_____色为终点。
2. 亚铁氰化钾标准滴定溶液应存放在_____。
3. 测定样品时应在_____加入指示剂。

二、操作题

试对工业氯化锌的含量进行测定。

编号 FJC-105-03

学习单元 4-3　工业氯化锌中碱式盐含量的测定

学习目标：完成本单元的学习之后，熟悉氯化锌中碱式盐含量测定方法。
职业领域：化工、石油、环保、医药、冶金、建材等
工作范围：分析
所需仪器、药品

序号	名称及说明	数量
1	盐酸标准滴定溶液(0.5mol/L)	适量
2	甲基橙指示剂(1g/L)	适量
3	聚四氟酸式滴定管(50mL)	1支
4	锥形瓶(250mL)	4个
5	量筒(50mL)	1个

一、实验原理

碱式盐氧化锌可以与盐酸发生反应，生成氯化锌，水解显酸性。以甲基橙为指示剂，用盐酸标准溶液滴定至橘红色即为终点。

$$ZnO + 2HCl \longrightarrow ZnCl_2 + H_2O$$
$$ZnCl_2 + H_2O \longrightarrow H[ZnCl_2(OH)]$$

二、实验步骤

在有盖的称量瓶中，迅速称取约10g的试样，精确至0.01g，转移到250mL的锥形瓶中，加50mL水和1～2滴甲基橙指示剂，用盐酸标准溶液滴定至橘红色为终点。

三、结果计算

以质量分数表示的碱式盐含量按下式计算：

$$w = \frac{cVM \times 10^{-3}}{m} \times 100\%$$

式中　w——以质量分数表示的碱式盐的含量；
　　　c——盐酸标准滴定溶液的实际浓度，mol/L；
　　　V——滴定中消耗盐酸标准滴定溶液的体积，mL；
　　　m——试样的质量，g；

M——氧化锌（1/2ZnO）的摩尔质量，40.69g/mol。

进度检查

一、简答题

1. 为什么可以用甲基橙作为指示剂滴定终点？
2. 盐酸标准滴定溶液 $[c(HCL)=0.5mol/L]$ 如何标定？
3. 盐酸标准滴定溶液的标定过程中煮沸的目的是什么？

二、计算题

1. 称取 1.5312g 纯 Na_2CO_3 配成 250.0mL 溶液，计算此溶液的物质的量浓度。若取此溶液 20.00mL，用 HCl 溶液滴定用去 34.20mL，计算 HCl 溶液物质的量浓度。

2. 用基准无水 Na_2CO_3 标定 $c(HCl)=0.1mol \cdot L^{-1}$ HCl 标准溶液，应取无水 Na_2CO_3 多少克？

三、操作题

试对工业氯化锌中的碱式盐含量进行测定。

编号 FJC-105-04

学习单元 4-4　工业氯化锌中硫酸盐含量的测定

学习目标：完成本单元的学习之后，熟悉氯化锌中硫酸盐含量测定方法。
职业领域：化工、石油、环保、医药、冶金、建材等
工作范围：分析
所需仪器、药品

序号	名称及说明	数量
1	盐酸溶液(1+1)	适量
2	95%乙醇溶液	适量
3	氯化钡溶液(100g/L)	适量
4	硫酸盐标准溶液(0.1mg SO$_4$/mL)	适量
5	容量瓶(250mL)	1个
6	烧杯(100mL)	1个
7	比色管(50mL)	2支

一、实验原理

在酸性条件下，用氯化钡沉淀硫酸根离子，然后与硫酸钡标准比浊溶液目视比浊。

二、实验步骤

1. 试验溶液的制备

称取 10.0g 试样（准确至 0.01g）于 100mL 烧杯中，加入 40mL 蒸馏水及盐酸(1+1) 数滴，直至溶液清亮，再过量 3 滴，转移至 250mL 容量瓶中，用水稀释至刻度，摇匀备用。

2. 试验

用移液管移取 20.00mL 试样于 50mL 比色管中，加入 1mL 盐酸溶液和 3mL 95% 乙醇，再加入 5mL 氯化钡溶液，加水稀释至刻度，摇匀，放置 30min。所呈浊度不得深于标准比浊溶液。

标准比浊溶液的制备，移取表 4-1 中规定体积的硫酸盐标准溶液，与样品同时同样处理。

表 4-1 移取硫酸盐标准溶液体积

型号	等级	移取硫酸盐标准溶液体积/mL
固体	Ⅰ型　Ⅱ型	2.0
液体	Ⅰ型　Ⅱ型	1.0
	Ⅲ型	2.0

进度检查

一、简答题

1. 目视比色法是否符合朗伯-比尔定律？试作简要说明。

2. 在进行比色分析时，为何有时要求显色后放置一段时间再比色，而有些分析却要求在规定的时间内完成比色？

二、操作题

试对工业氯化锌中的硫酸盐含量进行测定。

编号 FJC-105-05

学习单元 4-5　工业氯化锌中钡盐含量的测定

学习目标：完成本单元的学习之后，能够掌握氯化锌中钡的含量测定方法。
职业领域：化工、石油、环保、医药、冶金、建材等
工作范围：分析
所需仪器、药品

序号	名称及说明	数量
1	氨水	适量
2	硫酸	适量
3	硫化氢（临用时制备）	适量
4	烧杯（250mL）	2个
5	容量瓶（250mL）	1个
6	量筒（100mL）	1个

一、实验原理

将试样溶于水后，通入硫化氢使锌离子沉淀，过滤后收集滤液。取一定量滤液，加入硫酸使钡离子生成硫酸盐，用瓷蒸发皿蒸发，灼烧，称量。

二、实验步骤

用称量瓶迅速称取约 3g 试样，精确至 0.01g，置于 250mL 烧杯中，加入 150mL 水和 15mL 氨水，摇匀。移入 250mL 容量瓶中，用水稀释至刻度，摇匀。取出约 150mL 溶液，充分通入硫化氢后，用滤纸过滤，弃去初始 20mL，用移液管移取 50mL 滤液，置于预先在 700℃下灼烧至恒重的蒸发皿中，加 5 滴硫酸，蒸发至干。在 700℃下灼烧至恒重。

三、结果计算

以质量分数表示的钡盐含量 w，数值以％表示，按下式计算：

$$w = \frac{m_1 - m_0}{m \times (50/250)} \times 100\%$$

式中　m_1——蒸发皿连同残渣质量，g；

m_0——蒸发皿质量,g;

m——试样的质量,g。

进度检查

一、填空题

1. 沉淀按其物理性质不同,可粗略地分为_____与_____,介于二者之间的沉淀则称为_____。

2. 沉淀形成过程中如定向速度_____聚集速度,则形成晶形沉淀;反之,如定向速度_____聚集速度,则形成无定形沉淀。

3. 烘干通常是指在_____℃以下的热处理,灼烧是指在_____的热处理。

二、判断题

1. 沉淀称量法中的称量式必须具有确定的化学组成。（   ）
2. 沉淀称量法测定中,要求沉淀式和称量式相同。（   ）
3. 重量分析中使用的"无灰滤纸",指每张滤纸的灰分质量小于 0.2mg。（   ）
4. 由于混晶而带入沉淀中的杂质通过洗涤是不能除掉的。（   ）
5. 沉淀 $BaSO_4$ 应在热溶液中进行,然后趁热过滤。（   ）

编号 FJC-105-06

学习单元 4-6　工业氯化锌中铁盐含量的测定

学习目标：完成本单元的学习之后，熟悉氯化锌中铁的含量测定方法。
职业领域：化工、石油、环保、医药、冶金、建材等
工作范围：分析
所需仪器、药品

序号	名称及说明	数量
1	盐酸溶液(1+1)	适量
2	过硫酸铵	适量
3	硫氰酸钾-正丁醇溶液(10g/L)	适量
4	铁标准溶液(0.01mg Fe/mL)	适量
5	容量瓶(250mL)	1个
6	比色管(50mL)	2支
7	烧杯(100mL)	2个

一、实验原理

在酸性介质中，用过硫酸铵氧化二价铁，加入硫氰酸钾-正丁醇溶液萃取并显色，与标准比色溶液进行目视比色。

二、实验步骤

1. 溶液的配制

硫氰酸钾-正丁醇溶液（10g/L）：称取10g硫氰酸钾，用10mL水溶解，加热至25～30℃，加正丁醇稀释至1000mL，充分振摇至澄清。

2. 试样溶液的制备

称取10.0g试样（准确至0.01g）于100mL烧杯中，加入40mL蒸馏水及盐酸(1+1)数滴，直至溶液清亮，再过量3滴，转移至250mL容量瓶中，用水稀释至刻度，摇匀备用。

3. 样品测定

用移液管移取20mL试样于50mL比色管中，加入10mL蒸馏水、1mL盐酸溶

液、0.03g 过硫酸铵，摇匀。再加入 15mL 硫氰酸钾-正丁醇溶液，振摇 30s。醇层所呈现的红色不得深于标准比色溶液。然后将样品与标准比色溶液进行目视比色。

标准比色溶液的制备，按表 4-2 取一定体积的铁标准溶液，与试样同时做同样处理。

表 4-2 移取硫酸盐标准溶液体积

型号	等级	移取硫酸盐标准溶液体积/mL
固体	Ⅰ型	1.00
	Ⅱ型	2.00
液体	Ⅰ型、Ⅱ型	0.60
	Ⅲ型	0.40

进度检查

一、判断题

1. 仪器分析用标准溶液，一般使用当天现配现用。（   ）
2. 比色分析法一般有两种：一种是目视比色法，一种是光电比色法。（   ）
3. 工业氯化锌中铁盐含量的测定是在中性介质中，标准比色溶液进行目视比色。（   ）

二、简答题

1. 简述显色过程中所加各种试剂及其作用。
2. 在使用比色皿时，应如何保护比色皿光学面？
3. 测定工业氯化锌中铁盐含量的原理是什么？

三、操作题

试对工业氯化锌中的铁盐含量进行测定。

编号 FJC-105-07

学习单元 4-7 工业氯化锌中重金属铅含量的测定

学习目标： 完成本单元的学习之后，熟悉工业氯化锌中重金属铅含量的测定方法。

职业领域： 化工、石油、环保、医药、冶金、建材等

工作范围： 分析

所需仪器、药品和设备

序号	名称及说明	数量
1	三氯甲烷	适量
2	盐酸	适量
3	硝酸	适量
4	氢氧化钠(250g/L)	适量
5	吡咯烷二硫代甲酸铵溶液(20g/L)	适量
6	铅标准溶液(0.01mg Pb/mL)	适量
7	分液漏斗(250mL)	1个
8	分液漏斗(500mL)	1个
9	容量瓶(100mL)	1个
10	容量瓶(10mL)	1个
11	吸量管(5mL)	1支
12	原子吸收分光光度计(配有铅空心阴极灯)	1台

一、实验原理

从光源辐射出待测元素的特征波长的电磁辐射（光），通过火焰原子化系统产生的样品蒸气时，被蒸气中待测元素的基态原子吸收。在一定的实验条件下，吸光度值与试样中待测元素的浓度关系符合朗伯-比尔定律：$A=\lg(\varphi_0/\varphi_u)=Klc$（$A$ 为吸光度；φ_0 为入射光通量；φ_u 为透射光通量；K 为吸收系数；l 为吸收光程长度；c 为待测元素的浓度）。

当吸收光程长度 l 与吸收系数 K 一定时，吸光度 A 与试样中待测元素的浓度 c 成正比。利用此定律可进行定量分析。

二、实验步骤

1. 铅标准溶液的配制

移取 1.00mL 按 HG/T 3696.2—2011 配制的铅标准溶液，置于 100mL 容量瓶中，用水稀释至刻度，摇匀。此溶液现用现配。

2. 试验步骤

(1) 工作曲线的绘制　分别移取 0.0mL、0.50mL、1.00mL、1.50mL 铅标准溶液（相当 0.0μg、5.0μg、10.0μg、15.0μg 铅）于 250mL 分液漏斗中，分别加入 1mL 盐酸，盖上表面皿，加热煮沸 5min。冷却，用二级水稀释至 100mL。用氢氧化钠溶液调节溶液 pH 值为 1.0～1.5（用精密 pH 试纸检验）。将此溶液转移至 500mL 分液漏斗中，用二级水稀释至约 200mL。加入 2mL 吡咯烷二硫代氨基甲酸铵（AP-DC）溶液，混合。用三氯甲烷萃取 2 次，每次加入 20mL，收集萃取液（即有机相）于 50mL 烧杯中，在蒸汽浴上蒸发至干（此操作必须在通风橱中进行）。于残渣中加入 3mL 硝酸，继续蒸发至近干。加入 0.5mL 硝酸和 10mL 二级水，加热直至溶液体积为 3～5mL。转移至 10mL 容量瓶中，用二级水稀释至刻度，摇匀。选用空气-乙炔火焰，于波长 283.3nm 处，以空白试验溶液调零，测定各萃取后的铅标准溶液的吸光度。以铅的质量为横坐标、对应的吸光度为纵坐标，绘制工作曲线。

(2) 试验　称取约 3g（固体、液体Ⅰ型、Ⅱ型）试样或 1g（液体Ⅲ型）试样，精确至 0.0002g。置于 150mL 烧杯中，加入 30mL 二级水，再加入 1mL 盐酸。以下操作同(1)中"盖上表面皿，加热煮沸 5min，冷却，用二级水稀释至 100mL……转移至 10mL 容量瓶中，用二级水稀释至刻度，摇匀"。在相同仪器条件下测定萃取后的试验溶液的吸光度，从工作曲线上查出试验溶液中铅的质量。

同时进行空白试验。空白试验溶液除不加试样外，其他加入试剂的种类和量与试验溶液相同。

(3) 试验数据处理　铅含量以铅（Pb）的质量分数 w 计，按下面公式计算：

$$w = \frac{\rho \times (10 \times 10^{-6})}{m} \times 100\%$$

式中　ρ——从工作曲线上查出的试验溶液中铅的质量，μg/mL；

m——试料的质量，g。

取平行测定结果的算术平均值为测定结果，在重复性条件下两次独立测定结果铅含量的绝对差值不大于算术平均值的 10%。

进度检查

一、填空题

1. 测定重金属含量时，用_____将溶液调至碱性，加入_____掩蔽干扰离子。

2. 原子吸收分光光度法测定铅的原理是_____
_____。

3. 原子吸收分光光度法测定重金属离子时去除干扰离子的措施有：①_____
_____②_____③_____

④_____。

二、判断题

1. 光源辐射出待测元素的特征波长的电磁辐射（光），通过火焰原子化系统产生的样品蒸气时，被蒸气中待测元素的基态原子吸收。（ ）

2. 用三氯甲烷萃取时，收集萃取液（即有机相）于50mL烧杯中，在蒸汽浴上蒸发至干即可。（ ）

三、操作题

铅标准溶液的配制操作。

编号 FJC-105-08

学习单元 4-8　工业氯化锌中盐酸不溶物含量的测定

学习目标：完成本单元的学习之后，熟悉工业氯化锌中盐酸不溶物含量的测定方法。
职业领域：化工、石油、环保、医药、冶金、建材等。
工作范围：分析
所需仪器、药品和设备

序号	名称及说明	数量
1	盐酸溶液(2+1)	适量
2	硝酸银溶液(17g/L)	适量
3	坩埚式过滤器(滤板孔径为5~15μm)	适量

一、实验原理

试样在酸性条件下用水溶解，过滤，洗涤，不溶物在 105~110℃ 下烘至恒重，称量。

二、实验步骤

称取约 20g 试样，精确至 0.01g。置于 400mL 烧杯中，加入 200mL 水和 2mL 盐酸溶液溶解。用已在 105~110℃ 下烘至恒重的玻璃砂坩埚过滤，用热水洗涤至滤液中不含氯离子（用硝酸银检查）为止。将玻璃砂坩埚连同不溶物一并移入电热干燥箱中，在 105~110℃ 下烘至恒重，在干燥器中冷却。称重。

三、结果计算

以质量分数表示的盐酸不溶物含量按下式计算：

$$w = \frac{m_1 - m_2}{m} \times 100\%$$

式中　m_1——玻璃砂坩埚连同不溶物的质量，g；
　　　m_2——玻璃砂坩埚的质量，g；
　　　m——试样的质量，g。

进度检查

一、填空题

1. 在过滤的大部分时间中，_____起到了主要过滤介质的作用。
2. 恒重是指连续两次干燥，其质量差应在_____以下。
3. 在重量分析法中，为了使测量的相对误差小于0.1%，则称样量必须大于____。

二、操作题

试样质量称量。

工业氯化锌的分析技能考试内容及评分标准

模块 5 涂料物理性能的检验

编号 FJC-106-01

学习单元 5-1 物理性能检验的知识及标准

学习目标：完成本单元的学习之后，能够查找相应的国家标准，能够解读国家标准并能结合岗位操作规程拟定检测方案。
职业领域：化工、石油、环保、医药、冶金、建材等
工作范围：分析

涂料物理性能多而繁，需要充分利用分析规划能力进行分类、归纳，整理成条理清晰的脉络，让人一目了然。生活中同学们也要有这种归纳的意识，不急不躁，有计划有目标地做事。

一、涂料物理性能简介

1. 涂料

涂料是涂于物体表面能形成具有保护、装饰或特殊性能（如绝缘、防腐、标志等）的固态涂膜的一类液体或固体材料的总称，包括油（性）漆、水性漆、粉末涂料。粉末涂料工艺是用静电喷涂及通过静电枪喷涂在铁质、铝质产品表面经过高温固化的一种工艺，用粉末涂料进行表面处理更能保护产品表面，使其美观，色泽鲜艳，抗腐蚀性更佳。涂料这种材料可以用不同的施工工艺涂覆在物件表面，形成黏附牢固、具有一定强度、连续的固态薄膜。这样形成的膜统称涂膜，又称漆膜或涂层。

2. 涂料的分类方法

① 按产品的形态可分为液态涂料、粉末型涂料、高固体分涂料。
② 按涂料使用分散介质可分为溶剂型涂料；水性涂料（乳液型涂料、水溶性涂料）。
③ 按用途可分为建筑涂料、罐头涂料、汽车涂料、飞机涂料、家电涂料、木器涂料、桥梁涂料、塑料涂料、纸张涂料、船舶涂料、风力发电涂料、核电涂料、管道涂料、钢结构涂料、橡胶涂料、航空涂料等。
④ 按漆膜性能可分为防腐蚀涂料、防锈涂料、绝缘涂料、耐高温涂料、耐老化

涂料、耐酸碱涂料、耐化学介质涂料。

⑤ 按是否有颜色可分为清漆、色漆。

⑥ 按施工方法可分为刷涂涂料、喷涂涂料、辊涂涂料、浸涂涂料、电泳涂料等。

⑦ 按功能可分为不粘涂料、铁氟龙涂料、装饰涂料、防腐涂料、导电涂料、防锈涂料、耐高温涂料、示温涂料、隔热涂料、防火涂料、防水涂料等。

⑧ 家用油漆可分为内墙涂料、外墙涂料、木器漆、金属用漆、地坪漆。

⑨ 按成膜物质可分为天然树脂类漆、酚醛类漆、醇酸类漆、氨基类漆、硝基类漆、环氧类漆、氯化橡胶类漆、丙烯酸类漆、聚氨酯类漆、有机硅树脂类漆、氟碳树脂类漆、聚硅氧烷类漆、乙烯树脂类漆……

二、涂料的物理性能检验

涂料一般有四种基本成分：成膜物质（树脂、乳液）、颜料（包括体质颜料）、溶剂和添加剂（助剂）。因此涂料在大批量使用前，必须先检验粉末涂层的性能是否达到工件要求，如各项指标合格后才能投入生产。

喷塑流水线粉末涂料的性能检验主要包括表观密度、粒度、黏度、细度和拉度分布、遮盖力、涂膜附着力、挥发分含量、耐污染性、耐碱性等主要性能的检测。

三、涂料物理性能检验标准

GB/T 20623—2006《建筑涂料用乳液》；

GB/T 6739—2022《色漆和清漆　铅笔法测定漆膜硬度》；

GB/T 1726—1979《涂料遮盖力测定法》；

GB/T 9265—2009《建筑涂料　涂层耐碱性的测定》；

GB/T 9269—2009《涂料黏度的测定　斯托默黏度计法》；

GB/T 13452.2—2008《色漆和清漆　漆膜厚度的测定》；

GB/T 1766—2008《色漆和清漆　涂层老化的评级方法》；

HG/T 3951—2007《建筑涂料用水性色浆》；

GB/T 6750—2007《色漆和清漆　密度的测定　比重瓶法》。

拟定实验方案，找出标准适用范围、方法原理、精密度、准确度等内容。

四、注意事项

查找的标准要适合本行业本产品。

进度检查

一、填空题

1. 涂料的基本成分包括 _____、_____、_____ 和 _____。
2. 涂料按漆膜性能可分为 _____ 等（不少于四种）。
3. 涂膜是指 _____。

二、判断题

1. 涂料就是油漆。　　　　　　　　　　　　　　　　　　　　（　　）
2. 水性漆属于涂料。　　　　　　　　　　　　　　　　　　　（　　）
3. 涂料在大批量使用前，必须先检验粉末涂层的性能。　　　　（　　）

三、简答题

1. 什么是涂料？
2. 涂料的用途有哪些？

四、操作题

进行涂料的物理性能检验国家标准的查找，由教师检查下列项目是否正确：

1. 选择的标准。
2. 选择的项目。
3. 拟定的实验方案。

编号 FJC-106-02

学习单元 5-2　喷塑流水线粉末涂料的性能检验

学习目标：完成本单元的学习之后，能够掌握喷塑流水线粉末涂料的密度测定方法（比重瓶法），独立完成其测定工作任务。

职业领域：化工、石油、环保、医药、冶金、建材等

工作范围：分析

所需仪器、药品和设备

序号	名称及说明	数量
1	分析天平①	1台
2	金属比重瓶（密度瓶）②	适量
3	玻璃比重瓶（密度瓶）③	适量
4	温度计（精确到0.2℃，分度为0.2℃或更小）	1台
5	恒温室或水浴锅	1台
6	防尘罩	1台

注：① 50mL以下的比重瓶精确到1mg，50mL至100mL的比重瓶精确到10mg。

② 金属比重瓶容积为50mL或100mL，是用精加工的防腐蚀材料制成的横截面为圆形的圆柱体，上面带有一个装配合适的中心有一个孔的盖子。盖子内侧呈凹形。

③ 玻璃比重瓶容积为10mL或100mL（盖伊-芦萨克比重瓶或哈伯德比重瓶）。

一、测定原理

用比重瓶装满被测产品，从比重瓶内产品的质量和已知的比重瓶体积计算出被测产品的密度。

温度：温度对密度的影响，与装填性能有非常显著的关系，并且随产品的类型而改变。

本标准规定试验温度为（23±0.5）℃，也可在其他商定的温度下进行试验。

试验时应将被测产品和比重瓶调节至规定或商定的温度，并且应保持测试期间温度变化不超过0.5℃。

实验所使用的比重瓶如图5-1～图5-3所示。

二、测定步骤

1. 总则

进行两次测定，每次测定应重新取样。

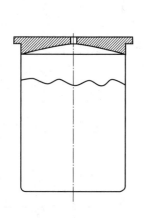   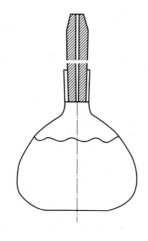   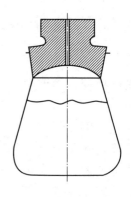

图 5-1　金属比重瓶　　　图 5-2　盖伊-芦萨克比重瓶　　　图 5-3　哈伯德比重瓶

2. 测定

① 恒温。将放入防尘罩内的比重瓶和试样放入恒温室或恒温水浴中使它们处于规定或商定的温度，大约 30min 能使温度达到平衡。用温度计测试试样的温度，在整个测试过程中检查恒温室和水浴的温度是否保持在规定的范围内。

② 称量比重瓶并记录其质量 m_1。

③ 将被测产品注满比重瓶，注意防止比重瓶中产生气泡。塞住或盖上比重瓶，用有吸收性的材料擦去溢出物质，并擦干比重瓶的外部，然后用脱脂棉球轻轻擦拭。记录注满被测产品的比重瓶的质量 m_2。

注：黏附于玻璃比重瓶的磨口玻璃表面或金属比重瓶的盖子和杯体接触面上的液体都会引起称量读数偏高。为了使误差减至最小，接口应密封严密，防止产生气泡。

三、结果计算

通过下式来计算在试验温度 t 下试样的密度，以克每毫升（g/mL）表示：

$$\rho = \frac{m_2 - m_1}{V}$$

式中　m_1——空比重瓶的质量，g；

m_2——试验温度下，装满试样的比重瓶的质量，g；

V——试验温度下，按照 GB/T 6750—2007 附录 A 所测得的比重瓶的体积，mL。

进度检查

一、填空题

1. 试验时应保持测试期间温度变化不超过_____℃。

2. 本标准规定试验温度为_____。
3. 金属比重瓶在使用时应用_____清洗。

二、判断题

1. 比重瓶中产生气泡对测验结果没有影响。（   ）
2. 比重瓶外面残留的液体在测量过程中无需擦去。（   ）
3. 温度对密度的测量有影响。（   ）

三、简答题

1. 比重瓶法测密度时的注意事项有哪些？
2. 为防止气泡的影响，试验中应怎样防止气泡产生？

四、操作题

按比重瓶法进行喷塑流水线粉末涂料的密度测定，由教师检查下列项目是否正确：
1. 选择的标准。
2. 选择的项目。
3. 拟定的实验方案。

编号 FJC-106-03

学习单元 5-3　漆膜厚度的测定

学习目标：漆膜厚度包括湿膜厚度、干膜厚度、未固化粉末涂层厚度和粗糙表面上漆膜厚度。而每一种漆膜厚度的检测方法又有很多种，这里仅介绍干膜厚度检测的厚度差值法和重量分析法两种方法。其他方法请同学们查阅自学。完成本单元的学习之后，能够掌握漆膜厚度的测定方法，独立完成其测定工作任务。

职业领域：化工、石油、环保、医药、冶金、建材等

工作范围：分析

所需仪器、药品和设备

序号	名称及说明	数量
1	固定在基座上的千分表（图 5-4）	1 台
2	手握式千分表（图 5-5）	1 台
3	天平（最大称量范围为 0～500g，精度为 1mg）	1 台

注：① 符合 ISO 463 要求的机械千分表和电子千分表的测量精度通常分别为 5μm（机械千分表）和 1μm（电子千分表）或更好。

② 手握式千分表应配有手柄。用于提起冲杆的装置的形状应构造成能用一只手操作该厚度测试仪。

一、测定原理

1. 厚度差值法

用千分表来测量漆膜厚度，即底材加漆膜的总厚度与底材厚度间的差值。有两种测定漆膜厚度的方法：

（1）在除去涂层前后测量（破坏性方法）　先测量规定区域的总厚度，然后在除去测量区域的涂层后再测量底材的厚度。

（2）在涂敷涂料前后测量（非破坏性方法）　先测量底材厚度，在涂敷涂料后再测定相同测量区域的总厚度。

漆膜厚度可从两个读数的差值计算得到。

2. 重量分析法——质量差值法

干膜厚度 t_d，单位为微米（μm），是根据未涂漆试样与已涂漆试样的质量差计算得到：

$$t_d = \frac{m - m_0}{A\rho_0}$$

式中 m_0——未涂漆试样的质量，g；

m——已涂漆试样的质量，g；

A——已涂敷的表面面积，m^2；

ρ_0——涂敷的干涂膜密度，g/mL。

注：可按照 GB/T 9272—2007 测定涂料的干涂膜密度。

3. 适用范围

① 千分表基本适用于所有漆膜-底材组合。在使用机械仪表测量时，底材和漆膜应有足够的硬度以免测量触点会产生压痕而导致读数错误。千分表也适合测量具有圆形截面的圆柱形试样的漆膜厚度（如电线、管道）。

② 重量分析法具有通用性。

二、测定步骤

1. 差值测量法

（1）总则　在"涂敷涂料"测量方式下，用有标记孔的样规来保证是在同一点测量底材厚度和总厚度。如果是塑料底材，最好采用"涂点涂料"法，因为通常很难在没有造成破坏的情况下就将底材暴露出来。

在"除去涂层"的测量方式下，可在测量区域画圆并作标记。应小心、完整地除去测量区域的涂层且不会造成底材机械性或化学性损伤。在涂敷涂料前可用胶带将底材部分遮住以得到很好确定的由一层至另一层的层次。

对次硬的底材，如钢板，可用直径为10mm的空心钻切透漆膜，然后用溶剂或脱漆剂将形成的涂层圆片除去。所有需要接触或测量的表面（涂层、底材、试样背面）应干净，没有漆膜残渣。

① 模型1——固定在基座上。如图5-4所示将千分表夹紧在基座上。千分表应配有能抬起测量触点的装置。应根据需要测试厚度的涂层材料的硬度选择测量触点的形状（硬材料选择球形，软材料选择平面形），如果使用平面形测量触点，测量面与基板的上表面平行对准。

② 模型2——手握式。这类千分表基准面的可拆卸触点应位于可移动的测量触点的对面。应根据待测材料的硬度选择测量触点的形状（硬材料选择球形，软材料选择平面形）。如果测量触点和基准面都是平面形状（图5-5为测量薄片厚度的千分表），测量面应相互平行。

（2）步骤

① 按总则规定，准备"除去涂层"和"涂敷涂料"不同测量方式用的试样。

② 采用"除去涂层"或"涂敷涂料"不同测量方式，在操作所有仪器时，都分别使试样的涂漆面或待涂漆的面面向测量杆（测微计）或接触元件（千分表）。

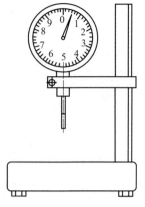

图 5-4　固定在基座上的千分表　　　　图 5-5　手握式测量薄片厚度的千分表

③ 在使用固定在基座上的仪器时，把试样放在基板上。在使用手握式仪器时，将试样紧贴着固定的测量触点并握住试样。当使用千分表时，使装有弹簧的接触元件的触头轻轻碰触测试表面。

④ 在除去漆膜（"除去涂层"方式）或涂敷漆膜（"涂敷涂料"方式）后重复上述步骤进行第 2 次测量。

⑤ 漆膜厚度值是总厚度读数与底材厚度读数间的差值。

2. 重量分析法——质量差值法

（1）总则　采用重量分析法得到整个涂敷表面区域干膜厚度的平均值，特别是在采用喷涂施工时，试样的背面应遮住以避免因背面的局部施涂（过喷）而造成的测量误差。

（2）步骤　先称量干净的未涂漆试样的质量，然后将试样涂漆并干燥，再称量已涂漆试样的质量，计算干膜厚度。

进度检查

一、填空题

1. 两种测定漆膜厚度的方法是_____和_____。
2. 机械千分表的测量精度通常为_____ μm。
3. 采用重量分析法得到的是干膜厚度的_____值。

二、判断题

1. 漆膜厚度是指涂敷漆膜后的总厚度。　　　　　　　　　　　　（　　）
2. 在使用机械仪表测量时，底材和漆膜应有足够的硬度以免测量触点会产生压痕而导致读数错误。　　　　　　　　　　　　　　　　　　　　　　　（　　）
3. 在"涂敷涂料"测量方式下，不需用有标记孔的样规来保证是在同一点测量

底材厚度和总厚度。 （　　）

三、简答题

1. 测量漆膜厚度的方法有哪些？
2. 使用千分表测量漆膜厚度的注意事项有哪些？

四、操作题

按上面方法进行漆膜厚度的测定，由教师检查下列项目是否正确：

1. 选择的标准。
2. 选择的项目。
3. 拟定的实验方案。

涂料物理性能检验考试内容及评分标准

涂料的前世

模块 6　工业用乙酸乙酯分析

编号 FJC-107-01

学习单元 6-1　工业用乙酸乙酯分析的国家标准

学习目标：完成本单元的学习之后，能够查找相应的国家标准，能够解读国家标准并能结合岗位操作规程拟定合理的检测方案。

职业领域：化工、石油、环保、医药、冶金、建材等

工作范围：分析

所需标准

序号	名称及说明	数量
1	GB/T 3728—2007《工业用乙酸乙酯》	1套

乙酸乙酯既是重要的化工原料又是极好的有机溶剂。有机溶剂种类和用量的不断增加改善了人们的生活质量，因此对于有机溶剂纯度、酸度、杂质含量等化学指标的检测就显得尤为重要。而检测数据的准确、科学和公正一定程度上取决于检测员的素质。要成为一名优秀的化学检测员需要爱岗敬业、认真负责、实事求是、坚持原则，一丝不苟地依据标准进行检验和判定，同时还要做到有责任感，有上进心，有"我为人人"的服务意识。

一、工业用乙酸乙酯简介

乙酸乙酯又称醋酸乙酯，可以由乙醇和乙酸制得。纯净的乙酸乙酯是无色透明具有刺激性气味的黏稠状液体，具有一定的毒性，有甜味。化学式为 $C_4H_8O_2$，分子量为 $88.11g \cdot mol^{-1}$，密度为 $0.902g/mL$。可溶于氯仿、乙醇、丙酮、乙醚，也可溶于水。空气中的水分可以使其缓慢水解而呈酸性。乙酸乙酯不但对眼睛、皮肤和呼吸道有刺激，也对神经系统有影响。

乙酸乙酯是一种用途广泛的精细化工产品，具有优异的溶解性、快干性，用途广泛，是一种非常重要的有机化工原料和极好的工业溶剂，被广泛用于醋酸纤维、乙基纤维、氯化橡胶、乙烯树脂、乙酸纤维树脂、合成橡胶、涂料及油漆等的生产过程中。

工业用乙酸乙酯是无色易燃液体，浓度较高时有刺激性，易挥发。熔点$-84℃$，沸点 $77℃$，闭口闪点 $-4℃$，自燃温度 $427℃$。空气中爆炸极限为 $2.2\%\sim11.5\%$（体

积分数)。其蒸气比空气重,可能沿地面移动造成远处着火。遇热、明火易引起激烈燃烧或爆炸。

工业用乙酸乙酯产品应用清洁的、罐体材料为不锈钢或铁的槽罐车运输或清洁、干燥、牢固的钢桶包装,桶口应加密封圈。运输、装卸必须按照危险货物运输规定进行。如乙酸乙酯发生泄漏,应撤离危险区域,尽可能将泄漏液收集在密闭容器中,用砂土或惰性吸收剂吸收残液,转移到安全区域,不能冲入下水道。若乙酸乙酯着火,不能用水灭火,需用砂土、泡沫、干粉等进行灭火。

二、工业用乙酸乙酯质量标准

GB/T 3728—2007《工业用乙酸乙酯》;
GB/T 12717—2007《工业用乙酸酯类试验方法》;
GB/T 4472—2011《化工产品密度、相对密度的测定》;
GB/T 6324.2—2004《有机化工产品试验方法 第2部分:挥发性有机液体水浴上蒸发后干残渣的测定》。

拟定实验方案,找出本标准适用范围、方法原理、精密度、准确度等内容。

三、注意事项

查找的标准要适合本行业本产品。

进度检查

一、填空题

1. 乙酸乙酯浓度高时有_____易_____。
2. 乙酸乙酯又称为_____,可以由乙醇和_____制得。
3. 乙酸乙酯可以溶于_____、_____、_____。
4. 工业用乙酸乙酯蒸气比空气_____,可能沿地面移动造成远处着火。

二、判断题

1. 乙酸乙酯是有刺激性气味的无色固体。　　　　　　　　　　　　(　　)
2. 炒菜时,料酒和醋不能一起放。　　　　　　　　　　　　　　　(　　)
3. 乙酸乙酯易溶于氯仿、乙醇、丙酮、乙醚,但不溶于水。　　　　(　　)
4. 工业用乙酸乙酯是无色易燃液体,浓度较高时有刺激性,易挥发。(　　)

三、简答题

乙酸乙酯发生泄漏该如何处理?

四、操作题

进行乙酸乙酯国家标准的查找。教师检查选择的标准及选择的项目是否正确。

编号 FJC-107-02

学习单元 6-2　工业用乙酸乙酯密度的测定

学习目标： 完成了本单元的学习之后，能够掌握用密度计法测定工业用乙酸乙酯的密度。

职业领域： 化工、石油、环保、医药、冶金、建材等

工作范围： 分析

所用仪器和设备

序号	名称及说明	数量
1	密度计	1台
2	温度计（分度值为0.1℃）	1支

一、测定原理

密度计法是将密度计插入待测样品中，通过密度计刻度大小直接读出样品的密度。密度计法测密度的基本依据是阿基米德定律，即当物体全部浸入液体中时，所受的浮力或减轻的重量，等于物体所排开液体的重量。

二、操作步骤

操作前，应估计试样的粗密度，根据估计值选择相应的密度计，具体操作如下。

（1）恒温（20℃）下的测定　将工业用乙酸乙酯试样注入清洁、干燥的500mL的量筒内，不得有气泡，将量筒置于20℃±0.1℃的恒温水浴中。待温度恒定后，将清洁、干燥的密度计缓缓地放入试样中，其下端应离筒底2cm以上，不能与筒壁接触，密度计的上端露在液面外的部分所沾液体不得超过2～3分度，待密度计在试样中稳定后，读出密度计弯月面下缘的刻度（标有读弯月面上缘刻度的密度计除外），即为20℃±0.1℃工业用乙酸乙酯试样的密度。

（2）在常温下的测定　将工业用乙酸乙酯试样注入清洁、干燥的500mL的量筒内，不得有气泡，将量筒置于常温水浴中。待温度恒定后，将清洁、干燥的密度计缓缓地放入试样中，其下端应离筒底2cm以上，不能与筒壁接触，密度计的上端露在液面外的部分所沾液体不得超过2～3分度，待密度计在试样中稳定后，读出密度计弯月面下缘的刻度（标有读弯月面上缘刻度的密度计除外），即为常温下工业用乙酸乙酯试样的密度。

三、结果计算

（1）常温 t℃下测定试样的密度 ρ_t（g/cm³），按下式计算：

$$\rho_t = \rho'_t + \rho'_t a(20-t)$$

式中　ρ'_t——试样在 t℃时密度计的读数值，g/cm³；

　　　a——密度计的玻璃膨胀系数，一般为 0.000025；

　　　20——密度计的标准温度，℃；

　　　t——测定时的温度，℃。

（2）常温 t℃试样的密度换算为 20℃时的密度 ρ_{20}（g/cm³），按下式计算：

$$\rho_{20} = \rho_t + K(t-20)$$

式中，K 为试样密度的温度校正系数，可通过查表或实测求得。测定的密度值应表示至小数点后第三位。

进度检查

一、填空题

1. 密度计法是利用_____原理来测定待测物的密度。

2. 恒温测定密度时，将清洁、干燥的密度计缓缓地放入试样中，其下端应离筒底_____ cm 以上，不能与筒壁接触。

3. 密度计的标准温度是____ ℃。

二、判断题

1. 密度计法测定密度的基本依据与韦氏天平法的原理一致。　　　　　　（　　）

2. 密度计法测定密度时不需要恒温，直接测量。　　　　　　　　　　　（　　）

3. 常温下测定工业用乙酸乙酯试样的密度时，密度计的上端露在液面外的部分所沾液体可超过 6 分度。　　　　　　　　　　　　　　　　　　　　　　（　　）

三、简答题

1. 测定时，为什么必须控制待测试样的温度与煮沸并冷却的蒸馏水的温度完全相同？

2. 密度计法测量密度的基本依据是什么？

四、操作题

试用密度计法测定乙酸乙酯、乙醇、乙酸的密度。教师检查：待测样品装入量筒的过程。

编号 FJC-107-03

学习单元 6-3　工业用乙酸乙酯酸度的测定

学习目标：完成了本单元的学习之后，能够掌握工业用乙酸乙酯酸度的测定方法。

职业领域：化工、石油、环保、医药、冶金、建材等

工作范围：分析

所需仪器和试剂

序号	名称及说明	数量
1	无色滴定管(碱式或两用滴定管,分度为0.05mL)	1支
2	移液管(10mL)	1支
3	锥形瓶(100mL)	3只
4	量筒(10mL)	1只
5	乙醇(95%,分析纯)	适量
6	氢氧化钠标准溶液[$c(NaOH)=0.02mol/L$]	适量
7	酚酞指示剂(1g/100mL)	适量

一、测定原理

酸度指水中能与强碱发生中和作用的物质（包括无机酸、有机酸、强酸弱碱盐等）的总量。酸度的数值越大说明溶液酸性越强。工业用乙酸乙酯试样中游离的酸与强碱氢氧化钠进行中和反应，根据氢氧化钠标准溶液的浓度和所消耗的体积，即可计算出该试样中游离酸的含量。

二、测定步骤

准确量取 10.00mL 乙醇注入 100mL 锥形瓶中，加入 2 滴 1g/100mL 的酚酞指示液摇匀。用 $c(NaOH)=0.02mol/L$ 的氢氧化钠标准溶液滴定至溶液呈粉红色。用移液管加入 10.00mL 工业用乙酸乙酯试样并摇匀，用 $c(NaOH)=0.02mol/L$ 的氢氧化钠标准溶液滴定至溶液呈粉红色，并保持 15 s 不褪色即为终点。重复测定三次。取平均值进行结果计算。

三、结果计算

工业用乙酸乙酯酸度（以乙酸的质量分数计），按下式计算：

$$w(\text{以乙酸计}) = \frac{cV \times 0.060}{10\rho_{\text{试}}}$$

式中 c——氢氧化钠标准溶液的实际浓度，mol/L；

V——试样消耗氢氧化钠标准溶液的体积，mL；

$\rho_{\text{试}}$——试样的密度，g/cm^3；

0.060——与 1.00mL 氢氧化钠标准溶液[$c(NaOH)=1.000$mol/L]相当的乙酸质量，g。

进度检查

一、填空题

1. 乙酸乙酯的酸度指的是_____。
2. 在测定过程中，用氢氧化钠标准溶液滴定待测溶液至_____色。
3. 工业用乙酸乙酯酸度（以乙酸的质量分数计），计算公式为_____。

二、判断题

1. 移取溶液时，需用量筒取 10mL 工业用乙酸乙酯试样加入锥形瓶并摇匀。   （   ）

2. 在测定工业用乙酸乙酯的酸度过程中，用氢氧化钠标准溶液滴定待测溶液至无色即为滴定终点。   （   ）

3. 工业用乙酸乙酯试样中游离的酸与强碱氢氧化钠进行中和反应，根据氢氧化钠标准溶液的浓度和所消耗的质量，即可计算出该试样中游离酸的含量。   （   ）

三、简答题

1. 什么是乙酸乙酯的酸度？
2. 工业用乙酸乙酯的试样中一般含有哪些酸？

四、计算题

测工业用乙酸乙酯的酸度时，移取 10mL 试样，加入 2 滴酚酞指示液，用 $c(NaOH)=0.01862$mol/L 氢氧化钠标准溶液滴至淡粉红色，消耗此氢氧化钠溶液 2.25mL，试计算该工业乙酸乙酯的酸度是多少（以乙酸计）。

五、操作题

用滴定分析法测定工业用乙酸乙酯的酸度。

学习单元 6-4　工业用乙酸乙酯蒸发残渣的测定

编号 FJC-107-04

学习目标：完成了本单元的学习之后，能够掌握工业用乙酸乙酯蒸发残渣的测定。

职业领域：化工、石油、环保、医药、冶金、建材等

工作范围：分析

所需仪器和设备

序号	名称及说明	数量
1	蒸发皿（150mL）	1只
2	恒温水浴	1台
3	烘箱	1台

一、测定原理

液体物料在已恒重的蒸发皿中蒸发，两次质量之差即为该液体物料的蒸发残渣质量。

二、操作步骤

将蒸发皿放在烘箱中，于110℃±2℃下加热烘干1h取出，放入干燥器中冷却45min后称量（精确至0.0001g）。重复上述操作至恒重，相邻两次称量的差值不超过0.0002g。

移取100mL±0.1mL试样于已恒重的蒸发皿中，放于水浴上，维持温度在77℃±1℃，在通风橱中蒸发至干。将蒸发皿自水浴上移开，蒸发皿外面用擦镜纸擦拭干净，再将其置于预先调节并恒温至110℃±2℃的烘箱中加热烘干2h，取出，放入干燥器内冷却45min后，称量（精确至0.0001g），再放入烘箱中加热烘干2h，于干燥中冷却45min，称取质量，如此进行直至恒重，即相邻两次称量的差值不超过0.0002g。

三、结果计算

蒸发残渣以质量分数计，按下式计算：

$$w = \frac{m}{\rho V} \times 100\%$$

式中 m——蒸发残渣质量，g；

ρ——试样在 20℃时的密度，g/cm³；

V——试样体积，mL。

进度检查

一、填空题

1. _____ 即液体物料的蒸发残渣质量。

2. 蒸发残渣以质量分数计的计算公式为_____。

3. 将蒸发皿自水浴上移开，蒸发皿外面用_____擦拭干净，再将其置于预先调节并恒温至110℃±2℃的_____中加热烘干2h，取出。

二、判断题

1. 蒸发残渣的测定，要将蒸发皿自水浴上移开，蒸发皿外面用滤纸擦拭干净。（　）

2. 两次称量的差值不超过0.02g。（　）

3. 移取试样于蒸发皿中，放于水浴上，维持温度在77℃，在干燥器中蒸发至干。（　）

三、简答题

1. 什么是恒重？

2. 在处理易挥发样品时应注意哪些问题？

四、操作题

试对工业用乙酸乙酯蒸发残渣进行测定。

编号 FJC-107-05

学习单元 6-5　工业用乙酸乙酯含量的测定（气相色谱法）

学习目标： 完成了本单元的学习之后，能够掌握用填充柱气相色谱法对工业用乙酸乙酯的乙酸乙酯含量进行测定。

职业领域： 化工、石油、环保、医药、冶金、建材等

工作范围： 分析

所需仪器、试剂和设备材料

序号	名称及说明	数量
1	恒温箱（精确度±1℃）	1台
2	气相色谱仪（备有热导检测器的色谱仪，系统具有满意的灵敏度和稳定性）	1台
3	色谱柱	1根
4	聚己二酸乙二醇酯（固定液）	适量
5	丙酮	适量
6	401有机担体[0.25～0.18mm（60～80目）]	适量

注：色谱柱要求：
① 柱长2m，内径4mm的不锈钢管。② 配比：担体：固定液（溶剂为丙酮）＝100：10（质量比）。③ 色谱柱的填装量：2.0g/m。④ 色谱柱的老化：采用分段老化。通载气先于80℃老化2h，逐渐升温至120℃老化2h，再升温至180℃老化4h以上。⑤ 记录仪：响应时间小于2s，噪声水平低于满量程的0.1％。⑥ 检测限：对水，不得小于0.004％；对乙醇，不得小于0.003％。含量为0.003％的组分所产生的峰信号要大于仪器噪声的二倍。

一、测定原理

利用易挥发组分在色谱柱中的保留时间的差别，并且所有组分都出峰，将样品中所有组分含量之和定为100％，计算其中各个组分的含量。

二、操作步骤

① 色谱仪启动后，进行必要的调节，以达到仪器的最佳分析条件。

② 温度条件：汽化室250℃；检测室130℃；柱温130℃。

③ 载气流速：以氢气为载气，流速为30mL/min或由使用者选择适合分离要求的载气流速。

④ 桥电流：180mA。

⑤ 进样量：2～4μL。

三、结果计算

1. 面积归一化法

$$w_i = \frac{f_i A_i}{\sum(f_i A_i)}$$

式中　w_i——试样中组分 i 的质量分数；
　　　f_i——组分 i 的校正因子；
　　　A_i——组分 i 的峰面积，cm^2。

2. 外标法

$$w_i = \frac{E_i A_i}{A_E}$$

式中　w_i——试样中组分 i 的质量分数；
　　　E_i——标准混合物中组分 i 的含量；
　　　A_i——试样中组分 i 的峰值；
　　　A_E——标准混合物中组分 i 的峰值。

学习单元 6-6　工业用乙酸乙酯水分含量的测定（卡尔·费休法）

编号 FJC-107-06

学习目标： 完成了本单元的学习之后，能够掌握用卡尔·费休法对工业用乙酸乙酯水分含量进行测定。

职业领域： 化工、石油、环保、医药、冶金、建材等

工作范围： 分析

所需仪器和设备、试剂

序号	名称及说明	数量
1	无色滴定管（酸式或两用滴定管，25mL，细尖端，分度0.05mL，连接填充干燥剂的保护管）	1支
2	滴定容器（有效容量100mL，带有两个支管）	1只
3	电磁搅拌器（转速150～300min^{-1}）	1台
4	卡尔·费休试剂的试剂瓶（容量约3L，棕色玻璃，通过磨砂塞插入滴定管的加料管）	1只
5	双连橡胶球	1只
6	甲醇[分析纯，如试剂水含量大于0.05%（质量分数），于500mL甲醇中加入5A分子筛约50g，塞上瓶塞，放置过夜，吸取上层清液使用]	适量
7	乙二醇甲醚（分析纯）	适量
8	碘（分析纯）	适量
9	冰乙酸（分析纯）	适量
10	吡啶（分析纯）	适量
11	氯仿（分析纯）	适量
12	硫酸（化学纯）	适量
13	无水亚硫酸钠（化学纯）	适量
14	二氧化硫（钢瓶装，需经脱水干燥）	适量
15	样品溶剂（含4体积甲醇和1体积吡啶的混合物，或含4体积乙二醇甲醚和1体积吡啶的混合物。在特殊情况下，其他溶剂也能应用，如冰乙酸、吡啶或含1体积甲醇和3体积氯仿的混合物）	适量
16	干燥剂（5A分子筛，直径3～5mm颗粒，用作干燥剂。活性硅胶，用作填充干燥剂）	适量
17	卡尔·费休试剂（置670mL甲醇或乙二醇甲醚于干燥的1L带塞的棕色玻璃瓶中，加约85g碘，塞上瓶塞，振荡至碘全部溶解后，加入270mL吡啶，盖紧瓶盖，再摇动至完全混合。再溶解65g二氧化硫于溶液中。盖紧瓶塞后，混合溶液，放置暗处至少24h后使用）	适量
18	酒石酸钠（分析纯）	适量
19	水-甲醇标准溶液，10g纯水/L（用吸液管向含约50mL甲醇之充分干燥的100mL容量瓶中注入1mL纯水，用同样甲醇稀释至刻度，混匀）	适量
20	水-甲醇标准溶液，2g纯水/L（用吸液管向含约100mL甲醇之充分干燥的500mL容量瓶中注入1mL纯水，用同样甲醇稀释至刻度，混匀）	适量
21	硅酮润滑脂（润滑磨砂玻璃接头用）	适量

一、测定水分的原理

存在于试样中的水分，与已知水当量的卡尔·费休试剂进行定量反应，反应式如下：

$$H_2O + I_2 + SO_2 + 3C_5H_5N \longrightarrow 2C_5H_5N \cdot HI + C_5H_5N \cdot SO_3$$
$$C_5H_5N \cdot SO_3 + CH_3OH \longrightarrow C_5H_5NH \cdot OSO_2OCH_3$$

根据卡尔·费休试剂的水当量和耗用的体积则可以计算出试样中水分的含量。

二、操作步骤

1. 卡尔·费休试剂的标定

按图 6-1 装好仪器。用硅酮润滑脂润滑接头，用注射器将 25mL 甲醇注入滴定容器中，打开电磁搅拌器，为了与存在于甲醇中的微量水反应，由滴定管滴加卡尔·费休试剂至溶液呈现棕色。

称取约 0.250g 酒石酸钠，精确至 0.0001g，在几秒钟内迅速地将它加到滴定容器中。用待标定的卡尔·费休试剂滴定至溶液呈现棕色，记录消耗卡尔·费休试剂的体积（V_1）。

2. 测定

通过排泄嘴将滴定容器中残液放完，用注射器注入 25mL 甲醇或其他溶剂，打开电磁搅拌器，为了与存在于甲醇中的微量水反应，由滴定管滴加卡尔·费休试剂至溶液呈现棕色。

用注射器准确将 25.00mL 乙酸乙酯试样注入滴定容器中，用卡尔·费休试剂滴定至溶液呈现同样棕色，记录测定时消耗的卡尔·费休试剂体积（V_2）。

三、结果计算

1. 卡尔·费休试剂的水当量 T

$$T = \frac{m_1 \times 0.1566}{V_1}$$

式中　m_1——用酒石酸钠标定所加的质量，mg；

　　　V_1——标定时，消耗卡尔·费休试剂的体积，mL；

　　　0.1566——酒石酸钠的质量换算为水的质量系数。

2. 试样水含量

试样水含量 w 以质量分数表示：

$$w = \frac{V_2 T}{V_0 \rho \times 1000}$$

式中： V_0——试样的体积，mL；

ρ——20℃时试样的密度，g/cm³；

V_2——测定时，消耗卡尔·费休试剂的体积，mL；

T——卡尔·费休试剂的水当量，mg/mL。

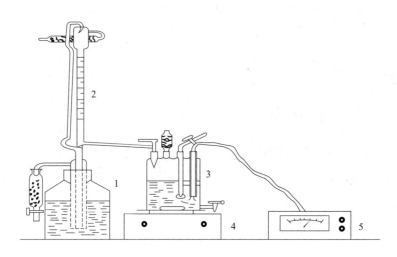

图 6-1 水分测定仪（卡尔·费休法）

1—费休试剂贮瓶；2—微量滴定管；3—滴定池；4—电磁搅拌器；5—终点控制

进度检查

一、填空题

1. 在气相色谱分析中，增加电流可提高热导池的_____，但电流过大会造成_____不稳和缩短_____的寿命。

2. 一般用氢气作载气时，工作电流为_____mA；氮气作载气时，工作电流为_____mA。

3. 在气相色谱分析中，定量分析的方法有_____，_____，_____。

二、判断题

1. 色谱仪以氧气为载气。　　　　　　　　　　　　　　　　（　　）

2. 工业用乙酸乙酯中水含量的测定方法中卡尔·费休法是仲裁分析法。（　　）

3. 用硅酮润滑脂润滑接头，用注射器注入 25mL 甲醇到滴定容器中，打开电磁搅拌器，为了与存在于甲醇中的微量水反应，由滴定管滴加卡尔·费休试剂至溶液呈现无色。　　　　　　　　　　　　　　　　　　　　　　　　　　（　　）

三、简答题

1. 什么是外标法?
2. 外标法是怎样对样品进行分析操作的?

工业用乙酸乙酯分析技能
考试内容及评分标准

乙酸乙酯的用途

模块 7　工业用丙烯腈分析

编号 FJ-108-01

学习单元 7-1　工业用丙烯腈分析的国家标准

学习目标： 完成本单元的学习之后，能够查找相应的国家标准，能够解读国家标准并能结合岗位操作规程拟定合理的检测方案。

职业领域： 化工、石油、环保、医药、冶金、建材等

工作范围： 分析

丙烯腈是易溶于多数有机溶剂的有机化工产品，也是合成纤维的重要原料。然而丙烯腈蒸气不仅有毒，还能与空气形成爆炸性混合物。如果直接排放会造成大气、地表水及土壤的严重污染。我们在实验回收时，根据绿色化学发展理念，对有机废物进行处理，力求达到可排放标准，严禁污染河流和土壤。建立生态发展模式，让河水清透，高山翠绿，空气清新，人与自然和谐共生，用实际行动践行"绿水青山就是金山银山"理念。

一、工业丙烯腈简介

丙烯腈是一种有辛辣气味的无色液体，其化学式为 C_3H_3N，分子量为 $53.06g \cdot mol^{-1}$，密度为 $0.81g/cm^3$，沸点为 $77.3℃$。丙烯腈微溶于水，易溶于多数有机溶剂，属大众基本有机化工产品，是合成纤维、合成橡胶、塑料的重要原料，广泛应用于有机合成工业中。丙烯腈与丁二烯共聚可制得丁腈橡胶，具有良好的耐油性、耐寒性、耐磨性和电绝缘性能，并且在大多数化学溶剂、阳光和热作用下，性能比较稳定。

丙烯腈不仅蒸气有毒，而且附着于皮肤上也易使人中毒。丙烯腈若溅到衣服上应立即脱下衣服，溅及皮肤时用大量水冲洗。易燃，其蒸气与空气可形成爆炸性混合物。遇明火、高热易引起燃烧，并放出有毒气体。与氧化剂、强酸、强碱、胺类、溴反应剧烈。在火场高温下，能发生聚合放热反应，使容器破裂。

二、工业用丙烯腈质量标准

GB/T 7717.1—2008《工业用丙烯腈 第 1 部分：规格》；

GB/T 7717.5—2008《工业用丙烯腈 第 5 部分：酸度、pH 值和滴定值的测定》；

GB/T 7717.8—1994《工业用丙烯腈 第 8 部分：丙烯腈中总醛含量的测定　分光光度法》；

GB/T 7717.9—2008《工业用丙烯腈 第 9 部分：丙烯腈中总氰含量的测定　滴定法》；

GB/T 7717.11—2008《工业用丙烯腈 第 11 部分：铁、铜含量的测定　分光光度法》；

GB/T 7717.12—2022《工业用丙烯腈 第 12 部分：纯度及杂质含量的测定　气相色谱法》；

GB/T 7717.15—2018《工业用丙烯腈 第 15 部分：对羟基苯甲醚含量的测定》。

拟定实验方案，找出适用范围、方法原理、精密度、准确度等内容。

三、注意事项

查找的标准要适合本行业本产品。

进度检查

一、填空题

1. 常温下丙烯腈是_____色_____态。
2. 丙烯腈与_____共聚可以制得丁腈橡胶。
3. 丙烯腈不仅_____有毒，而且附着于皮肤上也易使人中毒。
4. 丙烯腈易燃，其蒸气与_____可形成爆炸性混合物。遇_____、_____易引起燃烧，并放出有毒气体。
5. 丙烯腈_____溶于水，_____溶于多数_____溶剂，属大众基本有机化工产品，是合成纤维、合成橡胶、塑料的重要原料。

二、判断题

1. 丙烯腈常温下为无色无味的气体。　　　　　　　　　　　　　　（　　）
2. 丙烯腈具有良好的耐油性、耐寒性、耐磨性，并且能够导电。　　（　　）
3. 丙烯腈的蒸气有毒，附着于皮肤上也易使人中毒。　　　　　　　（　　）
4. 丙烯腈的生产废料可以不处理就排放到大自然中。　　　　　　　（　　）

三、简答题

1. 丙烯腈如果溅到衣服上，该怎样处理？
2. 为什么丙烯腈在火场高温下，能使容器破裂？

四、操作题

进行工业用丙烯腈国家标准的查找，由教师检查下列项目是否正确：

1. 选择的标准。
2. 选择的项目。

编号 FJC-108-02

学习单元 7-2　工业用丙烯腈密度的测定

学习目标： 完成了本单元的学习之后，能够掌握工业用丙烯腈密度的测定。
职业领域： 化工、石油、环保、医药、冶金、建材等
工作范围： 分析
所需仪器和设备

序号	名称及说明	数量
1	测量圆筒（50mL，圆形玻璃量筒）	1只
2	密度计（测量范围 0.770～0.830，每 0.001 标有刻度，每 0.01 标有数值刻度）	1支
3	温度计（0～50℃，分度值为 0.1℃）	1支
4	恒温水浴（温度可控制在 20℃±0.1℃）	1台

一、测定原理

密度计法测定密度的基本依据是阿基米德定律，即当物体全部浸入液体中时，所受的浮力或减轻的重量，等于物体所排开液体的重量。

二、操作步骤

(1) 恒温（20℃）下的测定　将工业用丙烯腈试样注入清洁、干燥的 250mL 的量筒内，不得有气泡，将量筒置于 20℃±0.1℃的恒温水浴中。待温度恒定后，将清洁、干燥的密度计缓缓地放入试样中，其下端应离筒底 2cm 以上，不能与筒壁接触，密度计的上端露在液面外的部分所沾液体不得超过 2～3 分度，待密度计在试样中稳定后，读出密度计弯月面下缘的刻度（标有读弯月面上缘刻度的密度计除外），即为 20℃工业用丙烯腈试样的密度。

(2) 在常温下的测定　将工业用丙烯腈试样注入清洁、干燥的 250mL 的量筒内，不得有气泡，将量筒置于常温水浴中。待温度恒定后，将清洁、干燥的密度计缓缓地放入试样中，其下端应离筒底 2 cm 以上，不能与筒壁接触，密度计的上端露在液面外的部分所沾液体不得超过 2～3 分度，待密度计在试样中稳定后，读出密度计弯月面下缘的刻度（标有读弯月面上缘刻度的密度计除外），即为常温下工业用丙烯腈试样的密度。

三、分析结果计算

1. 常温 $t(℃)$ 下测定试样的密度 ρ_t

$$\rho_t = \rho'_t + \rho'_t a(20-t)$$

式中　ρ'_t——试样在 $t(℃)$ 时密度计的读数值，g/cm^3；

　　　a——密度计的玻璃膨胀系数，一般为 0.0000025；

　　　20——密度计的标准温度，℃；

　　　t——测定时的温度，℃。

2. 常温 $t(℃)$ 试样的密度换算为 20℃ 时的密度

$$\rho_{20} = \rho_t + K(t-20)$$

式中，K 为试样密度的温度校正系数，可根据查表或实测求得。测定的密度值应表示至小数点后第三位。

进度检查

一、填空题

1. 密度计测定工业用丙烯腈密度的原理是_____。
2. 恒温测定丙烯腈密度的温度为_____。
3. 将工业用丙烯腈试样注入_____、_____的 250mL 的量筒内，不得有_____，将量筒置于常温水浴中。待温度恒定后，将清洁、干燥的密度计缓缓地放入试样中，其下端应离筒底 2 cm 以上，不能与_____接触。

二、判断题

1. 测定工业用丙烯腈密度时，密度计可以接触量筒底部。　　　　　　(　　)
2. 所有的密度计都是读取弯月面的上缘。　　　　　　　　　　　　　(　　)

三、简答题

试从实验中分析工业用丙烯腈试样的密度的测定与工业用丙酮试样的密度测定有什么区别。

四、操作题

试测定工业用丙烯腈试样的密度。

编号 FJC-108-03

学习单元 7-3　工业用丙烯腈（5%水溶液）pH 值的测定

学习目标：完成了本单元的学习之后，能够掌握工业用丙烯腈（5%水溶液）pH 值的测定方法。
职业领域：化工、石油、环保、医药、冶金、建材、轻工
工作范围：分析
所需仪器与试剂

序号	名称及说明	数量
1	pH 计（测量精度 0.02 pH 绝对单位）	1 台
2	电磁搅拌器	1 台
3	量筒（50mL）	1 只
4	烧杯（1000mL）	1 只
5	不含二氧化碳的蒸馏水	适量

一、测定原理

pH 值的测定：用 pH 计直接测定丙烯腈水溶液（5%水溶液）的 pH 值。

二、分析步骤

准确量取不含二氧化碳的蒸馏水 760mL 至 1000mL 烧杯中，准确加入试样 50mL 混匀。按 GB/T 9724 规定的步骤测定 pH 值。

三、分析结果的表示

取两次重复测定结果的算术平均值作为分析结果。测定结果应精确至 0.01 pH 绝对单位。

四、精密度

在同一实验室，相同的操作条件下，用正常和正确的操作方法，对同一试样进行两次重复测定，其测定值之差应不大于 0.05 pH 绝对单位（95％置信水平）。

进度检查

一、填空题

1. 量取试样 50mL，置于 1000mL 烧杯中，加_____的蒸馏水混匀。
2. 用_____作为 pH 标准缓冲溶液。
3. pH 值的测定的指示电极为_____，参比电极为_____。

二、判断题

1. pH 值测定的结果，取两次重复测定结果的算术平均值作为分析结果。测定结果应精确至 0.05pH 绝对单位。（   ）
2. pH 值的测定是由 pH 玻璃电极为指示电极，饱和甘汞电极为参比电极组成原电池测定溶液的 pH 值。（   ）
3. 量取试样 50mL，置于烧杯中，加入含二氧化碳的蒸馏水 760mL 混匀。
（   ）

三、简答题

1. 用 pH 标准缓冲溶液定位的作用是什么？
2. 如何选择 pH 标准缓冲溶液？
3. 为什么要使用不含二氧化碳的蒸馏水？
4. pH 玻璃电极在使用前应如何处理？

四、操作题

试对工业用丙烯腈（5％水溶液）的 pH 值进行测定。

编号 FJC-108-04

学习单元 7-4　工业用丙烯腈（5%水溶液）滴定值的测定

学习目标：完成了本单元的学习之后，能够掌握工业用丙烯腈（5%水溶液）滴定值的测定方法。
职业领域：化工、石油、环保、医药、冶金、建材、轻工
工作范围：分析
所需仪器与试剂

序号	名称及说明	数量
1	微量滴定管（5mL，分度值0.02mL）	1支
2	pH计（测量精度0.02pH绝对单位）	1台
3	电磁搅拌器	1台
4	量筒（50mL，1000mL）	各1只
5	烧杯（1000mL）	1只
6	硫酸标准滴定溶液[$c(\frac{1}{2}H_2SO_4)=0.1000mol/L$]	适量
7	不含二氧化碳的蒸馏水	适量

一、分析步骤

准确量取760mL不含二氧化碳的蒸馏水至1000mL烧杯中，准确加入丙烯腈试样50mL混匀后，边搅拌边用0.1mol/L硫酸标准滴定溶液进行电位滴定，滴定至pH值等于5.0时，记录所消耗的硫酸标准滴定溶液的体积（mL）作为试样的滴定值。

二、分析结果计算

滴定值，用V_Y表示，mL

$$V_Y = cV/c_0$$

式中　c——硫酸标准滴定溶液的实际浓度，mol/L；
　　　c_0——硫酸标准滴定溶液的理论浓度，数值为0.1000，mol/L；
　　　V——试样消耗硫酸标准滴定溶液的体积，mL。

取两次重复测定结果的算术平均值作为分析结果，滴定值精确至 0.01mL。

三、精密度

在同一实验室，在相同的操作条件下，用正常和正确的操作方法，对同一试样进行两次重复测定，其测定值之差应不大于 0.05mL（95%置信水平）。

进度检查

一、填空题

1. 用已测过 pH 值的试样溶液，滴加_____标准滴定溶液直至溶液 pH 值达到_____为止。
2. 配制溶液需要_____的蒸馏水。
3. _____为滴定值。

二、判断题

1. 取两次重复测定结果的算术平均值作分析结果。测定结果应精确至 0.1mL。（ ）
2. 用已测过 pH 值的试样溶液，边搅拌，边滴加硫酸标准滴定溶液，直至试样溶液的 pH 值达到 8.0 为止。（ ）

三、简答题

1. 什么是滴定值？
2. 怎样测定工业用丙烯腈的滴定值？

四、操作题

试对工业用丙烯腈（5%水溶液）的滴定值进行测定。

编号 FJC-108-05

学习单元 7-5　工业用丙烯腈中水分含量的测定

学习目标：完成了本单元的学习之后，能够掌握用卡尔·费休法分别对工业用丙烯腈中水含量进行测定并知道卡尔·费休法为仲裁方法。

职业领域：化工、石油、环保、医药、冶金、建材、轻工

工作范围：分析

所需仪器和设备、试剂

序号	名称及说明	数量
1	滴定管(25mL,细尖端,分度0.05mL,连接填充干燥剂的保护管)	1支
2	滴定容器(有效容量100mL,带有两个支管)	1只
3	电磁搅拌器(转速150～300min^{-1})	1台
4	卡尔·费休试剂的试剂瓶(容量约3 L,棕色玻璃,通过磨砂塞插入滴定管的加料管)	1只
5	双连橡皮球	1只
6	甲醇(分析纯,如试剂水含量大于0.05%,于500mL甲醇中加入5 A分子筛约50g,塞上瓶塞,放置过夜,吸取上层清液使用)	
7	乙二醇甲醚(分析纯)	适量
8	碘(分析纯)	适量
9	冰乙酸(分析纯)	适量
10	吡啶(分析纯)	适量
11	氯仿(分析纯)	适量
12	硫酸(化学纯)	适量
13	无水亚硫酸钠(化学纯)	适量
14	二氧化硫(钢瓶装,需经脱水干燥)	适量
15	样品溶剂(含4体积甲醇和1体积吡啶的混合物,或含4体积乙二醇甲醚和1体积吡啶的混合物。在特殊情况下,其他溶剂也能应用,如冰乙酸、吡啶或含1体积甲醇和3体积氯仿的混合物)	适量
16	干燥剂(①5A分子筛,直径3～5mm颗粒,用作干燥剂。②活性硅胶,用作填充干燥剂)	适量
17	卡尔·费休试剂(置670mL甲醇或乙二醇甲醚于干燥的1 L带塞的棕色玻璃瓶中,加约85g碘,塞上瓶塞,振荡至碘全部溶解后,加入270mL吡啶,盖紧瓶塞,再摇动至完全混合。再溶解65g二氧化硫于溶液中。盖紧瓶塞后,混合溶液,放置暗处至少24 h后使用)	适量
18	酒石酸钠(分析纯)	适量
19	水-甲醇标准溶液,10g纯水/L(用吸液管注入1mL纯水于含约50mL甲醇之充分干燥的100mL容量瓶中,用同样甲醇稀释至刻度,混匀)	适量
20	水-甲醇标准溶液,2g纯水/L(用吸液管注入1mL纯水于含约100mL甲醇之充分干燥的500mL容量瓶中,用同样甲醇稀释至刻度,混匀)	适量
21	硅酮润滑脂(润滑磨砂玻璃接头用)	适量

一、测定水分的原理

存在于试样中的水分，与已知滴定度的卡尔·费休试剂进行定量反应，反应式如下：

$$H_2O + I_2 + SO_2 + 3C_5H_5N \longrightarrow 2C_5H_5N \cdot HI + C_5H_5N \cdot SO_3$$
$$C_5H_5N \cdot SO_3 + CH_3OH \longrightarrow C_5H_5NH \cdot OSO_2OCH_3$$

根据卡尔·费休试剂的滴定度和耗用的体积则可以计算出试样中水分的含量。

二、操作步骤

1. 卡尔·费休试剂的标定

按图7-1装好仪器。用硅酮润滑脂润滑接头，用注射器将25mL甲醇注入滴定容器中，打开电磁搅拌器，为了与存在于甲醇中的微量水反应，由滴定管滴加卡尔·费休试剂至溶液呈现棕色。

称取约0.250g酒石酸钠，称准至0.0001g，在几秒钟内迅速地将它加到滴定容器中。

用待标定的卡尔·费休试剂滴定至溶液呈现棕色，记录消耗卡尔·费休试剂的体积（V_1）。

2. 测定

通过排泄嘴将滴定容器中残液放完，用注射器注入25mL甲醇或其他溶剂，打开电磁搅拌器，为了与存在于甲醇中的微量水反应，由滴定管滴加卡尔·费休试剂至溶液呈现棕色。

用注射器准确注入25.00mL丙烯腈试样到滴定容器中，用卡尔·费休试剂滴定至溶液呈现同样棕色，记录测定时消耗卡尔·费休试剂的体积（V_2）。

三、结果计算

1. 卡尔·费休试剂的滴定度 T

$$T = \frac{m_1 \times 0.1566}{V_1}$$

式中　m_1——酒石酸钠的质量，mg；

V_1——标定时，消耗卡尔·费休试剂的体积，mL；

0.1566——酒石酸钠的质量换算为水的质量系数。

2. 试样水含量

试样水含量 w 以质量分数表示：

$$w = \frac{V_2 T}{V_0 \rho \times 1000}$$

式中　V_0——试样的体积，mL；

　　　ρ——20℃时试样的密度，g/mL；

　　　V_2——测定时，消耗卡尔·费休试剂的体积，mL；

　　　T——计算的卡尔·费休试剂的滴定度，mg/mL。

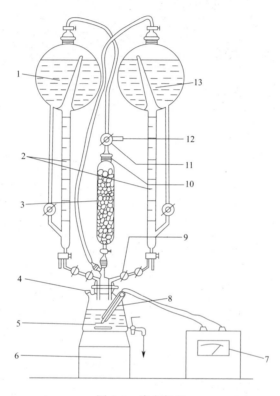

图 7-1　滴定仪器

1—水-甲醇标准溶液容器；2—25mL 自动滴定管；3—填充干燥剂的干燥管；4—带橡胶塞的进样口；
5—外套玻璃或聚四氯乙烯的软钢棒；6—电磁搅拌器；7—终点电量测定装置；8—铂电极；
9—球磨玻璃接头；10—29/32 锥形磨口玻璃接头；11—三通活塞；12—干燥空气入口；13—卡尔·费休试剂容器

进度检查

一、填空题

1. 工业用丙烯腈水含量的测定方法中，＿＿＿＿＿＿＿＿＿＿＿＿＿ 是仲裁分析法。

2. 卡尔·费休试剂标定过程中，为了与存在于甲醇中的微量水反应，由滴定管滴加卡尔·费休试剂至溶液呈现_____色。

3. 根据卡尔·费休试剂的滴定度和_____则可以计算出试样中水分的含量。

二、判断题

1. 气相色谱法同一操作人员使用同一台仪器，在相同的操作条件下，用正常和正确的操作方法对同一试样进行两次重复测定，其测定值之差应不大于其平均值的10%（95%置信水平）。（　　）

2. 根据外标物和试样中的水的色谱峰面积可以计算出丙烯腈试样中的水含量。（　　）

三、简答题

1. 在气相色谱分析中，进样速度的快慢对出的色谱峰有何影响？

2. 在气相色谱分析中，外标物的 i 组分的浓度必须与试样中该 i 组分的浓度一定相同吗？为什么？

四、操作题

1. 用气相色谱法测定丙烯腈中水分的含量。

2. 用卡尔·费休法测定丙烯腈中水分的含量。

学习单元 7-6　工业用丙烯腈中总醛含量的测定

学习目标： 完成了本单元学习之后，能够用分光光度计法对工业用丙烯腈中总醛含量进行测定。

职业领域： 化工、石油、环保、医药、冶金、建材、轻工

工作范围： 分析

所需要仪器和试剂

序号	名称及说明	数量
1	分光光度计(适宜于可见光区的测量)	1 台
2	吸收池(厚度为 10mm)	1 套
3	制备无醛丙烯腈用的回流及蒸馏装置(为全玻璃系统,其中包括：①圆底烧瓶；500mL；②冷凝器：球形和直形；③接收器；④刻度量筒，500mL；⑤热源)	1 套
4	0.008% 的 3-甲基-2-苯并噻唑酮腙(MBTH)溶液	适量
5	氧化剂溶液	适量
6	对-羟基苯甲醚(MEHQ)溶液[为 0.004%(质量分数)水溶液]	适量
7	乙醛(含量大于 99%)	适量
8	0.1%(质量分数)乙醛标准贮备溶液	适量
9	氢氧化钠溶液[配制成 20%(质量分数)水溶液]	适量
10	无水硫酸钠(优级纯)	适量
11	浓盐酸	适量
12	732 树脂	适量
13	2,4-二硝基苯肼	适量
14	无醛丙烯腈	适量

特殊溶液的配制：

① 0.008% 的 3-甲基-2-苯并噻唑酮腙（MBTH）溶液：称取 0.08g 的 MBTH 试剂，用适量水溶解，移入 1000mL 容量瓶中，然后用水稀释至刻度，贮存于棕色瓶中。该溶液使用期限不超过一周。

② 氧化剂溶液：称取 8.0g 三氯化铁和 8.0g 氨基磺酸溶于适量水中，移入 1000mL 容量瓶中，然后用水稀释至刻度，贮存于棕色瓶中。

③ 0.1%（质量分数）乙醛标准贮备溶液：于 50mL 容量瓶中注入经冷却的无醛丙烯腈至刻度并称其质量，用经冷却的 50μL 微量注射器吸取 50μL 乙醛注入容量瓶中并再次称其质量，二次称量都精确至 0.0001g，根据称量计算标准贮备溶液的浓度。

④ 无醛丙烯腈的制备：推荐下列两种方法以供选用。处理后的丙烯腈需要放入棕色瓶并冷藏，可保存一周。

方法 A：取 100mL 丙烯腈置于分液漏斗中，加入 90mL 水、10mL 氢氧化钠溶液并振荡 1min，分层后放出下层溶液，再在分液漏斗中加入 10g 无水硫酸钠，振荡后将丙烯腈层滤出并进行蒸馏，收集沸程为 75.5～79.5℃ 的中间馏分。

方法 B：取 100mL 丙烯腈，加入 1g 2,4-二硝基苯肼，再加入经浓盐酸浸泡过的 732 树脂 10g，加热回流 4h 后，蒸馏并收集 75.5～79.5℃ 的中间馏分。

一、测定原理

分光光度法是以棱镜或光栅作为分光器,并用狭缝分出波长很窄的一束光,来测定有色溶液对光吸收的能力,从而求出被测物质含量的方法。

二、分析步骤

1. 标准曲线的绘制

用移液管吸取 0.1% 乙醛标准贮备溶液 0.5mL,1.0mL,1.5mL,2.0mL,2.5mL,分别置于五个 50mL 容量瓶中,用无醛丙烯腈稀释到刻度。所得标准溶液的乙醛浓度相应为:0.0010%,0.0020%,0.0030%,0.0040%,0.0050%。

从上述五个容量瓶中各取 1.0mL 标准溶液,分别置于五个 50mL 容量瓶中,同时量取 1.0mL 无醛丙烯腈置于另一个 50mL 容量瓶中,作为对照溶液。所有容量瓶中各加入 25mL 的 MBTH 溶液,混匀,静置 45min。

再吸取 2mL 氧化剂溶液加入各容量瓶中,用水稀释至刻度,混匀,再静置 45min±5min,并在此时间范围内,于波长 628 nm 处,以水作参比,用 10mm 吸收池测定各溶液的吸光度。

以乙醛浓度为横坐标,相应的吸光度为纵坐标,绘制标准曲线。

注:如待测样品中含有阻聚剂 MEHQ,则在加入 MBTH 溶液前,在每个容量瓶中各加入 1mL 的 MEHQ 溶液。

2. 试样测定

吸取 1mL 试样置于 50mL 容量瓶中,加入 25mL MBTH 溶液,静置 45min。同时另取一容量瓶作一试剂空白。以后步骤同标准曲线的绘制中所述。根据测得的吸光度(此处为将试样溶液的吸光度扣除试剂空白的吸光度),在标准曲线上查得总醛含量(以乙醛计)。

三、结果的表示

取两次重复测定结果的算术平均值作为分析结果。测定结果应精确至 0.00001%。

四、精密度

在同一实验室,同一操作人员使用同一台仪器,在相同的操作条件下,用正常和正确的操作方法对同一试样进行两次重复测定,其测定值之差应不大于其平均值的

10%（95%置信水平）。

进度检查

一、填空题

1. 分光光度法是以＿＿＿＿＿＿＿＿＿＿＿作为分光器，并用狭缝分出波长很窄的一束光，来测定有色溶液对光吸收的能力，从而求出被测物质含量的方法。

2. 用分光光度计法对工业用丙烯腈中总醛含量的测定，以＿＿＿＿＿＿为横坐标，相应的＿＿＿＿＿＿为纵坐标，来绘制标准曲线。

3. 由＿＿＿＿＿＿＿＿＿＿＿＿＿＿＿＿＿＿＿＿＿＿组成分光光度计。

4. 试样测定时，吸取 1mL 试样置于 50mL ＿＿＿＿＿＿ 中，加入 25mL ＿＿＿＿＿＿溶液，静置 45min。同时另取一容量瓶作一试剂空白。

二、判断题

1. 在同一实验室，同一操作人员使用同一台仪器，在相同的操作条件下，用正常和正确的操作方法对同一试样进行两次重复测定，其测定值之差应不大于其平均值的 20%。
（　　）

2. 用分光光度计法测定工业用丙烯腈中总醛的含量时，结果应精确至 0.1%。
（　　）

三、简答题

1. 分光光度计由哪几部分组成？
2. 分光光度计是利用什么获得单色光？
3. 本实验中的乙醛标准贮备溶液为什么必须用移液管准确移加？

四、操作题

用分光光度法对工业用丙烯腈中总醛含量进行测定。

编号 FJC-108-07

学习单元 7-7 工业用丙烯腈总氰含量的测定

学习目标：完成了本单元的学习之后，能够掌握工业用丙烯腈中总氰含量的测定方法。

职业领域：化工、石油、环保、医药、冶金、建材、轻工

工作范围：分析

所需仪器和试剂

序号	名称及说明	数量
1	微量滴定管(1.0mL,分度值0.01mL)	1支
2	量筒(100mL)	2只
3	容量瓶(1000mL)	1只
4	分液漏斗(250mL)	2只
5	锥形瓶(250mL)	4只
6	硝酸银标准溶液[$c(AgNO_3)=0.01mol/L$]	适量
7	碘化钾碱性溶液	适量

注：碘化钾碱性溶液：称取44.1g氢氧化钠和3.6g碘化钾，一并溶于700mL水中，然后加入180mL氨水，用水稀释至1L。

一、分析步骤

用量筒量取100mL试样于分液漏斗中，加入100mL碘化钾碱性溶液，振荡3min后静置分层，将水层放入锥形瓶中，立即用硝酸银标准滴定溶液滴定至出现微浑浊。同时做空白试验。

二、结果计算

1. 计算

以质量分数表示的总氰含量w（以氢氰酸计），按下式计算：

$$w = \frac{(V_2 - V_1)c \times 0.054}{V\rho}$$

式中 V_1——试剂空白所消耗的硝酸银标准滴定溶液的体积，mL；

V_2——滴定试样所消耗的硝酸银标准滴定溶液的体积，mL；

c——硝酸银标准滴定溶液的物质的量浓度，mol/L；

V——试样体积，mL；

ρ——试样密度，g/mL；

0.054——与1.00mL硝酸银标准滴定溶液[$c(AgNO_3)=1.000$mol/L]相当的氢氰酸质量，g。

2. 结果的表示

取两次重复测定结果的算术平均值作分析结果。测定结果应精确至0.00001%。

三、精密度

在同一实验室，同一操作人员使用同一台仪器，在相同的操作条件下，用正常和正确的操作方法，对同一试样进行两次重复测定，其测定值之差应不大于其平均值的10%（95%置信水平）。

进度检查

一、填空题

1. 测定工业用丙烯腈总氰含量时，用量筒将100mL试样倒入_____中。
2. 试样装入分液漏斗中，加入100mL碘化钾碱性溶液，振荡3min后静置分层，将水层放入锥形瓶中，立即用_____滴定至出现微浑浊。
3. 碘化钾碱性溶液的配制，称取44.1g_____和3.6g碘化钾，一并溶于700mL水中，然后加入180mL_____，用水稀释至1L。

二、判断题

1. 测定工业用丙烯腈总氰含量时，不需要做空白实验。　　　　　　　（　　）
2. 用量筒量取100mL试样于漏斗中，加入100mL碘化钾碱性溶液，振荡3min后静置分层，将水层放入锥形瓶中，立即用硝酸银标准滴定溶液滴定至出现微浑浊。
　　　　　　　　　　　　　　　　　　　　　　　　　　　　　　　（　　）

三、简答题

1. 本实验中加入碘化钾碱性溶液的作用是什么？
2. 本实验中，终点是出现微浑浊，这微浑浊物是什么物质？

四、操作题

测定工业用丙烯腈的总氰含量。

编号 FJC-108-08

学习单元 7-8 工业用丙烯腈总铁含量的测定

学习目标： 完成了本单元的学习之后，能够掌握用分光光度法对工业用丙烯腈中铁的含量进行测定。

职业领域： 化工、石油、环保、医药、冶金、建材、轻工

工作范围： 分析

所需仪器和试剂

序号	名称及说明	数量
1	分光光度计(配备3cm光程的比色皿)	1台
2	分析天平(感量0.1mg)	1台
3	烧杯(50mL、250mL)	各1个
4	容量瓶(100mL)	7个
5	移液管(5mL、10mL)	各1支
6	量筒(25mL、100mL、250mL)	各1个
7	分度吸管(5mL、10mL)	各1支
8	玻璃表面皿(ϕ75mm)	1只
9	定量滤纸(中速)	适量
10	加热板(防爆型)	适量
11	pH精密试纸	适量
12	硫酸铁铵(分析纯)	适量
13	盐酸(1+1,分析纯)	适量
14	高氯酸(分析纯)	适量
15	氨水(分析纯)	适量
16	混合酸(5体积硫酸与2体积硝酸混合)	适量

一、测定原理

将试样蒸干并用混合酸消化除去有机物，铁转化成水溶性盐，用盐酸羟胺将三价铁离子（Fe^{3+}）还原为二价铁离子（Fe^{2+}），后者与邻菲啰啉反应生成橙红色配合物，用分光光度计在510nm处测定其吸光度。反应式如下：

$$4Fe^{3+} + 2NH_2 \cdot OH^- \longrightarrow 4Fe^{2+} + N_2O + H_2O + 4H^+$$
$$Fe^{2+} + 3C_{12}H_8N_2 \longrightarrow [Fe(C_{12}H_8N_2)_3]^{2+}$$

二、分析步骤

1. 铁标准曲线的绘制

（1）按 GB/T 602 制备 0.1mg/mL 铁离子标准溶液。准确吸取此溶液 10mL，移入 100mL 容量瓶，再用水稀释至刻度，即得到 10μg/mL 的铁离子标准溶液。

（2）取 5 个 100mL 容量瓶，依次加入上述溶液 0.5mL，1.0mL，1.5mL，2.0mL，3.0mL（含铁量分别为 5μg、10μg、15μg、20μg、30μg），再各加入 2mL 盐酸（1+1），2mL 盐酸羟胺溶液，10mL 邻菲啰啉溶液，用氨水调节至 pH≈4，然后用水稀释至刻度，摇匀。同时另取一个 100mL 容量瓶，除不加入铁标准溶液外，按相同步骤准备空白溶液。

（3）上述各溶液在室温下静置 15min 后，分别注入 3cm 洁净干燥的比色皿中，在波长 510nm 处，以水为参比，测定吸光度。以每个铁标准溶液的吸光度减去空白溶液的吸光度为纵坐标，相应的铁含量（μg）为横坐标，绘制标准曲线。

2. 试样中铁的测定

（1）准确量取 100mL 待测试样，置于 250mL 烧杯中，用玻璃表面皿盖住，在水浴上蒸干，冷却。然后加入 3mL 混合酸，在电热板上加热至沸，冷却后小心加入 0.2mL 高氯酸，加热至几乎干燥。如果残留物有色，则必须重复进行上述酸处理（上述过程都应在通风柜内进行）。符合要求后，使其冷却，用水溶解残留物并移入 100mL 容量瓶中，加入 2mL 盐酸羟胺溶液，充分摇匀，再加入 10mL 邻菲啰啉溶液，用氨水调节至 pH≈4（用精密试纸判断），用水稀释至刻度，摇匀。同时，另取一烧杯，除不加入丙烯腈试样、蒸干、冷却之外，按与上述同样的步骤准备样品空白溶液。

（2）上述待测溶液及空白溶液在室温下静置 15min 后，注入 3cm 洁净干燥的比色皿中，以水为参比，在波长 510nm 处，测定吸光度。根据试样的净吸光度数值，在标准曲线上查得铁的含量（μg）。

三、分析结果计算

1. 计算

以质量分数表示的铁含量 w，按下式计算：

$$w = \frac{m}{V\rho}$$

式中　m——由标准曲线上查得的铁含量，μg；
　　　V——试样体积，mL；

ρ——试样密度，g/mL。

2. 结果的表示

取两次重复测定结果的算术平均值作分析结果。其数值按 GB/T8170 的规定进行修约，精确至 0.01mg/kg。

四、重复性

在同一实验室，由同一操作者使用相同设备，按相同的测试方法，并在短时间内对同一被测对象相互独立进行测试获得的两次独立测试其测定值之差应不大于其平均值的 40%（95% 置信水平）。

进度检查

一、填空题

1. 用＿＿＿＿＿＿法对工业用丙烯腈中总铁的含量进行测定。
2. 测定工业用丙烯腈中总铁的含量时，最大吸收波长为＿＿＿＿＿＿ nm。
3. 用＿＿＿＿＿＿将样品溶液中的＿＿＿＿价铁离子还原成＿＿＿＿价铁离子，在缓冲溶液 pH≈4 的条件下，二价铁离子与邻菲啰啉作用生成橙红色配合物，在最大吸收波长（510nm）下，用＿＿＿＿＿＿测定其吸光度。

二、判断题

1. 测定工业用丙烯腈中总铁的含量时，缓冲溶液 pH＝9.4。（　　）
2. 试样测定时，用烧杯量取 100mL 经滤纸过滤的丙烯腈试样，置于量筒中，在水浴上蒸干，冷却。（　　）

三、简答题

1. 本实验，加入盐酸羟胺溶液的作用是什么？
2. 本实验，加入混合酸的作用是什么？
3. 本实验处理试样时，加入 0.2mL 高氯酸，加热至几乎干燥，如果残留物染色，说明了什么？如何进行处理？

四、操作题

用比色法对工业用丙烯腈中总铁的含量进行测定。

编号 FJC-108-09

学习单元 7-9　工业用丙烯腈中对羟基苯甲醚含量的测定

学习目标： 完成了本单元的学习之后，能够掌握用分光光度法对工业用丙烯腈中对羟基苯甲醚含量进行测定。
职业领域： 化工、石油、环保、医药、冶金、建材、轻工
工作范围： 分析

所需仪器和试剂

序号	名称及说明	数量
1	紫外分光光度计(配备 1cm 厚度石英吸收池)	1 台
2	容量瓶(50mL、100mL)	各 6 只
3	分液漏斗(500mL)	1 只
4	分度吸量管(10mL)	1 支
5	单标线吸量管(10mL)	1 支
6	分析天平(感量 0.1mg)	1 台
7	对羟基苯甲醚(MEHQ)[纯度不低于 99%(质量分数)]	适量
8	氢氧化钠溶液[4%(质量分数)的水溶液]	适量
9	不含对羟基苯甲醚丙烯腈	适量

注：不含 MEHQ 丙烯腈的制备：在 500mL 分液漏斗中，注入 100mL 丙烯腈和 200mL 氢氧化钠溶液进行振摇，放去水层，保留丙烯腈液层。另取丙烯腈，重复上述抽提过程，直至累积 500mL 经过处理的丙烯腈为止。然后将此经过处理的丙腈蒸馏，收集沸点为 75.5～79.5℃的中间馏分。

一、测定原理

用紫外分光光度计，在 295nm 处直接测定试样中对羟基苯甲醚（MEHQ）的吸光度，根据标准曲线求出对羟基苯甲醚的含量。

二、分析步骤

1. 标准曲线的绘制

（1）称取 0.160g（精确至 0.001g）对羟基苯甲醚，加入丙烯腈溶解，定量转移至 100mL 容量瓶中，再用丙烯腈稀释至刻度，摇匀。此溶液对羟基苯甲醚的浓度为 2000mg/kg。

（2）用单标线吸量管吸取上述溶液 10mL，置于 100mL 容量瓶中，用丙烯腈稀释至刻度，摇匀。该溶液对羟基苯甲醚的浓度为 200mg/kg。

（3）在 4 个 50mL 容量瓶中，分别吸取 5.0mL、7.5mL、10.0mL 和 12.5mL 200mg/kg 对羟基苯甲醚，用丙烯腈稀释至刻度，摇匀。这些溶液分别含 20mg/kg、30mg/kg、40mg/kg、50mg/kg 的对羟基苯甲醚。以不含对羟基苯甲醚的丙烯腈为空白溶液。用 1cm 的吸收池，以水作参比，分别测量上述 5 种溶液在 295nm 处的吸光度。

（4）以对羟基苯甲醚的含量为横坐标，相应的净吸光度（不同含量对羟基苯甲醚溶液的吸光度减去空白溶液的吸光度）为纵坐标，绘制标准曲线。

2. 试样测定

以不含对羟基苯甲醚的丙烯腈作空白溶液，在 295nm 波长处，以水作参比，测定试样和空白溶液的吸光度。

三、分析结果计算

根据测得的净吸光度，在标准曲线上查得相对应的对羟基苯甲醚的含量，以 mg/kg 表示。

取两次重复测定结果的算术平均值作分析结果。按 GB/T8170 的规定进行修约，结果保留小数点后一位小数。

四、精密度

在同一实验室，由同一操作人员使用同一台仪器，在相同的操作条件下，用正常和正确的操作方法，对同一试样进行两次重复测定，其测定值之差应不大于其平均值的 5%（95% 置信水平）。

进度检查

一、填空题

1. 工业上用_____法测定丙烯腈中对羟基苯甲醚的含量。
2. MEHQ 是_____。
3. 以无 MEHQ 的丙烯腈作对照溶液，在_____nm 波长处，以_____作参比，直接测定试样和对照溶液的_____。根据测得的净吸光度在标准曲线上查得相应的 MEHQ 质量分数。

二、判断题

1. 分光光度法测定丙烯腈中对羟基苯甲醚的含量时，以蒸馏水作对照溶液，在 295nm 波长处，以丙烯腈作参比。（　　）

2. 绘制标准曲线时，称取 0.160g 对羟基苯甲醚，定量转移至 100mL 锥形瓶中，加入 50mL 无 MEHQ 的丙烯腈，摇动使其溶解，再用无 MEHQ 的丙烯腈稀释至刻度，混匀。（　　）

三、简答题

1. 如何制得不含对羟基苯甲醚（MEHQ）的丙烯腈？
2. 在分光光度法中，引起吸收偏离朗伯-比尔定律的因素有哪些？

四、操作题

对工业用丙烯腈中对羟基苯甲醚含量进行测定。

工业用丙烯腈分析技能
考试内容及评分标准

蚕丝与合成纤维

模块 8　尿素分析

> 编号 FJC-109-01
>
> ## 学习单元 8-1　尿素分析的国家标准
>
> **学习目标**：完成本单元的学习之后，能够查找相应的国家标准，能够解读国家标准并能结合岗位操作规程拟定检测方案。
> **职业领域**：化工、石油、环保、医药、冶金、建材等
> **工作范围**：分析

通过本单元的学习，应学会尿素中各成分的分析，了解尿素在工业中的应用及对人类社会发展的重要性，知道产品质量对社会生产和生活的重要性，形成质量意识，增强为人民服务的自觉性。

一、尿素简介

尿素，又称碳酰胺或脲，是由碳、氮、氧、氢组成的有机化合物，是一种白色晶体。尿素是最简单的有机化合物之一，是哺乳动物和某些鱼类体内蛋白质代谢分解的主要含氮终产物，也是目前含氮量最高的氮肥。尿素是我国主要的氮肥品种，产量占全国化肥产量的30%。作为一种中性肥料，尿素适用于各种土壤和植物。它易保存，使用方便，对土壤的破坏作用小，是目前使用量较大的一种化学氮肥，能促进细胞的分裂和生长，使枝叶长得繁茂。工业上用氨气和二氧化碳在一定条件下合成尿素。

化学式：$CO(NH_2)_2$。

分子量：60.06。

性状：无色或白色针状或棒状结晶体，工业或农业品为白色略带微红色固体颗粒，无臭无味。含氮量约为46.67%。

密度：1.335g/cm^3。

熔点：132.7℃。

水溶性：1080g/L（20℃）。

溶解性：溶于水、甲醇、甲醛、乙醇、液态氨和醇，微溶于乙醚、氯仿、苯。

二、尿素质量标准

GB/T 2440—2017《尿素》；

GB/T 2441.1—2008《尿素的测定方法 第1部分：总氮含量》；
GB/T 2441.2—2010《尿素的测定方法 第2部分：缩二脲含量 分光光度法》；
GB/T 2441.3—2010《尿素的测定方法 第3部分：水分 卡尔·费休法》；
GB/T 2441.4—2010《尿素的测定方法 第4部分：铁含量 邻菲啰啉分光光度法》；
GB/T 2441.5—2010《尿素的测定方法 第5部分：碱度 容量法》；
GB/T 2441.6—2010《尿素的测定方法 第6部分：水不溶物含量 重量法》；
GB/T 2441.7—2010《尿素的测定方法 第7部分：粒度 筛分法》；
GB/T 601—2002《化学试剂 标准滴定溶液的制备》。
拟定实验方案，找出适用范围、方法原理、精密度、准确度等内容。

三、注意事项

查找的标准要适合本行业本产品。

进度检查

一、填空题

1. 工业上用_____和_____在一定条件下合成尿素。
2. 尿素含氮量约为_____。

二、判断题

1. 按《中华人民共和国标准化法》规定，产品国家标准就是该产品执行的最高标准。　　　　　　　　　　　　　　　　　　　　　　　　　　（　）
2. 尿素是一种无机化肥。　　　　　　　　　　　　　　　　　　　（　）
3. 尿素溶于水中，显弱酸性。　　　　　　　　　　　　　　　　　（　）

三、简答题

1. 简述尿素在农业生产中的作用。
2. 为什么在农用尿素中控制缩二脲含量？

四、操作题

进行尿素国家标准的查找，由教师检查下列项目是否正确：
1. 选择的标准。
2. 选择的项目。
3. 拟定的实验方案。

编号 FJC-109-02

学习单元 8-2　尿素总氮含量的测定

学习目标：完成本单元的学习之后，能够掌握蒸馏后滴定法测定总氮含量（仲裁法）的原理及方法，能够熟练运用蒸馏后滴定法测定尿素中总氮含量。

职业领域：化工、石油、环保、医药、冶金、建材等

工作范围：分析

所需仪器、药品和设备

序号	名称及说明	数量
1	蒸馏仪器（参考 GB/T 2441.1—2008《尿素的测定方法 第1部分:总氮含量》3.1.3.2 所述）	1套
2	万分之一分析天平	1台
3	电炉及石棉网	1套
4	吸量管(40.00mL)	1支
5	pH试纸	1盒
6	无色滴定管(碱式或两用滴定管)	1支
7	五水硫酸铜	0.6g
8	硫酸	45mL
9	氢氧化钠溶液(450g/L)	100mL
10	硫酸溶液 $\left[c\left(\frac{1}{2}H_2SO_4\right)=0.5mol/L\right]$	150mL
11	氢氧化钠标准溶液 $[c(NaOH)=0.5mol/L]$	250mL
12	甲基红-亚甲基蓝混合指示液	50mL
13	硅脂	适量

一、测定原理

氮含量是考核尿素纯度和肥效的一个重要指标。

在硫酸铜的催化作用下，在浓硫酸中加热，使试样中酰胺态氮转变为氨态氮，加入过量碱液蒸馏出氨，吸收在过量的硫酸溶液中，在指示液存在下，用氢氧化钠标准溶液反滴定。

二、操作步骤

两份试样平行测定。

1. 试液准备

称取约 0.5g 试样（精确至 0.0002g）于蒸馏烧瓶中，加少量水冲洗蒸馏瓶瓶口内侧，以使试样全部进入蒸馏瓶底部，再加 15mL 硫酸、0.2g 五水硫酸铜，插上梨形玻璃漏斗，在通风橱内缓慢加热，使二氧化碳逸尽，然后逐步提高加热温度，直至冒白烟，再继续加热 20min 后停止加热。

2. 蒸馏

① 待蒸馏瓶中试液充分冷却后，小心加入 300mL 水，几滴混合指示液，放入一根防溅棒（一根长约 100mm，直径约 5mm 的玻璃棒，一端套一根 25mm 聚乙烯管），聚乙烯管端向下。

② 精密加入 40.00mL $\left[c\left(\frac{1}{2}H_2SO_4\right)=0.5\text{mol/L}\right]$ 硫酸溶液于接收器中，加水使溶液能淹没接收器的双连球瓶颈，加 4～5 滴混合指示液。

③ 用硅脂涂抹仪器接口，按图 8-1 装好蒸馏仪器，并保证仪器所有连接部分密封。

④ 通过滴液漏斗往蒸馏烧瓶中加入足够量的氢氧化钠溶液，以中和溶液并过量 25mL，加水冲洗滴液漏斗。滴液漏斗内应存留几毫升溶液。

⑤ 加热蒸馏，直到接收器中的收集量达到 200mL 时，移开接收器，用 pH 试纸检查冷凝管出口的液滴，如无碱性结束蒸馏。

3. 滴定

将接收器中的溶液混匀，用氢氧化钠标准溶液滴定，直至指示液呈灰绿色，记录消耗的氢氧化钠标准溶液体积（V_2）。

4. 空白试验

按上述步骤进行空白试验。

三、结果计算

总氮含量（以干基计），以氮（N）的质量分数 w 计，数值以％表示，按下式计算：

$$w=\frac{c(V_1-V_2)\times 0.01401}{m(1-w_{H_2O})}\times 100\%$$

式中　c——测定及空白试验时，使用氢氧化钠标准滴定溶液的浓度，mol/L；
　　　V_1——空白试验时，使用氢氧化钠标准滴定溶液的体积，mL；
　　　V_2——测定时，使用氢氧化钠标准滴定溶液的体积，mL；

0.01401——氮的毫摩尔质量，g/mmol；

m——试样质量，单位 g；

w_{H_2O}——试样的水分，用质量分数表示（％）。

计算结果表示到小数点后两位，取平行测定结果的算术平均值作为测定结果。

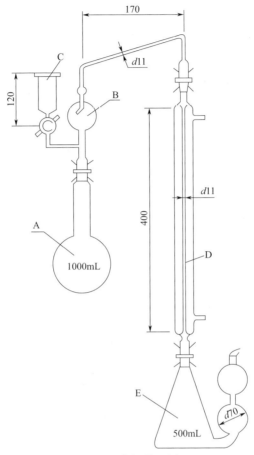

图 8-1 蒸馏装置图

A—蒸馏瓶（容积为 1000mL 的圆底烧瓶）；B—防溅球管（单球防溅球管和顶端开口、容积约 50mL 与防溅球进出口平行的圆筒形滴液漏斗）；

C—滴液漏斗；D—冷凝管（直形冷凝管，有效长度约 400mm）；

E—带双连球锥形瓶（接收器，容积约 500mL 的锥形瓶，瓶侧连接双连球）

四、注意事项

① 部分试剂和溶液具有腐蚀性，操作时应小心谨慎。如溅到皮肤上应立即用水冲洗或用适合的方式进行处理，严重者应立即治疗。

② 若尿素为大颗粒，则应磨细后称量，其方法是取 100g 缩分后的试样，迅速研磨至全部通过 0.5mm 孔径筛，混合均匀。

模块 8 尿素分析

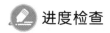

一、填空题

1. 将接收器中的溶液混匀,用_____标准溶液滴定,直至指示液呈_____。

2. 在_____的催化作用下,在_____中加热,使试样中酰胺态氮转变为_____,加入过量碱液蒸馏出_____,吸收在过量的_____溶液中,在指示液存在下,用____标准溶液反滴定。

3. 若尿素为大颗粒,则应_____后称量,其方法是取____g缩分后的试样,迅速研磨至全部通过_____mm孔径筛,混合均匀。

二、判断题

1. 尿素总氮含量的测定是用氢氧化钠标准溶液反滴定。　　　　　　　( )
2. 测定尿素总氮含量是通过HCl标准溶液滴定。　　　　　　　　　　( )
3. 蒸馏后滴定法测定总氮含量是仲裁法。　　　　　　　　　　　　　( )

三、简答题

1. 什么是防溅棒?
2. 甲基红-亚甲基蓝混合指示液是怎么配制的?

四、计算题

1. 某工业尿素用蒸馏后滴定法(仲裁法)测定其总氮含量,精密称取该尿素0.4990g,蒸馏操作后用NaOH标准溶液[$c(NaOH)=0.5002mol/L$]滴定,直至指示液呈灰绿色,记录消耗的氢氧化钠标准溶液体积为33.14mL。空白试验消耗该标准溶液0.02mL,该尿素试样水分含量为0.20%,请计算该工业尿素总氮含量是多少(以干基计)。请通过国家标准判断该尿素是否属于优等品。

2. 请计算$c\left(\frac{1}{2}H_2SO_4\right)=0.5mol/L$的硫酸溶液$c(H_2SO_4)$是多少。

五、操作题

进行蒸馏操作,由教师检查下列项目是否正确:

1. 蒸馏仪器的安装。
2. 试剂的制备。
3. 试剂的添加。
4. 蒸馏的操作。

编号 FJC-109-03

学习单元 8-3　尿素中缩二脲含量的测定

学习目标：完成本单元的学习之后，能够掌握分光光度法测定缩二脲含量的原理及方法，能够熟练使用分光光度计测定缩二脲含量。

职业领域：化工、石油、环保、医药、冶金、建材等

工作范围：分析

所需仪器、药品和设备

序号	名称及说明	数量
1	实验室通用仪器	若干
2	水浴锅	1台
3	分光光度计(带3cm的比色皿)	1台(套)
4	硫酸铜溶液(15g/L)	适量
5	酒石酸钾钠碱性溶液(50g/L)	适量
6	缩二脲标准溶液(2.00g/L)	适量

一、测定原理

缩二脲在硫酸铜、酒石酸钾钠的碱性溶液中生成紫红色配合物，在波长为550nm处测定其吸光度。

二、操作步骤

两份试样平行测定。

1. 标准曲线的绘制

（1）缩二脲标准溶液（2.00g/L）的制备　精密称取0.2g（准确至0.0002g）缩二脲至100mL小烧杯中用去离子水溶解，转移至100.00mL容量瓶中，稀释定容至刻度。

（2）试液的制备　分别依次精密移取缩二脲标准溶液（2.00g/L）0.00mL、2.50mL、5.00mL、10.00mL、15.00mL、20.00mL、25.00mL、30.00mL至8个100.00mL容量瓶中，每个容量瓶中缩二脲的对应量分别是0.00mg、5.00mg、10.0mg、20.0mg、30.0mg、40.0mg、50.0mg、60.0mg，每个容量瓶用水稀释至约

50mL，然后依次加入 20.00mL 酒石酸钾钠碱性溶液和 20.00mL 硫酸铜溶液，摇匀，稀释至刻度，把容量瓶浸入 30℃±5℃ 的水浴中约 20min，不时摇动。

（3）吸光度测定　在 30min 内，以缩二脲为 0.00mg 的溶液作为参比溶液，在 550 nm 处，用分光光度计测定系列标准溶液的吸光度。

（4）标准曲线的绘制　以 100mL 标准溶液中所含缩二脲的质量（mg）为横坐标，以相应的吸光度为纵坐标绘制标准曲线，或求线性回归方程。

2. 试样的测定

（1）试液准备　根据尿素中缩二脲的不同含量，按表 8-1 确定取样量后称样（准确至 0.0002g）。然后将称好的试样转移至 100mL 容量瓶中，加少于 50mL 的水溶解，放至室温，依次加入 20.0mL 酒石酸钾钠碱性溶液和 20.0mL 硫酸铜溶液，摇匀，稀释至刻度，将容量瓶浸入水浴中约 20min，不时摇动。

表 8-1　不同缩二脲含量的取样量

缩二脲含量(w)/%	$w \leqslant 0.3$	$0.3 < w \leqslant 0.4$	$0.4 < w \leqslant 1.0$	$w > 1.0$
取样量/g	10	7	5	3

（2）空白试验　按上述操作步骤进行空白试验，除不加试样外，操作步骤和应用的试剂与测定时相同。

（3）吸光度测定　与标准曲线绘制步骤相同，对试液和空白试验溶液进行吸光度的测定。

三、结果计算

从标准曲线查出试样所测吸光度对应的缩二脲的质量或由回归方程求出缩二脲的质量。

缩二脲含量 w，以质量分数（%）表示，按下式计算：

$$w = \frac{(m_1 - m_2) \times 10^{-3}}{m} \times 100\%$$

式中　m_1——试样中测得缩二脲的质量，mg；
　　　m_2——空白试验所测得的缩二脲的质量，mg；
　　　m——试样的质量，g。

四、注意事项

① 如果试液有色或浑浊有色，除按试样测定项下测定吸光度外，另于 2 只 100mL 容量瓶中，各加入酒石酸钾钠碱性溶液，其中一个加入与显色时相同体积的试样，将溶液用水稀释至刻度，摇匀。以不含试样的试液作为参比溶液，用测定时的同样条件测定另一份溶液的吸光度，在计算时扣除。

② 如果试液只是浑浊，则加入 0.3mL 盐酸 $[c(HCl)=1mol/L]$，剧烈摇动，用中速滤纸过滤，用少量水洗涤，将滤液和洗涤液定量收集于容量瓶中，然后按试液的制备进行操作。

③ 计算结果保留到小数点后两位，取平行测定结果的算术平均值为测定结果。

④ 该测定中的用水必须是不含 CO_2 和 NH_4^+ 的蒸馏水。

进度检查

一、填空题

1. 缩二脲在_____、_____的碱性溶液中生成_____配合物。
2. 本测定采用的工作波长为_____nm，比色皿厚度为_____cm。
3. 绘制标准曲线是以_____作为横坐标，_____作为纵坐标。

二、判断题

1. 本测定必须用不含 CO_2 和 NH_4^+ 的蒸馏水。（   ）
2. 缩二脲含量为 $0.3\%<w\leqslant0.4\%$，取样量应为 5g。（   ）
3. $CuSO_4$ 溶液的颜色对测定结果无影响。（   ）

三、简答题

1. 简述如何寻找工作波长。
2. 如果试液有色或浑浊有色，该如何处理？

四、操作题

实际进行尿素中缩二脲含量的测定操作，由教师检查下列项目的操作是否正确：

1. 绘制标准曲线。
2. 样品的预处理。
3. 缩二脲含量的测定。

编号 FJC-109-04

学习单元 8-4　尿素中水分含量的测定

学习目标： 完成本单元的学习之后，能够掌握卡尔·费休法测定水分的原理及方法，能够熟练利用卡尔·费休法测定水分。

职业领域： 化工、石油、环保、医药、冶金、建材等

工作范围： 分析

所需仪器、药品和设备

序号	名称及说明	数量
1	实验室通用仪器	若干
2	直接电量滴定仪器	1台
3	卡尔·费休试剂	适量
4	无水甲醇	适量
5	二水酒石酸钠	适量

一、测定原理

试样中的水分，与已知水滴定度的卡尔·费休试剂进行定量反应，反应式如下：

$$I_2 + SO_2 + H_2O + 3C_5H_5N \longrightarrow 2\,C_5H_5N \cdot HI + C_5H_5N \cdot SO_3$$

$$C_5H_5N \cdot SO_3 + CH_3OH \longrightarrow C_5H_5NH \cdot OSO_2OCH_3$$

二、操作步骤

1. 卡尔·费休试剂的配制

① 将 670mL 甲醇或乙二醇甲醚置于干燥的 1 L 带塞的棕色玻璃瓶中，加约 85g 碘，塞上瓶塞，振荡至碘全部溶解后，加入 270mL 吡啶，盖紧瓶塞，再摇动至完全混合。用下述方法溶解 65g SO_2 于溶液中。

② 通入 SO_2 时，用橡胶塞取代瓶塞。橡胶塞上装上温度计、进气玻璃管（离瓶底 10mm，管径约为 6mm）和通大气毛细管。

③ 整个装置及冰浴置于天平上，称量，准确至 1g，通过软管使 SO_2 钢瓶（或 SO_2 发生器出口）与填充干燥剂的干燥塔及进气玻璃管连接，缓缓打开进气开关。

④ 调节 SO_2 流速，使其完全被吸收，进气管中液位无上升现象。

⑤ 随着质量的缓慢增加，调节天平砝码以维持平衡，并使溶液温度不超过 20℃，

当质量增加到 65g 时,立即关闭进气开关。

⑥ 迅速拆去连接软管,再称量玻璃瓶和进气装置,溶解 SO_2 的质量应为 60~70g。稍许过量无影响。

⑦ 盖紧瓶塞后,混合溶液,放置暗处至少 24 h 后使用。

⑧ 此试剂滴定度为 3.5~4.5mg/mL。若用甲醇制备,需逐日标定;若用乙二醇甲醚制备,则不必时常标定。

2. 卡尔·费休试剂的标定

(1) 水-甲醇标准溶液(10g 水/L)的配制　精密移取 1.00mL 纯水于含约 50mL 无水甲醇的充分干燥的 100mL 容量瓶中,用同样的无水甲醇稀释至刻度,混匀。

(2) 安装仪器　按图 8-2 装配仪器,用硅酮润滑脂润滑接头,用注射器经橡胶塞将 25mL 甲醇注入滴定容器中,打开电磁搅拌器,并连接终点电量测定装置。

调节仪器,使电极间有 1~2V 电位差,同时电流计指示出低电流,通常为几微安。为了与存在于甲醇中的微量水反应,加入卡尔·费休试剂,直到电流计指示电流突然增至 10~20μA,并至少保持稳定 1min。

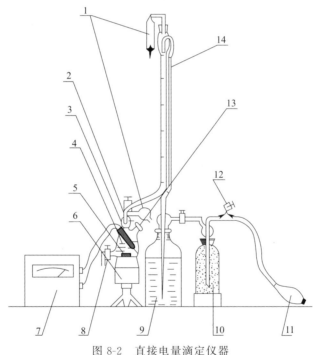

图 8-2　直接电量滴定仪器

1—填充干燥剂的保护管;2—球磨玻璃接头;3—铂电极;4—滴定容器;5—外套玻璃或聚四氟乙烯的软钢棒;
6—电磁搅拌器;7—终点电量测定装置;8—排泄嘴;9—装卡尔·费休试剂的试剂瓶;
10—填充干燥剂的干燥瓶;11—双连橡胶球;12—螺旋夹;
13—带橡胶塞的进样口;14—25mL 自动滴定管(分度 0.05mL)

(3) 标定卡尔·费休试剂　用注射器注 10.0mL 甲醇于滴定容器中,用卡尔·费休试剂滴定至电流计指针达到同样偏斜度,并至少保持稳定 1min,记录消耗试剂的

体积（V_1）

以同样方式，加入 10.0mL 水-甲醇标准溶液，用待标定的卡尔·费休试剂滴定由此加入的已知量水，到电流计指针达到同样偏斜度，至少保持稳定 1min，记录消耗试剂的体积（V_2）。

（4）计算卡尔·费休试剂的滴定度 T

$$T=\frac{100}{V_2-V_1}$$

式中　100——10mL 水-甲醇标准溶液中所含水的质量，mg；

　　　V_1——滴定 10mL 甲醇消耗卡尔·费休试剂的体积，mL；

　　　V_2——滴定 10mL 水-甲醇标准溶液消耗卡尔·费休试剂的体积，mL。

3. 试样的测定

两份试样平行测定。

① 通过排泄嘴将滴定容器中残液放出。

② 用注射器经橡胶塞注入 25mL（或按待测试样规定的体积）甲醇。

③ 打开电磁搅拌器，使甲醇中的微量水反应。

④ 加入卡尔·费休试剂，直到电流计指针产生突然偏斜，并至少保持稳定 1min。

⑤ 试样的加入，若是液体，以注射器注入体积记为 V_0；若是粉末，用小玻璃管称取适量试样（准确至 0.0001g）加入。使用上述同样终点电量测定的操作步骤，用卡尔·费休试剂滴定至终点，记录测定时消耗卡尔·费休试剂的体积（V_3）。

三、结果计算

试样水含量 X 以质量分数表示。

$$T=\frac{V_3 T}{m_0 \times 10} \text{ 或 } T=\frac{V_3 T}{V_0 \rho \times 10}$$

式中　m_0——试样的质量（固体试样），g；

　　　V_0——试样的体积（液体试样），mL；

　　　V_3——测定时，消耗卡尔·费休试剂的体积，mL；

　　　ρ——20℃时试样的密度（液体试样），g/mL；

　　　T——卡尔·费休试剂的滴定度，mg/mL。

四、注意事项

① 部分溶剂和溶液易燃且对人体有毒有害，操作者应小心谨慎。如溅到皮肤上应立即用水冲洗或用适合的方式进行处理，如有不适应立即就医。

② 为了精确地测定试样的水分，可根据其水含量，称取适量试样，使滴定用去的卡尔·费休试剂的体积能够精密地读出来，必要时，按比例增加试样量和溶剂，并使用合适容积的滴定容器。

③ 若使用的是不同厂家生产的直接电量滴定仪器，操作方法参照该仪器的使用说明书。

④ 可依据样品性质选择市场上其他配方的卡尔·费休试剂。

进度检查

一、填空题

1. 配制水-甲醇标准溶液（10g 水/L）时，精密移取_____mL 纯水于含约_____mL 无水甲醇的充分干燥的_____mL 容量瓶中，用同样的无水甲醇稀释至刻度，混匀。

2. 标定卡尔·费休试剂时，用注射器注_____mL 甲醇于滴定容器中，用_____滴定至电流计指针达到同样_____，并至少保持稳定_____min，记录消耗试剂的体积。

3. 卡尔·费休试剂配制好后，盖紧_____，_____溶液，放置_____处至少_____h 后使用。

二、判断题

1. 卡尔·费休试剂无毒无害。　　　　　　　　　　　　　　（　　）
2. 市场购买的卡尔·费休试剂无需标定。　　　　　　　　　（　　）
3. 若用甲醇制备卡尔·费休试剂，需逐日标定。　　　　　　（　　）

三、简答题

1. 卡尔·费休试剂如何配制？
2. 卡尔·费休试剂如何标定？

四、操作题

进行卡尔·费休试剂的标定和试样水分测定操作，由教师检查下列项目是否正确：

1. 卡尔·费休试剂的标定。
2. 试样水分的测定。
3. 直接电量滴定仪器的操作。

编号 FJC-109-05

学习单元 8-5　工业尿素铁含量的测定

学习目标： 完成本单元的学习之后，能够掌握邻菲啰啉分光光度法测定铁含量的原理及方法，能够熟练利用邻菲啰啉分光光度法测定尿素中铁含量。
职业领域： 化工、石油、环保、医药、冶金、建材等
工作范围： 分析
所需仪器、药品和设备

序号	名称及说明	数量
1	实验室通用仪器	若干
2	分光光度计(带有3cm或1cm的吸收池)	1台(套)
3	盐酸溶液(1+1)	适量
4	氨水溶液(1+1)	适量
5	乙酸-乙酸钠缓冲溶液(pH≈4.5)	适量
6	抗坏血酸溶液(20g/L,该溶液使用期限为10d)	适量
7	邻菲啰啉溶液(2g/L)	适量
8	铁标准溶液(0.100mg/mL)	适量
9	铁标准溶液[0.010mg/mL,用铁标准溶液(0.100mg/mL),稀释10倍,只限当时使用]	适量

一、测定原理

用抗坏血酸将试液中的三价铁离子还原为二价铁离子，在 pH 值为 2～9 时（本方法选择 pH 值为 4.5），二价铁离子与邻菲啰啉生成橙红色配合物，在吸收波长 510nm 处，用分光光度计测定其吸收度。邻菲啰啉在 pH 为 2～9 的溶液中与 Fe^{2+} 发生如下显色反应：

$$Fe^{2+} + 3 \underset{N}{\overset{N}{\bigcirc}} \longrightarrow \left[Fe \left(\underset{N}{\overset{N}{\bigcirc}} \right)_3 \right]^{2+} \text{(橙红色)}$$

生成的橙红色配合物非常稳定，$\lg K_{稳} = 21.3(20℃)$，其溶液在 510nm 有最大吸收峰，摩尔吸光系数 $\varepsilon_{510} = 1.1 \times 10^4 L/(mol \cdot cm)$，利用上述反应可以测定微量铁含量。

由于仪器经过一定时间的使用，波长标示值与实际测量值可能不相符，在具体分析中，入射波长应以显色溶液吸收曲线为依据，一般选择被测物质的最大吸收波长的

光为入射光,这样不仅灵敏度高,准确度也好。但当有干扰物质存在时,不能选择最大吸收波长,可根据"吸收最大,干扰最小"的原则来选择。

显色反应的适宜pH值范围很宽(2~9),酸度过高(pH<2)时反应进行很慢;若酸度过低,Fe^{2+}将水解,通常在pH值为4~5的HAc-NaAc缓冲溶液中进行测定。

测定前以盐酸羟胺或抗坏血酸将Fe^{3+}还原为Fe^{2+},在pH=4~5的HAc-NaAc缓冲溶液中加显色剂显色后进行测定。

二、操作步骤

做两份试料的平行测定。

1. 标准曲线的绘制

(1) 标准溶液的制备 在7个100mL容量瓶中,分别加入0.010mg/mL铁标准溶液0.00mL、1.00mL、2.00mL、4.00mL、6.00mL、8.00mL、10.00mL,每个容量瓶都加水至约40mL,用盐酸溶液调整溶液的pH值接近2,加2.5mL抗坏血酸溶液、10mL乙酸-乙酸钠缓冲溶液、5mL邻菲啰啉溶液,用水稀释到刻度,摇匀。

(2) 吸光度测定 以铁含量为零的溶液作参比溶液,在波长510nm处,用1cm或3cm吸收池在分光光度计测定标准溶液的吸光度(记录格式参考表8-2)。

表8-2 数据记录

编号	1	2	3	4	5	6	7
V/mL	0.00	1.00	2.00	4.00	6.00	8.00	10.00
$m/\mu g$	0.00	10.0	20.0	40.0	60.0	80.0	100.0
吸光度A							

(3) 标准曲线的绘制 以100mL标准比色溶液中铁含量(μg)为横坐标,相应的吸光度为纵坐标作图,或求线性回归方程。

2. 测定

(1) 试液制备 称取约10g实验室样品(精确到0.01g),置于100mL烧杯中,加入少量水使试剂溶解,加入10mL盐酸溶液,加热煮沸,并保持稳定3min,冷却后,将试液定量过滤于100mL烧杯中,用少量水洗涤几次,使溶液体积约为40mL。

用氨水溶液调整溶液的pH约为2,将溶液定量转移到100mL容量瓶中,加入2.5mL抗坏血酸溶液、10mL乙酸-乙酸钠缓冲溶液、5mL邻菲啰啉溶液,用水稀释到刻度,混匀。

(2) 空白试验 按上述操作步骤进行空白试验,除不加试料外,操作手续和应用的试剂与测定时相同。

（3）吸光度测定　与标准曲线绘制步骤相同，对试液和空白试验溶液进行吸光度的测定。

三、结果计算

从标准曲线查出所测吸光度对应的铁含量或由曲线系数求出铁含量。

铁（Fe）含量 w，以质量分数（％）表示，按下式计算：

$$w = \frac{m_1 - m_2}{m} \times 100\%$$

式中　m_1——试料中测得铁的质量，g；

　　　m_2——空白试验所测得铁的质量，g；

　　　m——试料的质量，g。

计算结果表示到小数点后五位，取平行测定结果的算术平均值为测定结果。

四、注意事项

① 若试料含铁量 $\leqslant 15\mu g$，可以在调整 pH 前加入 5.00mL 铁标准溶液（0.010mg/mL），然后在结果中扣除。

② 显色过程中，每加入一种试剂均要摇匀。

③ 试样和工作曲线测定的实验条件应保持一致，所以最好两者同时显色同时测定。

④ 平行测定结果的相对偏差不大于 100％。

进度检查

一、填空题

1. 本实验中，邻菲啰啉在 pH 为　　　　　的溶液中与　　　　　发生显色反应。

2. 显色反应的适宜 pH 值范围很宽（2～9），酸度过高（pH＜2）时反应进行很　　　　　；若酸度过低，Fe^{2+} 将　　　　　，通常在 pH 值为 4～5 的　　　　　缓冲溶液中进行测定。

3. 试样和工作曲线测定的实验条件应保持　　　　　，所以最好两者同时显色　　　　　测定。

二、判断题

1. 制备仪器分析用金属标准溶液，一般用分析纯以上的盐或氧化物、单质配制。

（　　）

2. 可见分光光度法使用波长范围为 200~400nm。　　　　　　　　　　（　）
3. 邻菲啰啉法可测定溶液中三价铁含量。　　　　　　　　　　　　　（　）

三、简答题

1. 简述测定尿素中铁含量时试样处理步骤。
2. 简述邻菲啰啉法测铁含量时确定测量波长的方法。

四、计算题

1. 在 456cm 处，用 1cm 吸收池测定显色的锌配合物标准溶液得到下列数据：

$\rho(Zn)/(\mu g/mL)$	2.00	4.00	6.00	8.00	10.00
A	0.105	0.205	0.310	0.415	0.515

要求：(1) 绘制工作曲线；(2) 求摩尔吸光系数；(3) 求吸光度为 0.260 的未知试液的浓度。

2. 用磺基水杨酸法测定微量铁。称取 0.2160g 的 $NH_4Fe(SO_4)_2 \cdot 12H_2O$ 溶于水稀释至 500mL，得铁标准溶液。按下表所列数据取不同体积标准溶液，显色后稀释至相同体积，在相同条件下分别测定各吸光度值，其数据如下。

V/mL	0.00	2.00	4.00	6.00	8.00	10.00
A	0.00	0.165	0.320	0.480	0.630	0.790

取待测试液 5.00mL，稀释至 250mL。移取 2.00mL，在与绘制工作曲线相同条件下显色后测其吸光度得 $A = 0.500$。用工作曲线法求试液中铁含量（以 mg/mL 表示）。

已知 $M[NH_4Fe(SO_4)_2 \cdot 12H_2O] = 482.178g/mol$。

五、操作题

进行尿素中铁含量的操作，由教师检查下列项目是否正确：

1. 标准溶液的制备。
2. 待测溶液的制备。
3. 吸光度测定操作。
4. 绘制标准曲线，计算结果。

编号 FJC-108-06

学习单元 8-6　工业尿素碱度的测定

学习目标： 完成本单元的学习之后，能够掌握容量法测定碱度的原理及方法，能够熟练测定尿素碱度。

职业领域： 化工、石油、环保、医药、冶金、建材等

工作范围： 分析

所需仪器、药品和设备

序号	名称及说明	数量
1	实验室通用仪器	若干
2	甲基红-亚甲基蓝混合指示液	适量
3	氨水溶液(1+1)	适量
4	盐酸标准滴定溶液[$c(HCl)=0.1mol/L$]	适量

一、测定原理

在指示液存在下，用盐酸标准滴定溶液滴定试样中的游离氨。

二、操作步骤

1. 标定盐酸标准滴定溶液 [$c(HCl)=0.1mol/L$]

（1）盐酸标准滴定溶液的制备　移取 9mL 盐酸，稀释至 1000mL，摇匀即得。

（2）盐酸标准滴定溶液的标定　精密称取于 270～300℃高温炉中灼烧至恒重的无水碳酸钠（工作基准试剂）0.2g（精确至 0.0001g），溶于 50mL 水中，加 10 滴溴甲酚绿-甲基红指示液，用配好的盐酸溶液滴定至溶液由绿色变为暗红色，煮沸 2min，冷却后继续滴定至溶液再呈暗红色。同时做空白试验。

2. 试样测定

做两份试样的平行测定。

称取约 50g 实验室样品（精确到 0.05g），置于 500mL 锥形中，加约 350mL 水，溶解试料，加入 3～5 滴甲基红-亚甲基蓝混合指示液，然后用盐酸标准滴定溶液滴定到溶液呈灰绿色。

三、结果计算

（1）盐酸标准滴定溶液的浓度 $c(\mathrm{HCl})$，数值以摩尔每升（mol/L）表示，按下式计算：

$$c(\mathrm{HCl})=\frac{m\times 1000}{(V_1-V_2)M}$$

式中　m——无水碳酸钠的质量，g；

V_1——滴定时消耗盐酸标准滴定溶液的体积，mL；

V_2——空白试验消耗盐酸标准滴定溶液的体积，mL；

M——无水碳酸钠的摩尔质量，g/mol[$M(1/2\mathrm{Na}_2\mathrm{CO}_3)=52.994$]。

（2）碱度 w，以氨的质量分数（％）表示，按下式计算：

$$w=\frac{c\times V\times 0.017}{m}\times 100\%$$

式中　c——盐酸标准滴定溶液的浓度，mol/L；

V——滴定时消耗盐酸标准滴定溶液的体积，mL；

m——试料的质量，g；

0.017——氨的毫摩尔质量，g/mmol。

计算结果表示到小数点后三位，取平行测定结果的算术平均值为测定结果。

四、注意事项

① 平行测定结果的绝对差值不大于 0.001％。

② 不同实验室测定结果的绝对差值不大于 0.002％。

进度检查

一、填空题

1. 标定盐酸标准滴定溶液，精密称取于 _____℃高温炉中灼烧至 _____ 的无水碳酸钠（工作基准试剂）0.2g（准确至 0.0001g），溶于 50mL 水中，加 10 滴 _____ 指示液，用配好的盐酸溶液滴定至溶液由 _____ 色变为 _____ 色，煮沸 __ min，冷却后继续滴定至溶液再呈 _____ 色。

2. 常用标定盐酸标准滴定溶液的基准物是 _____。

3. 碱度 w，以 _____（％）表示。

二、判断题

1. 盐酸是强酸，具有挥发性，配制时要注意安全并在通风橱中进行操作。

（　　）

2. 试样测定所用的指示液是酚酞指示液。（   ）

3. 标定盐酸标准滴定溶液时不用煮沸。（   ）

三、简答题

1. 尿素碱度测定的原理是什么？

2. 盐酸标准滴定溶液[$c(\text{HCl})=0.1\text{mol/L}$]如何标定？

3. 盐酸标准滴定溶液的标定过程中煮沸的目的是什么？

四、计算题

1. 称取 1.5312g 纯 Na_2CO_3 配成 250.0mL 溶液，计算此溶液的物质的量浓度。若取此溶液 20.00mL，用 HCl 溶液滴定，用去 HCl 34.20mL，计算 HCl 溶液物质的量浓度。

2. 用基准无水 Na_2CO_3 标定 $c(\text{HCl})=0.1\text{mol}\cdot\text{L}^{-1}$ HCl 标准溶液，应取无水 Na_2CO_3 多少克？

五、操作题

进行尿素碱度测定操作，由教师检查下列项目是否正确：

1. 盐酸标准滴定溶液的制备。

2. 盐酸标准滴定溶液的标定。

3. 尿素碱度的测定。

编号 FJC-109-07

学习单元 8-7　工业尿素中水不溶物含量的测定

学习目标：完成本单元的学习之后，能够掌握重量法测定工业尿素中水不溶物含量的原理及方法，能够熟练运用重量法测定尿素中水不溶物含量。

职业领域：化工、石油、环保、医药、冶金、建材等

工作范围：分析

所需仪器、药品和设备

序号	名称及说明	数量
1	实验室通用仪器	若干
2	玻璃坩埚式过滤器[4号(孔径 4~16μm),容积 30mL]	1台
3	恒温干燥箱	1台
4	水浴锅	1台

一、测定原理

用玻璃坩埚式过滤器过滤尿素水溶液，残渣量表示为水不溶物量。

二、操作步骤

做两份试料的平行测定。

（1）称取约 50g 实验室样品（精确到 0.05g），将试样溶于 150~200mL 水中。

（2）将溶液置于 90℃ 水浴中保温 30min，立即用已恒重的 4 号玻璃坩埚式过滤器趁热减压过滤，用热水洗涤溶液滤渣 3~5 次，每次用量约 15mL。

（3）取下过滤器，于 105~110℃ 恒温干燥箱中干燥至恒重。

三、结果计算

水不溶物含量 w，以质量分数（％）表示，按下式计算：

$$w = \frac{m_1}{m} \times 100\%$$

式中　m_1——干燥后残渣质量，g；

　　　m——试料的质量，g；

计算结果表示到小数点后四位，取平行测定结果的算术平均值为测定结果。

四、注意事项

平行测定结果的绝对差值不大于 0.0050%。

进度检查

一、简答题

1. 什么是恒重？
2. 重量法的基本操作程序是什么？

二、操作题

进行工业尿素中水不溶物含量的测定操作，由教师检查下列项目是否正确：

1. 试样的制备。
2. 试样的处理。
3. 恒重操作。

编号 FJC-109-08

学习单元 8-8　尿素粒度的测定（筛分法）

学习目标： 完成本单元的学习之后，能够掌握筛分法测定粒度的原理及方法，能够熟练运用筛分法测定尿素粒度。
职业领域： 化工、石油、环保、医药、冶金、建材等
工作范围： 分析
所需仪器、药品和设备

序号	名称及说明	数量
1	实验室通用仪器	若干
2	孔径 0.85mm、1.18mm、2.00mm、2.80mm、3.35mm、4.00mm、4.75mm 和 8.00mm 试验筛（附筛盖和底盘）	1 套
3	感量 0.5g 的天平	1 台
4	振荡筛（能垂直和水平振荡）	1 台

一、测定原理

用筛分法将尿素分为不同粒径的颗粒，称量，计算质量分数。

二、操作步骤

① 根据被测物料，按粒度 d（0.85～2.80mm、1.18～3.35mm、2.00～4.75mm、4.00～8.00mm）选取一套（两个）相应的试验筛。

② 将筛子按孔径大小依次叠好（大在上，小在下），放于底盘上，称量约 100g 实验室样品（精确至 0.5g），将试料置于依次叠好的筛子上，盖好筛盖，置于振荡器上，夹紧，振荡 3min，或人工筛分，称量通过大孔径筛子及未通过小孔径筛子试料，夹在筛孔中的颗粒按不通过计。

③ 用天平称出通过大孔径筛子和未通过小孔径筛子试料的质量（m_1）。

三、结果计算

粒度 w，以质量分数（%）表示，按下式计算：

$$w = \frac{m_1}{m} \times 100\%$$

式中 m_1——通过大孔径筛子和未通过小孔径筛子试料的质量，g；

m——试料的质量，g。

计算结果表示到小数点后一位。

进度检查

操作题

进行尿素粒度的测定（筛分法）操作，由教师检查下列项目是否正确：

1. 筛子的选择。
2. 筛子的安装。
3. 粒度测定的操作。

工业尿素含铁量的测定分析技能考试内容及评分标准

模块 9　农业用碳酸氢铵分析

编号 FJC-110-01

学习单元 9-1　农业用碳酸氢铵分析的国家标准

学习目标： 完成本单元的学习之后，能够查找相应的国家标准，能够解读国家标准并能结合岗位操作规程拟定检测方案。

职业领域： 化工、石油、环保、医药、冶金、建材等

工作范围： 分析

所需标准

序号	名称及说明	数量
1	GB/T 3559—2001《农业用碳酸氢铵》	1套

农业用碳酸氢铵是一种碳酸盐，可分解为 NH_3、CO_2 和 H_2O 三种气体，其分析标准有国标、行标等多种，为了达到特定的要求，需要按照一定的标准进行，这样才能有依有据，标准可靠，这就要求同学们认真查阅国家标准，严格按照标准进行试验，分析出准确的结果。生活中同学们也要保持"无规矩不成方圆"的态度，约束自己的行为，不犯原则性的错误。

一、碳酸氢铵简介

碳酸氢铵又称碳铵，是由碳、氮、氧、氢组成的有机化合物，化学式为 NH_4HCO_3，分子量为 79.06，外观为白色粒状、板状或柱状结晶，有氨臭，含氮 17.7% 左右。碳酸氢铵密度为 $1.58g/cm^3$，熔点为 105℃，水溶性为 22g/100g 水（20℃），能溶于水，水溶液呈碱性，不溶于乙醇。

碳酸氢铵是一种碳酸盐，可作为氮肥，由于其可分解为 NH_3、CO_2 和 H_2O 三种气体而消失，故又称气肥。碳酸氢铵一定不能和酸一起放置，因为酸会和碳酸氢铵反应生成二氧化碳，使碳酸氢铵变质。碳酸氢铵的化学式中有铵根离子，是一种铵盐，而铵盐不可以和碱共放一处，所以碳酸氢铵切忌和氢氧化钠或氢氧化钙放在一起。碳酸氢铵是无（硫）酸根氮肥，其三个组分都是作物的养分，不含有害的中间产物和最终分解产物，长期施用不影响土质，是最安全的氮肥品种之一。

二、碳酸氢铵质量标准

GB/T 3559—2001《农业用碳酸氢铵》

拟定实验方案，找出本标准适用范围、方法原理、精密度、准确度等内容。

三、注意事项

查找的标准要适合本行业本产品。

进度检查

一、填空题

1. 生产碳铵的原料是_____、_____和_____。
2. 碳酸氢铵含氮量约为_____。
3. 碳酸氢铵不能和_____共存。

二、判断题

1. 碳酸氢铵作为氮肥是有毒的。（　　）
2. 碳酸氢铵与碱可以共存。（　　）
3. 碳酸氢铵分解出的CO_2不是作物的养分。（　　）

三、简答题

1. 生产碳酸氢铵的方法有哪些？
2. 农业用碳酸氢铵的国家标准可以检测什么？

四、操作题

进行碳酸氢铵国家标准的查找，由教师检查下列项目是否正确：

1. 选择的标准。
2. 选择的项目。
3. 拟定的实验方案。

编号 FJC-110-02

学习单元 9-2　农业用碳酸氢铵氮含量的测定

学习目标： 完成本单元的学习之后，能够掌握铵态氮肥中氮含量的测定方法，独立完成其测定工作任务。
职业领域： 化工、石油、环保、医药、冶金、建材等
工作范围： 分析
所需仪器、药品和设备

序号	名称及说明	数量
1	分析天平(准确度 0.001g)	1台
2	硫酸标准溶液[$c(\frac{1}{2}H_2SO_4)=1mol/L$]	适量
3	氢氧化钠[$c(NaOH)=1mol/L$]	适量
4	甲基红-亚甲基蓝混合指示剂	适量
5	无色滴定管(碱式或两用滴定管,50mL)	1支
6	锥形瓶(250mL)	3个

一、测定原理

试样与过量的硫酸标准溶液作用，以甲基红-亚甲基蓝混合液作指示剂，用氢氧化钠标准溶液返滴定剩余的硫酸，根据消耗的氢氧化钠标准溶液的体积可计算出试样中氮的含量。

二、测定步骤

1. 试样的称取溶解

用已知质量的带磨口塞的称量瓶，迅速准确称取约 2g 试样，准确到 0.001g，用蒸馏水将试料洗入已盛有 50.00mL 硫酸标准溶液的锥形瓶中摇匀。充分溶解后，加热煮沸 3~5min，冷却至室温后滴定。

2. 滴定

(1) 滴定管的准备　选 50mL 无色碱滴定管，按滴定管使用规则装入氢氧化钠溶液备用。

(2) 滴定操作　加入甲基红-亚甲基蓝混合指示剂溶液 2~3 滴，用 $c(NaOH)=$

1mol/L 的氢氧化钠标准溶液滴定至溶液呈灰绿色为终点。

（3）读数、记录　取下滴定管读数，精确至 0.01mL，记录。平行测定三次。

（4）空白试验　除不加试料外，按以上步骤进行空白试验。

3. 结束工作

洗涤、整理仪器，打扫卫生，关闭水、电、门窗。

三、结果计算

碳酸氢铵试样的氮含量 X_1，以质量分数表示，按下式计算：

$$X_1 = \frac{(V_1 - V_2)c \times 0.01401}{m} \times 100\%$$

式中　V_1——空白试验时消耗氢氧化钠标准滴定溶液的体积，mL；

V_2——测定试料时消耗氢氧化钠标准滴定溶液的体积，mL；

c——氢氧化钠标准滴定溶液的浓度，mol/L；

m——试料质量，g；

0.01401——与 1.00mL 氢氧化钠标准滴定溶液[c(NaOH)=1.000mol/L]相当的氮的质量，g。

取平行测定结果的算术平均值为测定结果，所得结果表示至两位小数。

四、允许差

平行测定结果的绝对差值不大于 0.10%；

不同实验室测定结果的绝对差值不大于 0.15%。

进度检查

一、填空题

1. N 含量测定中用到的标准溶液是＿＿＿＿＿＿，其浓度为＿＿＿＿＿＿＿。

2. 测定中采用的滴定方式是＿＿＿＿＿＿＿＿＿＿。

3. 试样溶解过程中加热煮沸 3～5min 的目的是＿＿＿＿＿＿＿＿＿＿＿＿＿＿＿＿＿。

二、判断题

1. 加入甲基红-亚甲基蓝混合指示剂滴定至溶液呈灰绿色为终点。　　　（　　）

2. 滴定管在使用中仰视会使结果偏高。　　　　　　　　　　　　　　（　　）

3. 使用称量瓶时可以徒手操作。　　　　　　　　　　　　　　　　　（　　）

三、简答题

1. 测定 N 含量的原理是什么？
2. 测定称量时，为什么要用带磨口塞的称量瓶？

四、操作题

进行 NH_4HCO_3 样品中 N 含量的测定，由教师检查下列项目是否正确：

1. 选择的标准。
2. 选择的项目。
3. 拟定的实验方案。

编号 FJC-110-03

学习单元 9-3　农业用碳酸氢铵水分含量的测定

学习目标：完成本单元的学习之后，能够掌握铵态氮肥中水分含量的测定方法，独立完成其测定操作。

职业领域：化工、化肥、农业

工作范围：分析

所需仪器、药品和设备

序号	名称及说明	数量
1	碳化钙法碳酸氢铵水分测定装置（图9-1）	1套
2	封闭液（用乙炔饱和的氯化钠饱和溶液）	适量
3	电石（粉末状，全部小于60目）	适量
4	电子分析天平（精确度0.001g）	1台
5	称量瓶（25mm×25mm）	1支

一、测定原理

碳酸氢铵中的游离水分与电石（碳化钙）作用，生成乙炔。其反应如下：

$$2H_2O + CaC_2 \longrightarrow Ca(OH)_2 + C_2H_2 \uparrow$$

根据生成物乙炔的体积，可计算出样品中水分的含量。

二、测定步骤

按图9-1搭建装置，将封闭液注入水准瓶中，检查测定装置是否漏气。

量气管（1）：容量50mL，分度值0.1mL（干碳酸氢铵可用10mL量气管）。

水套管（2、7）：约 d 50mm，h 500mm，内充水。

温度计（3）：50℃酒精温度计。

水准瓶（4）：容量250mL的下口瓶，内充封闭液。

水浴（6）：500mL烧杯，内装水的温度须与室温相同。

乙炔气体发生器（8）：125mL广口试剂瓶。

玻璃管（9）：容积约50mL的直形玻璃管。

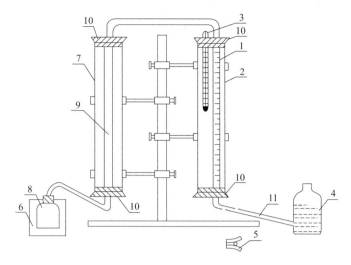

图 9-1 碳酸氢铵水分测定装置

1—量气管；2、7—水套管；3—温度计；4—水准瓶；5—弹簧夹；6—水浴；
8—乙炔气体发生器；9—玻璃管；10—橡胶塞；11—橡胶管

三、分析步骤

1. 测量装置的密封性试验

每次测定前均需按以下方法对测定装置进行密封性试验。

打开乙炔气体发生器（8）的瓶塞，升高水准瓶（4），使量气管（1）充满封闭液，同时塞紧乙炔气体发生器瓶塞。将水准瓶液面与量气管液面对齐，读取量气管内封闭液液面读数，将水准瓶放在台面上，再次升高水准瓶，读取量气管液面读数。反复两次，读数如无变化，说明不漏气。

2. 测定

（1）检漏调平　检查装置不漏气后，打开乙炔气体发生器的瓶塞，升高水准瓶，使量气管充满封闭液，以弹簧夹（5）夹住水准瓶上橡胶管。

（2）称量投放　在已知质量的 $d=25mm$、$h=25mm$ 干燥的称量瓶中，迅速称取含水量小于 60mg 的试样 1~3g（精确至 0.001g）。取下称量瓶盖，将称量瓶连同称好的试料放入已预先放有 5g 电石粉的乙炔气体发生器中，将乙炔气体发生器上的橡胶塞塞紧。

（3）读数　打开弹簧夹，并使水准瓶液面与量气管液面对齐，读取量气管中封闭液液面所示读数为初读数 V_1。然后摇动乙炔气体发生器（注意：在量气管内封闭液液面下降的同时，同步向下移动水准瓶，使水准瓶内液面始终与量气管内液面保持同一水平），直至试料与电石粉充分混合并无结块现象为止。将乙炔气体发生器放在水浴杯（6）中 1~2min，如读取 V_1 一样，量气管内封闭液液面所示读数为末读数 V_2。

（从读取 V_1 开始到读好 V_2 为止，应使水准瓶内液面始终与量气管内液面保持同一水平），记录量气管水夹套管中温度计所示温度为测定温度 t，同时记录测定环境的大气压力 p。

3. 结果计算

试料中水分（H_2O）含量 X_2 以质量分数（%）表示，按下式计算：

$$X_2 = (V_2 - V_1) \times \frac{(p - p_1)}{101.3} \times \frac{273}{273 + t} \times \frac{0.00162}{m} \times 100\%$$

$$= \frac{(V_2 - V_1) \times (p - p_1)}{m \times (273 + t)} \times 0.00437$$

式中　V_1——反应前量气管初度数，mL；

　　　V_2——反应后量气管末读数，mL；

　　　p——测定时环境的大气压力，kPa；

　　　p_1——测定温度时氯化钠饱和溶液的蒸气压力（见表 9-1），kPa；

　　　t——测定时的温度，℃；

　　　m——试样的质量，g；

0.00162——在标准状况下，与 1.0mL 乙炔（C_2H_2）相当的，以克表示的水（H_2O）的质量。

取平行测定结果的算术平均值为测定结果，所得结果表示至两位小数。

表 9-1　不同温度下封闭液的蒸气压力

温度/℃	蒸气压力/kPa	温度/℃	蒸气压力/kPa	温度/℃	蒸气压力/kPa
5	0.653	17	1.466	29	3.026
6	0.707	18	1.560	30	3.200
7	0.760	19	1.653	31	3.370
8	0.813	20	1.760	32	3.560
9	0.867	21	1.880	33	3.760
10	0.920	22	2.000	34	3.973
11	0.987	23	2.120	35	4.200
12	1.050	24	2.253	36	4.453
13	1.130	25	2.386	37	4.706
14	1.210	26	2.533	38	4.973
15	1.290	27	2.693	39	5.253
16	1.373	28	2.853		

四、允许差

当水分含量小于 0.5% 时，平行测定结果的绝对差值不大于 0.05%；水分含量大于 0.5% 时，平行测定结果的绝对差值不大于 0.20%。

不同实验室测定结果的绝对差值不大于 0.30%。

进度检查

一、填空题

1. 碳化钙法测定 NH_4HCO_3 水分含量的反应方程式是_____。
2. 测定过程中,将反应后的乙炔发生器置于水浴缸中冷却的作用是_____
_____。

二、判断题

1. 测量前无需对测定装置进行密封性试验。 (　　)
2. 测量中要求试样的含水量小于 60mg。 (　　)
3. 在称取试样时,装有试样的称量瓶可以长时间放置在空气中。 (　　)

三、简答题

1. 为什么水准瓶内液面和量气管内液面要求在同一水平面上?
2. 测定时激烈振荡乙炔发生器的目的是什么?

四、操作题

按上述所讲的方法测定农业用碳酸氢铵试样的水分含量,由教师检查下列项目是否正确:

1. 选择的标准。
2. 选择的项目。
3. 拟定的实验方案。

农业用碳酸氢铵分析技能考试内容及评分标准

模块 10　复混肥料的分析

编号 FJC-111-01

学习单元 10-1　复混肥料的分析方法

学习目标：完成本单元的学习之后，能够掌握复混肥料的概念、分类及术语，学会查阅不同类型复混肥料分析的国家标准与其他相关标准。
职业领域：化工、石油、环保、医药、冶金、建材等
工作范围：分析

通过本单元的学习，应学会复混肥料中各成分的分析，了解复混肥料在工业中的应用及对人类社会发展的重要性，知道复混肥料对农业生产和生活的重要性，形成质量意识，增强为人民服务的自觉性。

一、复混肥料简介

复混肥是由几种单质肥料或单质肥料与复合肥料相混而成的肥料的总称，由化学方法和物理方法加工而成。生产复混肥料可以优化施肥技术，提高肥效，减少施肥次数，节省施肥成本。生产和施用复混肥料引起世界各国的普遍重视。复混肥料是世界化肥工业发展的方向，全世界的消费量已超过化肥总消费量的 1/3，而我国约占国内化肥总消费量的 18%。我国作物多样化，土壤的施肥方式也由过去克服单一营养元素缺乏的所谓"校正施肥"转入多种营养成分配合的"平衡施肥"。为此，加速发展复混肥工业已是势在必行。

复混肥按生产工艺分为：混合肥料与复合肥料两种。复合肥料是通过化学方法生产含有两种或两种以上营养元素的肥料；混合肥料是将两种或三种单质化肥，或用一种复合肥料与一两种单质化肥，通过机械混合的方法制取不同规格即不同养分配比的肥料，以适应农业生产的要求，尤其适合生产专用肥料。

二、复混肥料的术语

大量元素（主要养分）：对元素氮、磷、钾的统称。
中量元素（次要养分）：对元素钙、镁、硫等的统称。
微量元素（微量养分）：植物生长所必需的，但相对来说是少量的元素，例如硼、

锰、铁、锌、铜或钴等。

总养分：总氮、有效五氧化二磷和氧化钾含量之和，以质量分数计。

标明量：在肥料或土壤调理剂标签或质量证明书上标明的元素（或氧化物）含量。

复混肥料的标识：复混肥料中营养元素成分和含量，习惯上按氮(N)-磷(P)-钾(K)的顺序，分别用阿拉伯数字表示，"0"表示无该营养元素成分。如 18-46-0 表示含 N18%，含 P_2O_5 46%，总养分 64% 的氮磷二元复混肥料；"15-15-15"表示含 N、P_2O_5、K_2O 各 15%，总养分为 45% 的三元复混肥料；复混肥料中含有中量、微量营养元素时，则在后面的位置上标明含量并加括号注明元素符号，如 18-9-12-4(S) 为含中量元素硫的三元复混肥料。将上述表示方法称为肥料规格或肥料配方。

三、复混肥料的国家标准

GB/T 15063—2020《复合肥料》；

GB/T 6003.1—2022《试验筛 技术要求与检验 第 1 部分：金属丝编织网试验筛》；

GB/T 6679—2003《固体化工产品采样通则》；

GB/T 8170—2008《数值修约规则与极限数值的表示和判定》；

GB/T 8569—2009《固体化学肥料包装》；

GB/T 8572—2010《复混肥料中总氮含量的测定 蒸馏后滴定法》；

GB/T 8573—2017《复混肥料中有效磷含量的测定》；

GB/T 8574—2010《复混肥料中钾含量的测定 四苯硼酸钾重量法》；

GB/T 8576—2010《复混肥料中游离水含量的测定 真空烘箱法》；

GB/T 8577—2010《复混肥料中游离水含量的测定 卡尔·费休法》；

GB 18382—2021《肥料标识 内容和要求》；

GB/T 22923—2008《肥料中氮、磷、钾的自动分析仪测定法》；

GB/T 22924—2008《复混肥料（复合肥料）中缩二脲含量的测定》；

HG/T 2843—1997《化肥产品 化学分析常用标准滴定溶液、标准溶液、试剂溶液和指示剂溶液》；

GB/T 17767.1—2008《有机-无机复混肥料的测定方法 第 1 部分：总氮含量》；

GB/T 17767.3—2010《有机-无机复混肥料的测定方法 第 3 部分：总钾含量》；

GB/T 10209.1—2010《磷酸一铵、磷酸二铵的测定方法 第 1 部分：总氮含量》；

GB/T 10209.2—2010《磷酸一铵、磷酸二铵的测定方法 第 2 部分：磷含量》；

GB/T 10209.3—2010《磷酸一铵、磷酸二铵的测定方法 第 3 部分：水分》；

GB/T 10209.4—2010《磷酸一铵、磷酸二铵的测定方法 第 4 部分：粒度》；

GB/T 23349—2020《肥料中砷、镉、铬、铅、汞含量的测定》；

GB/T 24890—2010《复混肥料中氯离子含量的测定》；

GB/T 24891—2010《复混肥料粒度的测定》。

进度检查

一、填空题

1. 复混肥料按生产工艺可分为＿＿＿＿＿＿和＿＿＿＿＿＿两类。按营养元素含量可分为＿＿＿＿＿、＿＿＿＿＿、＿＿＿＿＿三种类型。

2. 复混肥料有＿＿＿＿＿＿、＿＿＿＿＿＿、＿＿＿＿＿＿等几种成分。

3. 复混肥料国家标准有：＿＿＿＿、＿＿＿＿、＿＿＿＿＿、＿＿＿＿＿等。

二、选择题

1. 《复合肥料》国家质量标准号是（　　）。
A. GB/T 8572—2010　　　　　　　　B. GB/T 15063—2020
C. GB/T 22923—2008　　　　　　　　D. GB 2440—2001

2. 固体化学肥料的包装标准是（　　）。
A. GB/T 8569—2009　　　　　　　　B. GB 18382—2021
C. GB/T 24890—2010　　　　　　　　D. GB/T 24891—2010

3. 复混肥料中营养元素的最低含量是（　　）。
A. 15％　　　　　B. 12％　　　　　C. 4％　　　　　D. 8％

4. 化肥与传统农家肥料配合使用，对促进农作物增产、解决粮食短缺问题起了重大作用。下列属于复合肥料的是（　　）。
A. 硝酸铵（NH_4NO_3）　　　　　　B. 碳酸氢钾（$KHCO_3$）
C. 尿素［$CO(NH_2)_2$］　　　　　　D. 磷酸二氢铵（$NH_4H_2PO_4$）

三、简答题

简述在什么情况下进行复混肥料中氯元素的检测分析。

编号 FJC-111-02

学习单元 10-2　复混肥料分析的国家标准

学习目标：完成本单元的学习之后，能够查找相应的国家标准，能够解读国家标准并能结合岗位操作规程拟定检测方案。
职业领域：化工、石油、环保、医药、冶金、建材等
工作范围：分析

一、复混肥料的标识

1. 肥料名称

应标明国家标准、行业标准已经规定的肥料名称，如"复混肥料""复合肥料"等；对有特殊用途的肥料名称，应在产品名称下用小1号字体标注，如"复合肥料硫酸钾型"。

2. 复混肥料（复合肥料）养分含量的标注

总养分含量应标明氮、磷、钾总养分的百分含量，不得将其他元素或化合物计入总养分，如氮、磷、钾分别为 15-15-15 的氮磷钾复混（合）肥料，其总养分应标注为总养分≥45。单一养分含量应以配合式氮-磷-钾的顺序，分别标明总氮、有效五氧化二磷、氧化钾的百分含量。二元肥料应在不含单养分的位置标以"0"，如复混肥料 15-0-10，表示该肥不含磷元素或磷元素低于 4.0%，不得在包装上标注"±Δ"的字样。若加入中量元素、微量元素，不得在包装容器和质量证明书上注明。

3. 氯离子含量的标注

当复混（合）肥料中氯离子的含量大于 3.0% 时，应在包装物上标明"含氯"，以避免对忌氯作物如黄烟、果树等造成伤害；凡未在包装容器上标明"含氯"的，其氯离子的含量不得超过 3.0%。

4. 合格证（质量证明书）、生产日期或批号

每袋肥料都应附有产品合格证或质量证明书。生产日期或批号，应在产品合格证或质量证明书、产品外包装上标明。

5. 产品标准

复混肥料或复合肥料均执行国家强制性标准 GB/T 15063—2020《复合肥料》。产品标准号及年代号应在产品包装上标明。

6. 生产者或经销者的名称和地址

产品包装的主视面上标明依法登记注册并能承担产品质量责任的生产者或经销者的名称和地址。

二、复混肥料（复合肥料）国家标准

复混肥料（复合肥料）应符合表 10-1 要求。

表 10-1 复合肥料技术指标

项目		指标		
		高浓度	中浓度	低浓度
总养分($N+P_2O_5+K_2O$)/% ≥		40.0	30.0	25.0
水溶性磷占有效磷百分率/% ≥		60	50	40
水分(H_2O)/% ≤		2.0	2.5	5.0
粒度(1.00～4.75mm 或 3.35～5.60mm)/% ≥		90	90	80
氯离子(Cl^-)的质量分数/%	未标(含氯)的产品 ≤	3.0		
	标识含氯(低氯)的产品 ≤	15.0		

进度检查

一、填空题

1.《复合肥料》的标准号是_____，复混肥料组成产品的单一养分含量不小于_____。

2. 复混肥总养分是指_____、_____、_____的百分含量之和。

3. 复混肥料标签上没标注"含氯"则其氯离子含量应不大于_____，如标签上标明"含中氯"其氯离子含量应_____。

二、判断题

1. 复混肥中单一养分含量不得低于标明量。　　　　　　　　　　（　　）

2. 检验钾含量时烘干沉淀的温度是180℃，时间是45min。　　　（　　）

3. 水溶性磷是有效磷的一部分。　　　　　　　　　　　　　　　（　　）

4. 氯离子检验原理是用硝酸银滴定氯离子。　　　　　　　　　　（　　）

5. 钾坩埚的浸泡液是浓氨水，磷坩埚的浸泡液是盐酸溶液。　　　（　　）

三、简答题

1. 简述检验复混肥料中钾含量的原理与过程。
2. 简述复混肥料中氯离子含量的测定原理与步骤。

四、计算题

1. 称取复混肥料试样 1.5018g，用蒸馏后滴定法测量，其消耗氢氧化钠（$c=0.5012\text{mol/L}$）标准滴定溶液 24.05mL。在相同条件下，测得空白试验消耗氢氧化钠标准滴定溶液 48.05mL，求复混肥料试样中总氮含量。

2. 称取过磷酸钙试样 2.200g。用磷钼酸喹啉称量法测定其有效磷含量，若吸取有效磷分析试液共 20.00mL，于 180℃干燥后得到磷钼酸喹啉沉淀 0.3842g。求该肥料中有效磷的含量。

编号 FJC-111-03

学习单元 10-3 磷酸一铵、磷酸二铵有效磷含量测定

学习目标： 完成本单元的学习之后，能够掌握肥料中有效磷的概念，掌握称量法测定有效磷的原理和方法。

职业领域： 化工、石油、环保、医药、冶金、建材等

工作范围： 分析

所需仪器、试剂与设备

序号	名称及说明	数量
1	实验室通用仪器	若干
2	电热恒温干燥箱(温度维持180℃±2℃)	1台
3	玻璃坩埚式过滤器(4号,容积30mL)	3个
4	恒温水浴振荡器(能控制温度在60℃±2℃的往复式振荡器或回旋式振荡器)	1台
5	乙二胺四乙酸二钠(EDTA)溶液(37.5g/L)	250mL
6	喹钼柠酮试剂	100mL
7	硝酸溶液(1+1)	100mL
8	电热板	1台

一、磷酸一铵和磷酸二铵的简介

磷酸一铵（又称磷酸二氢铵）是白色粉状或颗粒状物，化学式为$(NH_4)H_2PO_4$，分子量或原子量为115.03，密度为1.803g/cm³ (19℃)。熔点为190℃，易溶于水，微溶于醇，不溶于丙酮，25℃下100g水中的溶解度为41.6g，生成热121.42kJ/mol。磷酸一铵1‰水溶液pH值为4.5，呈弱酸性，常温下稳定，无氧化还原性，遇高温、酸碱、氧化还原性物质不会燃烧、爆炸，在水中、酸中具有较好的溶解性，粉状产品有一定的吸湿性，同时具有良好的热稳定性，并且在高温下会脱水生成黏稠的焦磷酸铵、聚磷酸铵、偏磷酸铵等链状化合物。磷酸一铵主要用作肥料和木材、纸张、织物的防火剂。

磷酸二铵又称磷酸氢二铵（DAP），化学式为$(NH_4)_2HPO_4$，是含氮磷两种营养成分的复合肥。磷酸二铵是灰白色或深灰色颗粒，相对密度为1.619，易溶于水，不溶于乙醇。有一定吸湿性，在潮湿空气中易分解，挥发出氨变成磷酸二氢铵。磷酸二铵水溶液呈弱碱性，pH值约为8.0。

有效磷，也称为速效磷，是土壤中可被植物吸收的磷组分，包括全部水溶性磷、部分吸附态磷及有机态磷，有的土壤中还包括某些沉淀态磷。在化学上，有效磷定义为：能与^{32}P进行同位素交换的或容易被某些化学试剂提取的磷及土壤溶液中的磷酸盐。

二、有效磷测定国家标准

GB/T 10209.2《磷酸一铵、磷酸二铵的测定方法 第 2 部分：磷含量》

三、测定原理

用水和乙二胺四乙酸二钠溶液提取磷酸一铵、磷酸二铵中的有效磷，提取液中正磷酸根离子在酸性介质中与喹钼柠酮试剂生成黄色磷钼酸喹啉沉淀，用磷钼酸喹啉重量法（仲裁法）和磷钼酸喹啉容量法测定水溶性磷和有效磷含量。

四、试剂的准备

① 乙二胺四乙酸二钠（EDTA）溶液（37.5g/L）：

称取 37.5g EDTA 于 1000mL 烧杯中，加少量水溶解，用水稀释至 1000mL，摇匀。

② 喹钼柠酮试剂。

③ 硝酸溶液（1+1）。

④ 氢氧化钠溶液：$c(NaOH)=0.5mol/L$。

⑤ 盐酸溶液：$c(HCl)=0.2mol/L$。

⑥ 百里香酚蓝-酚酞混合指示剂。

⑦ 不含二氧化碳的水。

五、分析步骤（磷钼酸喹啉重量法）

1. 水溶性磷的提取

称取约 1g 试样于 75mL 瓷蒸发皿中，加少量水润湿、研磨，再加约 25mL 水研磨，将清液倾注过滤到预先加有 5mL 硝酸的 500mL 容量瓶中，继续用水研磨 3 次，每次用水 25mL，然后将水不溶物全部转移到滤纸上，并用水洗涤水不溶物，待容量瓶达 400mL 左右滤液为止，用水稀释至刻度，摇匀，即为溶液 A，供测定水溶性磷用。

2. 有效磷的提取

称取约 1g 试样（精确至 0.0002g，含有五氧化二磷的量不宜超过 450mg），置于 250mL 容量瓶中，加入 150mL EDTA 溶液，塞紧瓶塞，摇动容量瓶使试样分散于溶液中，置于（60±2）℃恒温水浴振荡器中,保温振荡 1h（振荡频率以容量瓶中试样能自由翻动即可）。然后取出容量瓶，冷却至室温，用水稀释至刻度，混匀。干过滤，弃去最初滤液，即得试样液。

3. 水溶性磷的测定

用移液管吸取 20mL 试液 A，移入 500mL 烧杯中，加入 10mL 硝酸溶液，用水稀释至 100mL。在电炉上加热至沸，取下，加入 35mL 喹钼柠酮试剂，盖上表面皿，在电热板上微沸 1min 或置于沸水浴中保温至沉淀分层，取出烧杯，冷却至水温，冷却时转动烧杯 3～4 次。

用预先在 (180±2)℃ 干燥箱中干燥至恒重的玻璃坩埚式滤器过滤，先将上层清液过滤，然后用倾泻法洗涤沉淀 1～2 次，每次用水 25mL，将沉淀移入滤器中，再用水洗涤，共用水 125～150mL，将沉淀连同滤器置于 (180±2)℃ 干燥箱内，待温度达到 180℃ 后，干燥 45min，取出置于干燥器内，冷却至室温，称量。

4. 有效磷的测定

用移液管移取 10mL 试样 B 液于 500mL 烧杯中，其他操作同水溶性磷的测定。

5. 空白试验

除不加试样外，须与试样测定采用相同的试剂、用量和分析步骤，进行平行测定。

6. 结果计算

水溶性磷含量（w）按五氧化二磷（P_2O_5）质量分数计，数值以％表示，按下式计算：

$$w = \frac{(m_1 - m_2) \times 0.03207}{m_{试样} \times (20/500)} \times 100\% = \frac{(m_1 - m_2) \times 0.80175}{m_{试样}}$$

式中　m_1——测定水溶性磷时所得的磷钼酸喹啉沉淀的质量，g；

　　　m_2——测定水溶性磷时，空白试验时所得磷钼酸喹啉沉淀的质量，g；

　0.03207——磷钼酸喹啉换算为五氧化二磷的质量系数；

　　　500——试样溶液总体积，mL；

　　　　20——吸取试样溶液体积，mL；

　　　$m_{试样}$——测定水溶性磷时，试样的质量，g。

计算结果取小数点后两位，取平行测定的算术平均值为测定结果。

有效磷含量（w）按五氧化二磷（P_2O_5）质量分数计，数值以％表示，按下式计算：

$$w = \frac{(m_3 - m_4) \times 0.03207}{m_{试样} \times (10/250)} \times 100\% = \frac{(m_3 - m_4) \times 0.80175}{m_{试样}}$$

式中　m_3——测定有效磷时所得的磷钼酸喹啉沉淀的质量，g；

　　　m_4——测定有效磷时，空白试验时所得磷钼酸喹啉沉淀的质量，g；

　　　　10——吸取试样溶液体积，mL；

　　　250——试样溶液总体积，mL；

　0.03207——磷钼酸喹啉换算为五氧化二磷的质量系数；

$m_{试样}$——测定有效磷时，试样的质量，g。

计算结果取小数点后两位，取平行测定的算术平均值为测定结果。

7. 允许差

平行测定结果的绝对差值不能大于 0.3%，不同实验室的绝对差值不能大于 0.6%。

进度检查

一、填空题

1. 磷酸一铵、磷酸二铵产品质量国家标准号为＿＿＿＿＿＿＿＿＿＿＿＿＿，其磷含量的测定国家标准号为＿＿＿＿＿＿＿＿＿＿。

2. 有效磷，也称为＿＿＿＿＿＿，是土壤中可被植物吸收的磷组分，包括全部＿＿＿＿＿、部分＿＿＿＿＿＿及＿＿＿＿＿＿，有的土壤中还包括某些沉淀态磷。

3. 在重量法测定磷含量中，EDTA 试剂的作用是＿＿＿＿＿＿＿＿＿＿＿＿＿，喹钼柠酮试剂的作用是＿＿＿＿＿＿＿＿＿＿＿＿＿＿＿＿＿；容量法测定磷含量时中，氢氧化钠溶液的作用是＿＿＿＿＿＿＿＿＿＿＿＿＿＿＿＿＿＿。

4. 在重量法测定磷含量时，生成的沉淀连同滤器置于＿＿＿＿＿＿＿℃干燥箱内，待温度达到＿＿＿＿＿℃后，干燥＿＿＿＿＿min 后，取出置于干燥器内，冷却至室温，称量。

二、判断题

1. 有效磷是指能被植物吸收的磷组分。（   ）
2. 测定磷含量时，可在碱性溶液中提取正磷酸。（   ）
3. 容量法测定磷含量时，氢氧化钠溶液可用量筒加入。（   ）
4. 重量法测定磷含量时，可在常温下进行沉淀。（   ）
5. 容量法测定磷含量时，指示剂可用甲基橙。（   ）

三、简答题

1. 简述实验室中不含二氧化碳水的制备方法。
2. 简述磷钼酸喹啉重量法测定有效磷的基本步骤。

四、计算题

测定用料浆法生产的磷酸一铵中有效磷含量。称取试样 0.9975g，按国家标准 GB/T 10209.2—2010 中的磷钼酸喹啉重量法进行测定，得到磷钼酸喹啉沉淀为 0.5325g。空白试验测得磷钼酸喹啉沉淀为 0.0015g。求这批试样中有效磷含量，并根据 GB/T 10205—2019 标准中技术指标，判断这批磷酸一铵产品的等级。

编号 FJC-111-04

学习单元 10-4　磷酸一铵、磷酸二铵总氮含量测定

学习目标：完成本单元的学习之后，能够掌握蒸馏后滴定法测定总氮含量（仲裁法）的原理及方法，能够熟练运用蒸馏后滴定法测定磷酸一铵、磷酸二铵中总氮含量。

职业领域：化工、石油、环保、医药、冶金、建材等

工作范围：分析

所需仪器、药品和设备

序号	名称及说明	数量
1	蒸馏仪器（参考 GB/T 2441.1—2008《尿素的测定方法 第 1 部分：总氮含量》3.1.3.2 所述）	1 套
2	万分之一分析天平	1 台
3	电炉及石棉网	1 套
4	防溅棒	1 支
5	广泛 pH 试纸	1 盒
6	自动加液器或滴定管	1 支
7	无色滴定管（碱式或两用滴定管）	1 支
8	盐酸（1+1）	适量
9	硫酸铵（优级纯）	适量
10	氢氧化钠溶液（400g/L）	100mL
11	硫酸溶液 $[c(1/2H_2SO_4)=0.5mol/L]$	40mL
12	氢氧化钠标准溶液 $[c(NaOH)=0.5mol/L]$	250mL
13	甲基红-亚甲基蓝混合指示液	50mL

总氮含量指标是考核磷酸一铵、磷酸二铵纯度和肥效的一个重要指标。

一、测定原理

在碱性溶液中蒸馏出氨，用过量的硫酸溶液吸收，在甲基红-亚甲基蓝混合指示剂存在下，用氢氧化钠标准溶液返滴定。

二、操作步骤

1. 试液准备

称取约 1g 试样（精确至 0.0002g）于蒸馏烧瓶中，加 50mL 水和 2mL 盐酸溶液，

摇匀，加水至约 400mL，放入防溅棒一根。

用自动加液器或滴定管精密加入 40.00mL $[c(1/2H_2SO_4)=0.5mol/L]$ 硫酸溶液于接收器中，加水使溶液量能淹没接收器的双连球瓶颈，加 4~5 滴混合指示液。

2. 蒸馏

① 用硅脂涂抹仪器接口，装好蒸馏仪器，并保证仪器所有连接部分密封。

② 通过滴液漏斗往蒸馏烧瓶中加入 25mL 氢氧化钠溶液，在溶液流尽时，加 20~30mL 水冲洗滴液漏斗。滴液漏斗内应存留几毫升溶液。

③ 开启冷却水，加热蒸馏，直到接收器中的收集量达到约 200mL 时，移开接收器，用 pH 试纸检查冷凝管出口的液滴，如无碱性，则结束蒸馏。

3. 滴定

将接收器中的溶液混匀，用氢氧化钠标准溶液滴定，直至溶液呈灰绿色为终点，记录氢氧化钠标准溶液体积（V_2）。

4. 空白试验

除不加试料外，按上述步骤进行空白试验。

三、结果计算

总氮含量（以干基计），以氮（N）的质量分数 w 计，数值以％表示，按下式计算：

$$w=\frac{c(V_1-V_2)\times 0.01401}{m(1-w_{H_2O})}\times 100\%$$

式中　c——测定及空白试验时，使用氢氧化钠标准滴定溶液的浓度，mol/L；

　　　V_1——空白试验时，使用氢氧化钠标准滴定溶液的体积，mL；

　　　V_2——测定时，使用氢氧化钠标准滴定溶液的体积，mL；

0.01401——氮的毫摩尔质量，g/mmol；

　　　m——试样质量，g；

　　　w_{H_2O}——试样的水分，用质量分数表示。

计算结果表示到小数点后两位，取平行测定结果的算术平均值作为测定结果。

平行测定结果的绝对差值不大于 0.2％。

四、注意事项

① 部分试剂和溶液具有腐蚀性，操作时应小心谨慎。如溅到皮肤上应立即用水冲洗或用合适的方式进行处理，严重者应立即治疗。

② 若试样为大颗粒，则应磨细后称量，其方法是取 100g 缩分后的试样，迅速研磨至全部通过 0.5mm 孔径筛，混合均匀。

③ 加热时必须先开启冷却水。

④ 蒸馏装置防漏气。

进度检查

一、填空题

1. 磷酸一铵、磷酸二铵中总氮含量测定的国家标准号是_____，该标准引用了_____中尿素测定_____的方法。

2. 在粒状磷酸一铵、磷酸二铵国家标准中，总氮含量的技术指标是优等品为_____、一等品为_____、合格品为_____。

3. 在_____溶液中蒸馏出_____，用过量_____溶液吸收，然后用标准溶液进行返滴定，在_____指示剂的指示下，溶液由_____变为_____为终点。

二、判断题

1. 氮含量的测定是用氢氧化钠标准溶液进行返滴定。　　　　　　　（　　）
2. 测定总氮含量是通过 HCl 标准溶液滴定。　　　　　　　　　　（　　）
3. 蒸馏后滴定法测定总氮含量是仲裁法。　　　　　　　　　　　　（　　）
4. 蒸馏操作时，先加热后加入氢氧化钠溶液。　　　　　　　　　　（　　）

三、简答题

1. 什么是返滴定法？
2. 简述总氮测定时空白试验的操作方法。

四、计算题

称取磷酸二铵试样 1.005g，采用蒸馏后滴定法测定总氮含量，其消耗氢氧化钠标准滴定溶液（$c=0.4990$mol/L）体积为 23.05mL，其空白试验消耗氢氧化钠标准滴定溶液体积 48.05mL。已知磷酸二铵的水分含量为 2.30%，求磷酸二铵试样干基中总氮含量，并判断该试样的等级。

编号 FJC-111-05

学习单元 10-5　磷酸一铵、磷酸二铵水分测定

学习目标： 通过本单元的学习，能够正确配制卡尔·费休试剂；能够掌握卡尔·费休法与真空干燥法测定磷酸一铵、磷酸二铵中水分的原理和方法。

职业领域： 化工、石油、环保、医药、冶金、建材等

工作范围： 分析

所需仪器、试剂和设备

序号	名称及说明	数量
1	实验室通用仪器	若干
2	离心机	1台
3	卡尔·费休水分仪	1台
4	卡尔·费休试剂	适量
5	甲醇	适量
6	乙醇	适量
7	5A分子筛（在500℃马弗炉中灼烧2h后冷却）	500g
8	二氧六环	适量
9	二水酒石酸钠	适量

一、测定原理

试样中的水分，与已知水滴定度的卡尔·费休试剂进行定量反应，反应式如下：

$$I_2 + SO_2 + H_2O + 3C_5H_5N \longrightarrow 2C_5H_5N \cdot HI + C_5H_5N \cdot SO_3$$
$$C_5H_5N \cdot SO_3 + CH_3OH \longrightarrow C_5H_5NH \cdot OSO_2OCH_3$$

二、操作步骤

1. 卡尔·费休试剂的配制

（1）置670mL甲醇或乙二醇甲醚于干燥的1L带塞的棕色玻璃瓶中，加约85g碘，塞上瓶塞，振荡至碘全部溶解后，加入270mL吡啶，盖紧瓶塞，再摇动至完全混合。用下述方法溶解65g SO_2 于溶液中。

（2）通入 SO_2 时，用橡胶塞取代瓶塞。橡胶塞上装上温度计、进气玻璃管（离瓶底10mm，管径约为6mm）和通大气毛细管。

（3）整个装置及冰浴置于天平上，称量，精确至1g，通过软管使 SO_2 钢瓶（或

SO₂发生器出口）与填充干燥剂的干燥塔及进气玻璃管连接，缓缓打开进气开关。

（4）调节 SO₂ 流速，使其完全被吸收，进气管中液位无上升现象。

（5）随着质量的缓慢增加，调节天平砝码以维持平衡，并使溶液温度不超过 20℃，当质量增加到 65g 时，立即关闭进气开关。

（6）迅速拆去连接软管，再称量玻璃瓶和进气装置，溶解 SO₂ 的质量应为 60～70g。稍许过量无影响。

（7）盖紧瓶塞后，混合溶液，放置暗处至少 24h 后使用。

（8）此试剂滴定度为 3.5～4.5mg/mL。若用甲醇制备，需逐日标定；若乙二醇甲醚制备，则不必时常标定。

2. 卡尔·费休试剂的标定

（1）水-甲醇标准溶液（10g 水/L）的配制　精密移取 1.00mL 纯水于含约 50mL 无水甲醇的充分干燥的 100mL 容量瓶中，用同样的无水甲醇稀释至刻度，混匀。

（2）标定卡尔·费休试剂　用注射器注 10.0mL 甲醇于滴定容器中，用卡尔·费休试剂滴定至电流计指针达到同样偏斜度，并至少保持稳定 1min，记录消耗试剂的体积（V_1），以同样方式，加入 10.0mL 水-甲醇标准溶液，用待标定的卡尔·费休试剂滴定由此加入的已知量水，到电流计指针达到同样偏斜度，至少保持稳定 1min，记录消耗试剂的体积（V_2）。

（3）计算卡尔·费休试剂的滴定度 T

$$T = \frac{100}{V_2 - V_1}$$

式中　100——10mL 水-甲醇标准溶液中所含水的质量，mg；

V_1——滴定 10mL 甲醇消耗卡尔·费休试剂的体积，mL；

V_2——滴定 10mL 水-甲醇标准溶液消耗卡尔·费休试剂的体积，mL。

三、试样的测定

两份试样平行测定。

1. 试样的准备

准确称取水分含量不大于 150mg 的试样 1.5～2.5g（精确至 0.001g）于 125mL 带翻口橡胶塞的锥形瓶中，盖上瓶塞，用注射器注入 50mL 二氧六环（除仲裁外，可用无水甲醇或无水乙醇替代），摇动或振荡几分钟，静置 15min，再摇动或振荡几分钟，待试样稍有沉降，取部分溶液于带翻口橡胶塞的离心管中离心。

2. 测定

通过排泄嘴将滴定容器中残液放完，用注射器经橡胶塞注入 10mL（或按待测试样规定的体积）二氧六环萃取液；打开电磁搅拌器，使萃取液中的微量水反应，加入卡尔·费休试剂，直到电流计指针产生突然偏斜，并至少保持稳定 1min。记录测定时消耗卡尔·费休试剂的体积（V_0）。

同样的方法，测定 10.00mL 二氧六环所消耗的卡尔费休试剂的体积（V_3）。

四、结果计算

试样水含量 X 以质量百分数表示。

$$X = \frac{(V_0 - V_3)T}{2m}$$

式中 m——试样的质量，g；
V_0——测定试样时消耗卡尔费休试剂的体积，mL；
V_3——测定时，空白溶剂消耗卡尔·费休试剂的体积，mL；
T——卡尔·费休试剂的滴定度，mg/mL。

五、注意事项

① 部分溶剂和溶液易燃且对人体有毒有害，操作者应小心谨慎。如溅到皮肤上应立即用水冲洗或用合适的方式进行处理，如有不适应立即就医。

② 为了精确地测定试样的水分，可根据其水含量，称取适量试样，使滴定用去的卡尔·费休试剂的体积能够精密地读出来，必要时，按比例增加试样量和溶剂，并使用合适容积的滴定容器。

③ 若使用的是不同厂家生产的水分测定仪，操作方法参照该仪器的使用说明书。

④ 可依据样品性质选择市场上其他配方的卡尔·费休试剂。

进度检查

一、填空题

1. 卡尔·费休试剂的主要成分有_____、_____和_____三种。

2. 卡尔·费休法测定试样中水分时，可用的萃取液有_____、_____和_____等，它们都需要经过_____处理。

3. 卡尔·费休试剂的滴定度为 4.00mg/mL，其表示_____。

4. 卡尔·费休水分测定仪所用的电极是_____。

5. 卡尔·费休试剂配制好后，盖紧_____，_____溶液，放置_____处至少_____h 后使用。

二、判断题

1. 卡尔·费休试剂中必须要加入吡啶。　　　　　　　　　　　　（　　）
2. 用甲醇配制的卡尔·费休试剂在每次使用时都需标定浓度。　（　　）
3. 标定卡尔·费休试剂可用普通甲醇试剂。　　　　　　　　　　（　　）
4. 卡尔·费休试剂可用自来水进行标定。　　　　　　　　　　　（　　）

三、简答题

1. 简述卡尔·费休法的适用范围。
2. 简述卡尔·费休水分测定仪的操作步骤。

四、计算题

1. 根据国家标准 GB/T 6283—2008 标定一批卡尔·费休试剂。准确称得 0.2505g 酒石酸钾钠，加入 KF-1 卡氏水分测定仪的反应瓶中，用卡尔·费休试剂滴定至终点。共消耗卡氏试剂 7.60mL，计算这批卡氏试剂的滴定度。

2. 根据 GB/T 10209.3—2010 测定传统法生产的颗粒型磷酸一铵。称取试样 2.250g，用 10.00mL 无水甲醇萃取后，测得其消耗卡氏试剂的体积为 3.50mL。而 10.00mL 无水甲醇消耗卡氏试剂的体积为 0.13m。求磷酸一铵试样中水分含量。已知所用卡氏试剂的滴定度为 3.25mg/mL。

编号 FJC-111-06

学习单元 10-6　磷酸一铵、磷酸二铵粒度测定

学习目标： 完成本单元的学习之后，能够掌握筛分法测定粒度的原理及方法，能够熟练运用筛分法测定磷酸一铵、磷酸二铵的粒度。
职业领域： 化工、石油、环保、医药、冶金、建材等
工作范围： 分析
所需仪器、设备

序号	名称及说明	数量
1	实验室通用仪器	若干
2	试验筛（GB/T 6003.1—2022 R40/3 系列，孔径为 1.00mm、4.00mm 筛子一套，附有筛盖与底盘）	一套
3	感量 0.5g 的天平	1 台
4	振筛机（能垂直和水平振荡）	1 台

一、测定原理

用筛分法将磷酸一铵、磷酸二铵分为不同粒径的颗粒，称量，计算质量分数。

二、操作步骤

将筛子按孔径 1.00mm、4.00mm 依次叠好（大在上，小在下），接上底盘，称量约 200g 样品（精确至 0.5g），将试料置于孔径为 4.00mm 筛子上，盖好筛盖，置于振筛机上，夹紧，振动 5min，或人工筛分。称量通过孔径 4.00mm 筛子及底盘中试样质量，夹在筛孔中的颗粒按不通过计。

三、结果计算

粒度 w，以 1.00～4.00mm 颗粒质量占试料的质量分数（％）表示，按下式计算：

$$w = \frac{m_1 - m_2}{m_1} \times 100\%$$

式中　m_1——试料的质量，g；
　　　m_2——4.00mm 孔径筛子上和底盘上试料质量之和，g。
计算结果表示到小数点后一位。

模块 10　复混肥料的分析

进度检查

一、填空题

1. 试验筛的国家标准是_____。

2. 测定磷酸一铵、磷酸二铵粒度时，选择的筛子粒径为_____和_____两种筛子。

3. 测定磷酸一铵、磷酸二铵粒度时，称取样品约_____，振动的时间为_____min。

二、判断题

1. 粒度越大，化肥的肥效越好。（ ）

2. 测定粒度时，可用人工筛分。（ ）

3. 筛分的时间越长，测得的粒度越大。（ ）

三、简答题

1. 化肥粒度大小对施肥效果的影响有哪些？

2. 简述筛分法测定化肥粒度的适用范围。

复混肥料分析技能考试内容及评分标准　　　　　磷酸三铵

模块 11　煤的分析

学习单元 11-1　煤工业分析的国家标准

编号 FJC-112-01

学习目标：完成了本单元的学习之后，掌握煤的工业分析的必检项目，能够使用正确的标准进行煤的工业必检项目的分析。

职业领域：化工、环保、食品、医药等

工作范围：分析

所需标准

序号	名称及说明	数量
1	《煤的工业分析方法》GB/T 212—2008	1套

通过本单元的学习，应学会煤的相关指标的分析，了解煤在工业中的应用及对人类社会发展的重要性，知道产品质量对社会生产和生活的重要性，形成质量意识，增强为人民服务的自觉性和使命感。

一、煤的分类

煤是古代的植物埋在地下，在不透空气或空气不足的条件下，受到地下的高温和高压作用年久变质而形成的黑色或黑褐色矿物。

中国的煤炭分类，首先按煤的挥发分，将煤分为褐煤、烟煤和无烟煤；对于褐煤和无烟煤，再分别按其煤化程度和工业利用的特点分为 2 个和 3 个小类；烟煤按挥发分＞10%～20%、＞20%～28%、＞28%～37% 和＞37% 的四个阶段分为低、中、中高及高挥发分烟煤。关于烟煤黏结性，则按黏结指数 G 区分：0～5 为不黏结和微黏结煤；＞5～20 为弱黏结煤；＞20～50 为中等偏弱黏结煤；＞50～65 为中等偏强黏结煤；＞65 则为强黏结煤。对于强黏结煤，又把其中胶质层最大厚度 Y＞25mm 或奥亚膨胀度 b＞150%（对于 V_{daf}＞28% 的烟煤，b＞220%）的煤称为特强黏结煤。

在我国的煤类分类国标中还规定，对 G 值大于 85 的烟煤，如果不测 Y 值，也可用奥亚膨胀度 b 值（%）来确定肥煤、气煤与其他煤类的界限，即对 V_{daf}＜28% 的煤，暂定 b＞150% 的为肥煤；对 V_{daf}＞28% 的煤，暂定 b＞220% 的为肥煤（当 V_{daf}＜37% 时）或气肥煤（当 V_{daf}＞37% 时）。当按 b 值划分的煤类与按 Y 值划分的煤类有矛盾时，则以 Y 值确定的煤类为准。因而在确定新分类的强黏结性煤的牌号时，可

只测 Y 值而暂不测 b 值。

二、标准适用范围

GB/T 212—2008 中规定的适用本标准范围为褐煤、烟煤、无烟煤和水煤浆。

三、煤的工业分析相关标准

GB/T 212—2008《煤的工业分析方法》。

四、注意事项

使用标准时要注意标准的适用范围。

进度检查

一、填空题

1. 中国煤炭分类是按照煤的_____来划分。
2. 烟煤按挥发分可分为_____、_____烟煤。

二、判断题

1. GB/T 212—2008 开始实施后，GB/T 534—2001 仍可继续使用。（   ）
2. GB/T 212—2008 是强制性标准。（   ）

编号 FJC-112-02

学习单元 11-2 煤的工业分析中水分的测定

学习目标：完成了本单元的学习之后，能够用空气干燥法测定煤的水分。
职业领域：化学、石油、环保、医药、冶金、建材等工程
工作范围：分析
所需仪器及设备

序号	名称	数量
1	分析天平	1台
2	干燥箱	1台
3	称量瓶（直径40mm，高25mm，并带有严密的磨口盖）	2个
4	干燥器	1个

一、煤的基本知识及其工业分析

煤是由古植物经过复杂的生物化学、物理化学和地球化学作用转变而成的固体有机可燃矿产，由植物变成煤经历了漫长岁月，成煤的过程是植物→泥炭（腐泥）→褐煤→烟煤→无烟煤。

煤可分为可燃物和不可燃物两部分。可燃物主要是有机物，另有少量的无机硫化物，有机物含有碳、氢、氧、氮、硫、磷等元素，其中碳和氢的含量有的达95%以上，少的也占60%以上。不可燃物中除去水分之外，其余是碱金属、碱土金属及铁、铝等的碳酸盐、硅酸盐、磷酸盐、硫酸盐。这些无机物在煤燃烧后转变为灰分。

煤在富氧条件下燃烧，生成二氧化碳和水，并释放出大量的热能。煤中的硫化物也能燃烧放热，但生成物二氧化硫会腐蚀设备和污染环境。煤在燃烧时，其中的水分吸热后蒸发；无机物吸热后变为灰分。所以，煤中的硫化物、水分和无机盐是有害、耗能杂质。

煤在限制供氧并有水蒸气存在时进行燃烧，其气态产物主要是一氧化碳和氢气，常作化工原料或燃料使用。

根据煤的干燥无灰基挥发分等指标，我国煤炭可分为褐煤、烟煤、无烟煤（表11-1），其中褐煤的基本特征是比较疏松，比重较小，水分含量大，灰分含量较高，发热量较低。烟煤比较致密，相对密度较大。无烟煤的特点是黑色，有金属光泽，相对密度大、硬度大、着火点高，导电性强，燃烧时火焰短，不冒烟，既可作一般燃料又可用于气化，工业上用于制造合成氨原料气，低灰、低硫的优质无烟煤可用于制造碳素。

表 11-1　煤的分类

名称	挥发分/%	固定碳/%	发热量/(J/g)
泥煤	>50	50~60	<23000
褐煤	~40	60~70	23000~27200
烟煤	10~40	75~90	27200~37200
无烟煤	<10	>90	33500~35500

1. 煤的工业分析

工业分析也叫技术分析或实用分析，包括煤中水分、灰分、挥发分的测定及固定碳的计算。煤的工业分析是了解煤质特性的主要指标，也是评价煤质的基本依据，根据工业分析的各项测定结果可初步判断煤的性质、种类和各种煤的加工利用效果及其工业用途。

2. 水分测定的意义

水分是一项重要的煤质指标，它在煤的基础理论研究和加工利用中都具有重要的作用，煤的水分对其加工利用、贸易和储存运输都有影响。一般说来水分高并不是一件好事，在煤炭贸易上，煤的水分是一个重要的计质和计量指标，在煤质分析中煤的水分含量是进行不同基的煤质分析结果换算的基础数据。

研究和加工利用中往往要求知道煤在其他状态，如原来状态（发货状态，接收状态和即将投入使用状态），干燥状态和纯煤（无水无矿物质）状态下的组成和特征，但是以上各种状态下的组成和特征，通常是由空气干燥煤样的分析结果来换算，在换算中我们就将以上这些状态称之为"基"。

为了区别以不同的基表示的煤质分析结果，采用以下英文字母，标在有关符号的右下角。规定采用的各种基符号有下列几种：

ad——空气干燥基；

ar——收到基；

d——干燥基；

daf——干燥无灰基。

空气干燥基是以空气湿度达到平衡状态的煤为基准，收到基是以收到状态的煤为基准，干燥基以假想无水状态的煤为基准，干燥无灰基以假想无水无灰状态的煤为基准。

3. 煤的水分

煤的水分有煤的外在水分、内在水分、煤的全水分、空气干燥煤样水分，工业分析中的外在水分是在一定条件下，煤样与周围空气温度达到平衡时所失去的水分，用 M_f 表示，内在水分是在一定条件下，煤样达到干燥状态时所保持的水分，用 M_{inh} 表示。

水分是指煤的外在水分和内在水分的总和，用 M_t 表示，它代表刚开采出来，或使用单位刚刚接收到或即将投入使用状态下的煤的水分。空气干燥煤样水分是用空气干燥煤样（黏度＜0.2mm）的规定条件下测得的水分，用 M_{ad} 表示；一般在分析中，内在水分 M_{inh} 就是空气干燥煤样 M_{ad}。

4. 煤样外在水分含量测定

方法提要：称取一定量粒度小于13mm的煤样，于140℃的干燥箱中干燥1h，然后根据煤样的质量损失计算出水分的质量分数。

测定步骤：用预先干燥并称量过的搪瓷浅盘称取500g粒度为13mm以下收到煤样（精确至0.5g），平摊在搪瓷盘中，放入预先鼓风并加热到135～140℃干燥箱中，在一直鼓风的条件下，干燥1h。从干燥箱中取出搪瓷盘，趁热称量。

收到煤样的外在水分计算：

$$M_{外} = \frac{m_1}{m} \times 100$$

式中　$M_{外}$——收到煤样外在水分的质量分数，%；
　　　m_1——煤样干燥后失去的质量，g；
　　　m——煤样的质量，g。

5. 煤的工业分析中水分的测定方法及方法提要

在 GB/T 212—2008 中规定了三种水分测定方法，即通氮干燥法、微波干燥法和空气干燥法，本学习单元介绍的是空气干燥法。该方法的特点是简单，但由于空气中加热时间较长，煤样易氧化增重，使测定结果偏低，适用范围是烟煤和无烟煤。该方法提要为：称取一定的空气干燥煤样置于105～110℃干燥箱中，在空气气流中干燥到质量恒定，然后根据煤样的质量损失计算出水分的质量分数。

6. 结果计算

$$M_{ad} = \frac{m_1}{m} \times 100$$

式中　M_{ad}——空气干燥煤样的水分含量，%；
　　　m_1——煤样干燥后失去的质量，g；
　　　m——煤样的质量，g。

7. 全水分的计算

全水分等于内在水分和外在水分之和，但不能将它们直接相加，因为用两步法测定煤的全水分，是先以较大粒度如小于13mm煤样进行空气干燥测出外在水分然后将除去外在水分的煤样破碎到较小粒度如小于3mm，在105～110℃下干燥测出内在水分，前者是收到基外在水分，M_f，而后者是空气干燥基内在水分。两者的基准不一致,因而不能直接相加,由于全水分是指原煤样的全水分(即收到基全水分)因而必须先将空气干燥基内在水分换算成收到基内在水分$[M_{inh,ar}=(100-M_f)/100\times M_{inh}]$后才能与收到基外在水分相加得出全水分。

$$M_t = M_f + \frac{100-M_f}{100} \times M_{inh}$$

式中　M_t——全水分含量,%;
　　　M_f——外在水分含量,%。

二、操作步骤

① 预先干燥并称量称量瓶的质量(精确至0.0002g)。

② 用称量瓶称取粒度为0.2mm以下的空气干燥煤样1g±0.1g(精确至0.0002g),平摊在称量瓶中。

③ 打开称量瓶盖,放入预先鼓风(放入前3~5min就开始鼓风),并加热到105~110℃的干燥箱中。

④ 在一直鼓风的条件下。烟煤干燥1h,无烟煤干燥1~1.5h。

⑤ 从干燥箱中取出称量瓶,立即盖上盖子。

⑥ 放入干燥器中冷却至室温(约20min)后称量。

⑦ 进行检查性干燥(水分>2%才进行),每次30min,直到连续两次干燥的质量减少不超过0.001g或质量增加时为止,在后一种情况下,要采用质量增加前一次的质量为计算依据。

三、实际操作

测定煤的水分含量,应符合表11-2中的重复性。

表11-2　测定煤的水分含量的重复性

水分含量(M_{ad})/%	重复性/%
<5	0.20
5~10	0.30
>10	0.40

进度检查

一、填空题

1. 煤是由_____经过复杂的生物化学,物理化学和地球化学作用转变而成的。

2. 按煤的挥发分,我国煤炭可分为_____、_____和无烟煤。

3. 工业分析也叫技术分析或实用分析，包括_____、灰分、_____的测定及固定碳的计算。

4. 空气干燥基是以_____的煤为基准。

5. 煤的水分测定方法有_____法、_____法和_____法。

二、判断题

1. 将煤样放入干燥箱时应将盖子盖好。（   ）

2. 全水分是外在水分与内在水分之和即全水分是将两者直接相加。（   ）

3. 在分析中，内在水分就是空气干燥煤样的水分。（   ）

三、选择题

1. 在加热干燥法测定煤中水分中必须用带鼓风的烘箱，鼓风的目的是促使干燥箱内空气流动，使箱内温度均匀，一般开鼓风的时间为（   ）。

A. 与干燥箱升温同时 B. 煤样放入前 3～5min
C. 煤样放入后 3～5min D. 煤样放入后 5min

2. 某同学在进行煤样中水分的测定，称空样瓶重 21.8574g，加煤样后为 22.8535g，当干燥后再称量为 22.8124g，其中煤样中水分含量为（   ）。

A. 4.11% B. 4.30% C. 4.23% D. 4.43%

3. 上述同学又进行检查性干燥，每次 30min，其数据记录为 22.8150、22.8138、22.8125、22.8126，水分含量为（   ）。

A. 4.1% B. 4.12% C. 4.13% D. 4.23%

4. 空气干燥法由于加热时间较长，煤样氧化增生，其测定结果（   ）。

A. 偏高 B. 偏低 C. 不变 D. 无法确定

编号 FJC-112-03

学习单元 11-3 煤的工业分析中灰分的测定

学习目标：完成了本单元的学习之后，能够用缓慢灰化法测定煤的灰分。
职业领域：化学、石油、环保、医药、冶金、建材等工程
工作范围：分析
所需仪器及设备

序号	名称及说明	数量
1	分析天平	1 台
2	瓷灰皿(45mm×22mm×14mm)	2 个
3	马弗炉[能保持温度为(815±10)℃]	1 台
4	干燥器(内装变色硅胶或无水氯化钙)	1 个

一、灰分测定的基础知识

1. 煤的灰分

煤的灰分不是煤中的固有成分，而是煤在规定条件下完全燃烧的残留物，它是煤中矿物质在一定条件下经一系列分解、化合等复杂反应而形成的，是煤中矿物质的衍生物。它在组成和质量上都不同于矿物质，但煤的灰分产率与矿物质含量间有一定的相关关系。可以用灰分来估算煤中矿物质含量，煤的矿物质是储存于煤中的无机物，主要包括黏土或页岩、分解石（碳酸钙）、黄铁矿以及其他微量成分，如无机硫酸盐、氯化物等。

2. 灰分测定的意义

煤中灰分是一项在煤质特性和利用中起重要作用的指标。在煤质研究中由于灰分与其他特性，如碳量、发热量、结渣性、活性及可磨性等有不同程度的依赖关系，因此可以通过它来研究上述特性，由于煤灰是煤中矿物质的衍生物，可以用它来计算煤中矿物质的含量，在煤的燃烧和气化中，根据煤灰含量以及它的熔点、黏度、导电性和化学组成等特性来预测燃烧和气化中可能出现的腐蚀、沾污、结渣问题，并据此进行炉型选择和煤灰渣利用研究，煤的灰分含量越高，有效碳的产率就越低。在商业上根据灰分来定级论评。

3. 灰分的测定方法

灰分的测定方法有缓慢灰化法和快速灰化法，缓慢灰化法为仲裁法。本学习单元

介绍的是缓慢灰化法。

称取一定量的空气干燥煤样,放入马弗炉中,以一定的速度加热到815℃±10℃,灰化并灼烧到质量恒定,以残留物的质量占煤样质量的比例作为灰分产率。试验证明,煤中黄铁矿和有机硫在500℃以前就基本上氧化完成,而碳酸钙从500℃开始分解到800℃分解完全,因此,程序应为:煤样放入马弗炉,在30min内室温逐渐加热到500℃(使煤样逐渐灰化,防止爆燃),在500℃停留30min(使有机硫和硫化铁充分氧化并排除),然后再将炉温升到815℃±10℃并保持1h(使碳酸钙分解完全)。

4. 影响灰分测定结果的主要因素

造成灰分测定误差的主要因素有三个:
①黄铁矿氧化程度;②碳酸盐(主要是分解石)分解程度;③灰中固定的硫含量。

二、操作步骤

① 称量预先灼烧至质量恒定的灰皿。
② 小勺取粒度为0.2mm以下空气干燥煤样1g±0.1g于灰皿中称量(精确至0.0002g)。
③ 均匀地摊平在灰皿中,使其每平方厘米的质量不超过0.15g。
④ 将灰皿送入温度不超过100℃的马弗炉中。
⑤ 关上炉门,并使炉门留有15mm左右的缝隙(使炉内空气可自然流通)。
⑥ 不少于30min的时间内将炉温缓慢升至约500℃,在此温度下保持30min。
⑦ 继续升到815℃±10℃,在此温度下灼烧1h。
⑧ 从炉中取出灰皿,放在耐热瓷板或石棉板上。
⑨ 在空气中冷却5min左右。
⑩ 移入干燥器中冷却至室温(约20min)。
⑪ 用分析天平称量。
⑫ 进行检查性灼烧(灰分15%),每次20min,直到连续两次灼烧后的质量变化不超过0.001g为止,用最后一次灼烧的质量为计算依据。

三、结果计算

$$A_{ad} = m_1/m \times 100$$

式中 A_{ad}——空气干燥煤样的灰分产率,%;
  m_1——残留物的质量,g;
  m——煤样的质量,g。

进度检查

一、填空题

1. 造成煤的灰分测定误差的主要因素是_____、_____、_____。
2. 煤的矿物质是存在于煤中的无机物，主要包括黏土或页岩_____、_____以及其他微量成分。

二、判断题

1. 煤的灰分就是煤中的固有成分。　　　　　　　　　　　　　（　　）
2. 煤的灰分是煤中矿物质的衍生物。　　　　　　　　　　　　（　　）
3. 由煤的灰分可算出煤中矿物质的含量。　　　　　　　　　　（　　）
4. 在815℃±10℃保持1h是为了保证煤中硫化物分解完全。　（　　）

三、简答题

1. 为什么煤样的灰皿要铺平？
2. 为什么灰化过程要保持良好的通风状态，你在实验中是如何保持的？

四、实际操作

测定煤的灰分操作，将测定数据结果记录下来，请老师检查。结果应符合表11-3中规定的精密度。

表11-3　煤的灰分测定的精密度

灰分 A_{ad}/%	重复性限/%
<15	0.20
15～30	0.30
>30	0.50

编号 FJC-112-04

学习单元 11-4　煤的工业分析中挥发分的测定

学习目标：完成了本单元的学习之后，能够掌握煤的工业分析中挥发分的测定原理及方法。

职业领域：化学、石油、环保、医药、冶金、建材等工程

工作范围：分析

所需仪器、药品及设备

序号	名称	数量
1	挥发分坩埚（带有配合严密盖的瓷坩埚）	2个
2	马弗炉（能保持温度在900℃±10℃）	1台
3	坩埚架	1个
4	坩埚架夹	1个
5	分析天平（感量为0.0001g）	1台
6	秒表	1块

一、挥发分的基础知识

1. 煤的挥发分

煤样在规定的条件下，隔绝空气加热并进行水分校正后的挥发物质即为挥发分，挥发分主要由水分、碳氢化合物组成，但煤中物理吸附水（包括外在水和内在水）和矿物质二氧化碳不属挥发分之列，所以要对其进行校正。

工业分析中测定的挥发分不是煤中原来固有的挥发性物质，而是煤在严格规定条件下加热时的热分解产物，改变任何试验条件都会给测定带来不同的影响，影响挥发分测定结果的主要因素是加热温度、加热时间、加热速度，以及试验设备的型式和大小。试样容器的材质、形状和尺寸以及容器的支架都会影响测定结果。即测定结果取决于所规定的试验条件。为获得可靠的挥发分结果必须注意：

① 测定温度应严格控制在 900℃±10℃；

② 装有煤样的坩埚放入马弗炉后，炉温应在3min内恢复到900℃±10℃；

③ 总加热时间（包括温度恢复时间）严格控制在7min；

④ 要使用符合GB/T 212—2008规定的坩埚，坩埚盖子必须配合严密；否则会使空气进入，煤样燃烧，导致结果偏高；

⑤ 要用耐热金属做的坩埚，它受热时不能掉皮，若沾在坩埚上会影响测定结果；

⑥ 坩埚从马弗炉取出后，在空气中冷却时间不宜过长，以防焦渣吸水。

2. 测定挥发分的意义

煤的挥发分产率与煤的变质程度有比较密切的关系。随着变质程度的加深，挥发分产率逐渐降低。因此根据煤的挥发分产率可以估计煤的种类，根据挥发分产率和测定挥发分后的焦块特性可以初步决定煤的加工利用途径。挥发分与其他煤质特性指标，如发热量、碳和氢含量都有较好的相关关系，利用挥发分可以计算煤的发热量和碳氢含量。

3. 煤的挥发分测定的方法提要

称取一定量的空气干燥煤样放在带盖的瓷坩埚中，在 900℃±10℃ 温度下，隔绝空气加热 7min，以减少的质量占煤样质量的比例，减去该煤样的水分含量（M_{ad}）作为挥发分产率。

二、操作步骤

① 分析用带盖瓷坩埚须在 900℃ 温度下灼烧至质量恒定。
② 称取粒度 0.2mm 以下的空气干燥煤样 （1＋0.01）g（精确至 0.0002g）于质量恒定的坩埚中。
③ 轻轻振动坩埚，使煤样摊平，盖上盖，放在坩埚架上，放时要注意两个煤样在同一恒温区内即放在一条横线上。
④ 将马弗炉预先加热至 920℃ 左右。
⑤ 左手拿秒表，同时右手用坩埚架夹夹好坩埚。
⑥ 左手打开炉门，迅速将放有坩埚的架子送入恒温区并同时按下秒表，迅速关上炉门，注意放入时不要碰着马弗炉的热电偶。
⑦ 将温度调节至 900℃±10℃，坩埚及架子刚放入后，炉温会有所下降，但必须在 3min 内，使炉温恢复至 900℃±10℃，否则此试验作废。
⑧ 从炉中取出坩埚，并按停秒表，此时正好为准确加热时间 7min。
⑨ 放在空气中冷却 5min 左右。
⑩ 移入干燥器中冷却至室温后（约 20min）称量。
⑪ 根据计算公式算出 V_{ad}。

三、结果计算

空气干燥煤样的挥发分按下式计算

$$V_{ad} = \frac{m_1}{m} \times 100 - M_{ad}$$

式中　V_{ad}——空气干燥煤样的挥发分产率，%；
　　　m_1——煤样加热后减少的质量，g；
　　　m——煤样的质量，g。

进度检查

一、填空题

1. 挥发分主要由 ＿＿＿＿＿＿＿＿＿＿ 、 ＿＿＿＿＿＿＿＿＿＿ 组成。
2. 影响挥发分测定结果的主要因素是 ＿＿＿＿＿＿ 、 ＿＿＿＿＿＿ 、 ＿＿＿＿＿＿ 。

二、判断题

1. 煤样在规定的条件下，隔绝空气加热的挥发物质即为挥发分。　　　　　（　　）
2. 挥发分的测定温度可以是910℃。　　　　　　　　　　　　　　　　　（　　）

三、选择题

1. 将坩埚架放入马弗炉，应在（　　）按下秒表。
   A. 马弗炉外　　　　B. 马弗炉口　　　　C. 马弗炉内放好时　　D. 马弗炉旁边
2. 测定挥发分后发现坩埚盖上有灰白色的物质，这是（　　）引起的。
   A. 加热时间稍稍超过7min　　　　　　B. 坩埚盖子不严，空气浸入坩埚
   C. 加热温度为920℃　　　　　　　　　D. 坩埚盖子未清洗干净
3. 某分析工称取煤样1.0008g，测挥发分后，减少的质量为0.1020g，该煤样的 M_{ad} 为2.31%，其挥发分产率为（　　）。
   A. 10.19%　　　　　B. 7.8%　　　　　C. 8.26%　　　　　D. 9.26%

四、实际操作

测定煤的挥发分操作，并将测定数据结果记录下来，完成后请老师检查，结果应符合表11-4中规定的精密度。

表11-4　煤的挥发分测定精密度

挥发分/%	重复性限/%
<20	0.30
20～40	0.50
>40	0.80

编号 FJC-112-05

学习单元 11-5　煤的工业分析中固定碳的计算

学习目标：完成了本单元的之后，能够掌握煤的固定碳的计算和将空气干燥基换算成其他基的计算。
职业领域：化学、石油、环保、医药、冶金、建材等工程
工作范围：分析

一、煤的固定碳及计算

1. 煤的固定碳

它是煤灰分类、燃烧和焦化中的一项重要指标，煤的固定碳随变质程度的加深而增加，在煤的燃烧中，利用固定碳来计算燃烧设备的效率。煤的固定碳是指从测定煤的挥发分后的残渣中减去灰分后的残留物。

2. 固定碳的计算公式

$$FC_{ad}=100-(M_{ad}+A_{ad}+V_{ad})$$

式中　FC_{ad}——空气干燥煤样的固定碳含量，%；
　　　M_{ad}——空气干燥煤样的水分含量，%；
　　　A_{ad}——空气干燥煤样的灰分产率，%；
　　　V_{ad}——空气干燥煤样的挥发分产率，%。

二、将空气干燥基换算成其他基的计算

1. 收到基煤样的灰分和挥发分

$$X_{ar}=X_{ad}\times(100-M_{ar})/(100-M_{ad})$$

2. 干燥基煤样的灰分和挥发分

$$X_d=X_{ad}\times 100/(100-M_{ad})$$

3. 干燥无灰基煤样的挥发分

$$V_{daf}=V_{ad}\times 100/(100-M_{ad}-A_{ad})$$

式中　X_{ar}——收到基煤样的灰分产率或挥发分产率，%；

　　　X_{ad}——空气干燥基煤样的灰分产率或挥发分产率，%；

　　　M_{ar}——收到基煤样的水分含量，%；

　　　V_{daf}——干燥无灰基煤样的挥发分产率，%；

　　　X_d——干燥基煤样的灰分产率或挥发分产率，%。

进度检查

选择题

有一无烟煤样，工业分析结果是：外在水分为 2.09%，$M=3.43\%$，$V=6.31\%$，$A=14.49\%$。

1. 其收到基煤样的固定碳为（　　）。
A. 72.8%　　　　B. 72.94%　　　　C. 75.77%　　　　D. 73.57%

2. 其干燥基的灰分为（　　）。
A. 15.08%　　　　B. 15.45%　　　　C. 14.57%　　　　D. 15.00%

3. 其干燥无灰基煤样的挥发分为（　　）。
A. 7.47%　　　　B. 7.58%　　　　C. 7.69%　　　　D. 7.82%

4. 其干燥基固定碳为（　　）。
A. 77.36%　　　　B. 78.46%　　　　C. 78.59%　　　　D. 75.77%

5. 其干燥无灰基煤样固定碳为（　　）。
A. 90.36%　　　　B. 92.16%　　　　C. 92.31%　　　　D. 93.57%

学习单元 11-6 煤的工业分析中煤的发热量测定

学习目标： 完成了本单元的学习之后，能够掌握煤的发热量的测定原理及方法。
职业领域： 化学、石油、环保、医药、冶金、建材等工程
工作范围： 分析

一、煤的发热量基本知识

1. 发热量的定义及表示单位

煤的发热量是煤质分析中的一个重要指标，它是燃烧设备热效率计算的基础，动力煤按照煤的发热量计价。

煤的发热量是指单位质量的煤完全燃烧后产生的能量。热量的单位主要有：

（1） J（焦耳） J是国际标准采用的热量单位，也是我国的法定计量单位中的热量单位。

1J＝1N·M(牛顿·米)＝107erg(尔格)

（2） 卡（cal） 过去惯用的热量单位为20℃卡，简称卡（cal）。

1cal＝4.1816J

发热量的单位是焦耳每克（J/g）或千焦耳每千克（kJ/kg）。

2. 发热量的测定

煤的发热量可以由实验方法测得，也可以由工业分析结果计算出。由于实验方法测定的发热量即是氧弹发热量，其操作繁杂，要求严格，需要专门的仪器，使用较不方便。根据煤的水分、灰分、挥发分和固定碳的工业分析结果，按经验公式，也可以计算出其发热量。计算法的结果不够准确，但是能满足使用要求。

3. 由工业分析结果计算

无烟煤样低位发热量的经验计算公式：

$$Q_{net,ar} = (8450 - 86 \times M_{ar} - 24 \times V_{ar} - 92 \times A_{ar}) \times \frac{4.1816}{1000}$$

式中 $Q_{net,ar}$——计算法煤样的低位发热量热值，MJ/kg；

M_{ar}——收到基煤样的水分含量，％；

V_{ar}——收到基煤样的挥发分产率，％；

A_{ar}——收到基煤样的灰分产率,%。

烟煤收到基低位发热量的计算:
$$Q=4.1816\times[100K-(K+6)(M+A)-3V]/1000$$

式中,K 是常数,K 值的确定见表 11-5。

表 11-5 K 值

V% (可燃基)	焦渣特征							
	1	2	3	4	5	6	7	8
10.00-13.50	84.0	84.0	84.5	84.5	84.5	84.5	84.5	84.5
13.51-17.00	80.5	83.5	84.5	85.0	85.0	85.0	85.0	85.0
17.01-20.00	80.0	82.0	83.5	84.0	85.0	85.0	85.0	85.0
20.01-23.00	78.5	81.0	82.5	83.0	84.0	84.0	85.0	85.0
23.01-29.00	76.5	78.5	81.0	82.0	83.5	83.5	84.0	85.0
29.01-32.00	76.5	78.0	80.0	81.0	82.5	82.5	84.0	85.0
32.01-35.00	73.0	77.5	79.0	80.0	81.5	81.5	83.0	83.5
35.01-38.00	73.0	76.5	78.5	79.5	81.0	81.0	82.5	83.0
38.01-42.00	73.0	75.5	78	79.0	80.0	80.0	82.0	82.5
>42.00	72.5	74.5	76.5	77.5	79.5	79.5	81.0	82.0

焦渣特征的分类:

(1) 粉状 全部是粉状,没有相互黏着的颗粒。

(2) 黏着 用手指轻碰即成粉末或者基本上是粉状,其中较大的团块轻轻一碰即成粉状。

(3) 弱黏结 用手指轻压即成小块。

(4) 不熔融黏结 用手指用力压成裂成小块,焦渣上表面无光泽,下表面稍有银白色光泽。

(5) 不膨胀熔融黏结 焦渣形成扁平的块,煤粒的界线不易分清,焦渣上表面有明显银白色金属光泽,下表面银白色光泽更明显。

(6) 微膨胀熔融黏结 用手指压不碎,焦渣的上、下表面均有银白色金属光泽,但焦渣表面具有较小的膨胀泡(或小气泡)。

(7) 膨胀熔融黏结 焦渣上、下表面有银色金属光泽,明显膨胀,但高度不超过 15mm。

(8) 强膨胀熔融黏结 焦渣上、下表面有银色金属光泽,焦渣高度大于 15mm。

4. 氧弹量热法原理

氧弹量热法的基本原理是:煤的发热量在氧弹热量计中进行测定,一定量的分析试样在充有过量氧气的氧弹内燃烧,氧弹热量计的热容量通过在相似条件下燃烧一定量的基准量热物苯甲酸来确定,根据试样燃烧前后量热系统产生的温升,并对点热等附加热进行校正后即可求得试样的发热量。

量热系统在试验条件下温度上升 1K 所需的热量称为热量计的有效热容量（简称热容量），以 J/K 表示。

在氧弹测定中，是量热系统（包括氧弹、水筒及其中的水，搅拌器和温度计）吸收了试样放出的能量，因此，要用已知发热量的基准物（苯甲酸）来标定量热系统每升高 1K 所吸收的热量，此热量就是热容量。

放氧弹的水筒，即量热系统与外界环境会发生热交换，一般把盛有氧弹的水筒放在一个双壁水套（称为外筒）中，通过控制水套的温度来消除量热系统与周围环境的热交换，或经过计算热交换引起的误差进行校正。根据水套温度控制方式的不同，形成了目前通用的两种类型的热量计。

(1) 绝热式热量计　以适当方式使外筒温度在试验过程中始终与内筒温度保持一致，也就是当试样点燃后，内筒温度上升的过程中，外筒温度也跟踪而上。当内筒温度达到最高点而呈现平稳时，外筒温度也达到这个水平并保持恒定，这样，在整个试验过程中，内、外筒温度始终保持一致，从而消除了热交换。

(2) 恒温式热量计　以适当的方式使外筒温度保持恒定不变，以便可以用较简单的计算公式来校正热交换的影响。

这两种方法的差别在于外筒及附属的自动控温装置，其余部分无明显区别。在绝热式量热法中，不必通过冷却校正就可直接由温度升高的度数来计算燃烧的发热量，操作简单，计算容易，但仪器的构造较为复杂，成本较高，且仪器的温度跟踪系统的好坏是影响其准确度的关键，工业用仪器自动控温系统通常较简单，准确度不能满足要求。

恒温式比绝热式多一步冷却校正，因而使恒温式量热法的操作步骤和计算方法都变得较为复杂，测定周期也增加，但恒温式量热法的仪器结构简单，成本低，使用推广方便，准确度也高，用于大量日常的实验工作中。因此，我们主要介绍恒温式量热计。

5. 各种意义的发热量

(1) 弹筒发热量　单位质量的试样在充有过量氧气的氧弹内燃烧，其燃烧产物组成为氧气、氮气、二氧化碳、硝酸和硫酸、液态水以及固定灰时放出的热量称为弹筒发热量，用 Q_b 表示。

(2) 恒容高位发热量　单位质量的试样在充有过量氧气的氧弹内燃烧，其燃烧产物为氧气、氮气、二氧化碳、二氧化硫、液态水以及固态灰时放出的热量称为恒容高位发热量，用 $Q_{gr,V}$ 表示。

(3) 恒容低位发热量　单位质量的试样在充有过量氧气的氧弹内燃烧，其燃烧产物为氧气、氮气、二氧化碳、二氧化硫、气态水以及固态灰时放出的热量称为恒容低位发热量，用 $Q_{net,V}$ 表示。

三者之间的关系：

恒容高位发热量是由弹筒发热量减去硝酸和硫酸校正热后得到的发热量。

恒容低位发热量是由高位发热量减去水汽化热得到的发热量。

工业燃烧设备中所能获得的最大理论热值是低位发热量,因为煤在锅炉里燃烧和在氧弹内燃烧条件不一样,煤在锅炉燃烧所生成的 SO_2、N_2、H_2O 都会随烟道排走,不可能得到硫酸与 SO_2 形成热之差、硝酸形成热和水的汽化热,而这三项在氧弹中都能获得,所以工业燃烧设备的最大理论热值必然是氧弹发热量扣除这三项热量的热值,即低位发热量。

6. 对实验室的要求

① 实验室应设有一单独房间,不得在同一房间内同时进行其他试验项目。

② 室温应无强烈空气对流,不应有强烈的热源和风扇等,试验过程中应避免开门窗。

③ 室温应尽量保持恒定,每次测定室温变化不应超过1K,通常室温以不超出15~30℃范围为宜。

④ 实验室最好朝北,以避免阳光照射,热量计应放在不受阳光直射的地方。

二、测定发热量的仪器设备(以 5E-AC 量热仪为例)

现将量热仪主机结构及各部件功能介绍如下:

(1) 自动恒温桶(包含搅拌器、点火装置等),有台式桶和立式桶两种形式。用于放置氧弹并将其与外界环境隔离,提供水循环系统及自动进水、放水控制。

立体式自动恒温桶的结构示意图如图 11-1 所示。

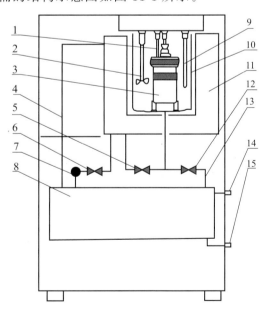

图 11-1 立体式自动恒温桶结构示意图

1—点火电极;2—搅拌器;3—氧弹;4—溢流管;5—平衡阀;6—进水阀;7—进水泵;
8—备用水箱;9—精密感温探头;10—内桶;11—外桶;12—放水阀;13—放水管;14—溢流口;15—放水口

（2）精密感温探头（已装于自动恒温桶内）：温度传感器用于测量内桶水温度。

（3）主板负责桶与计算机之间的接口，读取温度信号，接收并识别控制命令，控制板提供系统电源并控制泵阀、搅拌、点火等执行部件。

（4）氧弹：待测物质的燃烧室。

（5）手持式自动充氧仪：用于向氧弹中充氧。

（6）测试软件：提供人机界面，控制测试过程按要求运行。

（7）计算机（含显示器、键盘、鼠标等）：运行测试软件，存储、打印结果、数据处理等。

（8）打印机：输出报告单。

（9）电子天平（用户选配件）：称量样品重量。

（10）可调定量加液器（用户选配件）：向氧弹内注水。

（11）减压器：将钢瓶压力降到规定压力。

三、分析操作

（1）按顺序接通各部件电源。

（2）运行测试程序，进入"测试"，在氧弹中装入一个废样进行试验，注意观察点火前的水温与室温之差应在 1.5℃ 以内，否则测试结果会有偏差。

（3）半小时后开始称样（样重 1g 左右），如天平与计算机已连好，则可自动输入样重，有关天平的正确使用，请参考其使用说明书。

（4）装样：将氧弹头挂于氧弹支架上，将装有样品的坩埚放在坩埚架上，装好点火丝，点火丝应与样品接触良好或保持微小的距离（对易飞溅和易燃的煤），注意勿使点火丝接触坩埚，以免形成短路而导致点火失败，甚至烧毁坩埚及坩埚架。

往氧弹中加入 10mL 蒸馏水。小心拧紧氧弹盖，注意避免坩埚和点火丝的位置因受振动而改变。

对于易飞溅（挥发分高）的试样，可先用已知质量和热值的擦镜纸包紧，或先在压饼机中压饼并切成 2~4mm 的小块使用；不易燃烧完全的试样，可先在坩埚底垫上一层已在 800℃ 高温下灼烧过 30min 的石棉绒或用擦镜纸包裹；热值低于 18000J/g 的试样应加一定量的苯甲酸，硫含量太高和热值高于 35000J/g 的试样应适当减少样重。

（5）充氧：向上拉动"活动套"将手持式充氧仪套在氧弹头上，然后放下活动套，确保充氧仪锁牢，用手指推动"推杆"，即自动充氧，待充氧仪上压力表指针稳定后再保持 15s 左右即可。

（6）将氧弹放入内桶中的三脚支架上，盖好上盖按"开始试验"，输入"编号、样重"，如有添加物则需输入"添加物重"等数据后按"开始试验"即可。

注意：以上操作过程应尽量少振动氧弹，以避免坩埚和点火丝的位置因受振动而改变，造成点火失败或烧毁坩埚的情况。

（7）试验完成后，取出氧弹，用放气阀将气体放尽，取出氧弹头，仔细观察氧弹内试样是否有溅出或有无炭黑存在，如有则应重做。将氧弹各部件清洗干净并擦干，坩埚放在电炉上烤干并冷却后待用。

注意：清洗氧弹的水要用与室温接近的水，以免氧弹的温度与恒温桶内的水温相差太大，而影响下次试验结果。

（8）重复上述过程直到所有试验完成后，关闭各部件电源，关闭钢瓶总阀门，盖好仪器盖布。

四、结果计算

电脑计算并打印空气干燥煤样弹筒的发热量（用 MJ/kg 表示）。

输入试样收到基水分，空气干燥基水分，全硫和氢元素的质量分数，就可以计算并打出试样高低位的发热量（用 MJ/kg 表示）。

弹筒发热量测定的重现性和再现性见表 11-6。

表 11-6　弹筒发热量测定的重现性和再现性

发热量	重现性	再现性
弹筒的发热量	0.150MJ/kg(36cal/g)	0.300MJ/kg(72cal/g)

进度检查

一、填空题

1. 热量计有效热容量是指量热系统在试验条件下_____所需的热量，单位为_____。

2. 目前常用的氧弹热量计有两种，即_____和_____。

3. 发热量共有_____、_____和_____等三种。

4. 氧弹量热法的基本原理：把一定量的试样放在充有_____的弹筒中燃烧，由燃烧前后_____，可计算出试样的_____。

二、选择题

1. 下列三种发热量大小顺序是（　　）。

A. 弹筒发热量＞恒容高位发热量＞恒容低位发热量

B. 恒容高位发热量＞弹筒发热量＞恒容低位发热量

C. 恒容低位发热量＞弹筒发热量＞恒容高位发热量

D. 不能确定

2. 工业燃烧设备中所能获得的最大理论热值是（　　）。

A. 弹筒发热量　　B. 恒容高位发热量　C. 恒容低位发热量　D. 无法确定

模块 11　煤的分析

学习单元 11-7 库仑滴定法测定煤的全硫量

编号 FJC-112-07

学习目标：完成了本单元的学习之后，能够用库仑滴定法测定煤的全硫量。
职业领域：化学、石油、环保、医药、冶金、建材等工程
工作范围：分析
所需仪器、试剂

序号	名称	数量
1	三氧化钨（化学纯）	2g
2	变色硅胶工业品	50g
3	氢氧化钠（化学纯）	50g
4	碘化钾	5g
5	溴化钾	5g
6	冰乙酸	10mL
7	燃烧舟（长 70～77mm，素瓷或刚玉制品）	1个
8	分析天平	1台
9	以库仑滴定为原理的自动测硫仪	1台

一、煤的全硫含量分析基础知识

1. 煤中全硫测定的意义

硫是煤中的有害元素之一，燃料用煤中的硫在燃烧过程中形成 SO_2、SO_3，不仅腐蚀金属、设备，还造成空气污染。炼焦用煤中的硫直接影响钢铁质量，合成氨原料气中硫含量高则需增加除硫设备，还可能造成合成氨催化剂中毒。因此，了解煤的全硫含量非常重要。

煤的各种形态硫的总和叫全硫，记作 S_t，通常是煤中硫酸盐硫、硫铁矿硫和有机硫的总和。

2. 煤的全硫测定方法原理

煤中全硫的测定可分为重量法和容量法，国家标准关于煤中全硫的测定方法有三种，即艾士卡法、库仑滴定法和高温燃烧中和法，本学习单元介绍的是库仑滴定法，该方法的特点是快速，操作简便但需特殊的仪器才能进行，艾士卡法为仲裁法。

库仑滴定法测定全硫的原理：煤样在 1150℃ 和催化剂的作用下，于空气流中燃烧分解，煤中各种形态硫被氧化和分解为二氧化硫和少量三氧化硫（统称硫氧化物），生成的硫氧化物被碘化钾溶液吸收并与水化合生成亚硫酸和少量硫酸，以电解碘化

钾-溴化钾溶液生成的碘和溴（称电生碘、电生溴）来氧化滴定亚硫酸，根据电解所消耗的电量，计算煤中全硫的含量，具体的反应过程如下：

$$煤 \xrightarrow{1150℃} SO_2 + SO_3 + CO_2 + H_2O + \cdots$$

$$I_3^- + SO_2 + 2H_2O \longrightarrow 3I^- + H_2SO_4 + 2H^+ （氧化-还原）$$

$$Br_3^- + SO_2 + 2H_2O \longrightarrow 3Br^- + H_2SO_4 + 2H^+$$

在电解池中有两对铂电极——指示电极和电解电极，未工作时指示电极对上存在以下动态平衡，即：

$$2I^- - 2e \longrightarrow I_2$$

或

$$2Br^- - 2e \longrightarrow Br_2$$

当 SO_2 进入溶液后与 $I_2(Br_2)$ 发生反应，上述平衡被破坏，指示电极对电位改变，此信号被输送给运算放大器，后者输出一个相应的电流到电解电极，仪器便自动电解碘化钾、溴化钾溶液，生成的碘和溴来氧化滴定亚硫酸，电解反应发生如下：

$$阳极：3I^- - 2e \longrightarrow I_3^-$$

$$3Br^- - 2e \longrightarrow Br_3^-$$

$$阴极：2H^+ + 2e \longrightarrow H_2 \uparrow$$

$I_3^-(Br_3^-)$ 不断生成并不断消耗于滴定二氧化硫，直到 SO_2 不再进入电解池，此时电解产生的 I_3^- 和 Br_3^- 不再被消耗，又恢复到滴定前的浓度并重新建立动态平衡，滴定自动停止。电解所消耗的电量由库仑积分仪积分，根据法拉第电解定律给出含硫量，并在计算机屏幕上显示含硫量动态积累情况。

煤样在高温下燃烧生成 SO_2 和 SO_3 间存在一个可逆平衡，$SO_2 + 1/2O_2 \rightleftharpoons SO_3$，通过计算，在1150℃和用空气燃烧煤样时，$SO_3$ 的生成率为3%左右，而 SO_3 与 I_3^- 不发生氧化还原反应，所以它不能被库仑法测定。此外，高温燃烧下，煤中氢燃烧生成的水、煤中水和电解池中烧结玻璃熔极处渗入少量的水（电解液），能与 SO_2 和 SO_3 反应，生成亚硫酸或硫酸，吸附在进入电解池前的玻璃管道中，造成测定结果偏低。通过大量试验统计，证明库仑滴定法比艾士卡法结果相对偏低6%，所以，库仑法的结果必须乘以1.06的系数，一般这个系数存在于库仑测硫仪中，显示的含硫量已是经过校正的值。

加入催化剂是在煤样上覆盖一层三氧化钨，从 SO_2 和 SO_3 的可逆平衡来看，要提高 SO_2 的生成率，必须提高温度和保持较低的氧气分压，但温度过高会缩短燃烧管的寿命，三氧化钨是一种非常好的促进硫酸盐硫分解的催化剂，可使煤中硫酸盐硫在较低温度（1150~1200℃）完全分解。要保持较低的氧气分压，就是选用空气作载气而不采用氧气作载气，试验证明，空气流速低于1000mL/min时，有些煤样在5min内燃烧不完全；而且气流速度小，对电解池溶液的搅拌，电生碘和溴的迅速扩散也不利，所以空气流速不能低于1000mL/min，用未经干燥的空气作载气会使 SO_2 在进入电解池前生成 H_2SO_3，吸附在管路上，没有进入电解池使测定结果偏低，所以空气流必须预先干燥。

3. 电解液的配制

在 250mL 蒸馏水中溶解 5gKI 和 5gKBr，然后加入 10mL 冰乙酸，即可配成电解液，电解液在分析中可反复使用，但随着电解液使用次数的增加，由于以下反应的多次进行而使其酸度不断增加。

$$I_2 + H_2SO_3 + H_2O \longrightarrow 2I^- + H_2SO_4 + 2H^+$$

$$Br_2 + H_2SO_3 + H_2O \longrightarrow 2Br^- + H_2SO_4 + 2H^+$$

当电解液呈强酸性后，I^- 和 Br^- 会额外生成 I_2 和 Br_2。

此时 I_2 和 Br_2 不是电解产生的，会导致结果偏低，所以当电解液 pH<1 时应及时更换，每次做试验前应测定电解液的 pH 值。

二、仪器设备

以库仑滴定为原理的自动测硫仪包括下列各部分：

(1) 送样程序控制器　煤样可按指定的程序前进、后退。

(2) 管式高温炉　用硅碳管或硅碳棒作加热元件，有不少于 70mm 长的高温带（1150℃±5℃）。燃烧管需耐温 1300℃ 以上。采用铂铑-铂热电偶。燃烧舟由耐温 1300℃ 以上的瓷制成。

(3) 搅拌器和电解池　搅拌器转速 500r/min，连续可调。电解池高约 12cm，容量 400mL，内安有两块面积为 $150mm^2$ 的铂电解电极和两块面积为 $15mm^2$ 的铂指示电极对。指示电极响应时间应小于 1s。

(4) 库仑积分器　电解电流 0～350mA 范围内积分线性误差应小于 0.1%。配有 4～6 位数字显示器或配有不少于 5 位数字的打印机。

(5) 空气净化系统　由泵抽出的约 1500mL/min 的空气，经内装氢氧化钠及变色硅胶的管净化、干燥。

三、安装和测定步骤

① 仪器的各部件已安装好。
② 打开计算机及送样箱电源，仪器升温（30min）。
③ 当炉温升到 1100℃ 左右时，开动抽气泵和供气泵，将抽气流量调节到 1000mL/min。
④ 关闭电解池与燃烧管间的活塞。
⑤ 如抽气量降到 400mL/min 以下，表示仪器各部件及各接口气密性良好（不漏气），可以进行测定。
⑥ 加电解液：接着打开高温炉与电解池之间的二通阀（此时气体流量计浮子应上升至 1000mL/min），在一边抽气的情况下，打开电解池上的橡胶塞，放上漏斗，

将电解液慢速倒入漏斗内。电解液不宜加得过满，一般超过电极片 3cm 左右即可。加完电解液，关闭除二通阀外的其他进气口。

⑦ 开动电磁搅拌器，调至适当速度，搅拌速度过慢则电解生成的碘无法迅速扩散，会使终点控制失灵，搅拌速度稍快些好，但不能过快，调节流量计，使气流在 1000mL/min 左右（一般不必每次调整）。

⑧ 用分析天平称量空的瓷盘质量（已恒重）。

⑨ 在瓷盘上称取粒度小于 0.2mm 的空气干燥煤样 0.05g（称准至 0.0002g）。

⑩ 在煤样上盖一薄层三氧化钨。

⑪ 将瓷舟置于送样的石英托盘上，待炉温升到 1150℃ 时，开启送样程序控制器，自动进入测试过程，整个试验过程由计算机控制完成。

⑫ 煤样经燃烧后，库仑滴定自动进行，待石英托盘和瓷舟返回原位，电解液回到平衡点后，试验完毕，打印出结果。

⑬ 重复上述步骤，进行下个试样测试，每次开始试验，做一个标准样品，以进行对照。

⑭ 试验完成后，关闭燃烧管与电解池间的活塞。

⑮ 关闭送样箱电源开关。

⑯ 关干燥器电压。

⑰ 关搅拌器电源。

⑱ 放出电解液，并用蒸馏水清洗电解池。

⑲ 返回主菜单，按提示完成关机操作。

进度检查

一、填空题

1. 煤的全硫测定方法有_____、_____和_____。

2. 煤的各形态硫的总和叫_____，记作 S_t，通常是煤中_____、_____和_____的总和。

3. 库仑滴定法测定全硫是使煤样在_____的作用下，在_____中燃烧分解，煤中的硫生成硫氧化物。

4. 电解池中有两对电极，分别为_____电极和_____电极。

二、选择题

1. 三氧化钨在测定中的作用是（　　）。

   A. 氧化　　　　B. 还原　　　　C. 催化　　　　D. 中和

2. 电解液的组成是（　　）。

   A. KI，NaBr，HAc　　　　B. I_2，KBr，HAc

   C. KI，KBr，HAc　　　　D. I_2，HCl，KBr

3. 净化管内装 NaOH 及变色硅胶的作用分别是（　　）。

A. 吸收酸性气体和除微量水　　　　B. 吸收氮氧化物和脱水

C. 吸收 H_2SO_4 和防水　　　　　　D. 防尘

4. 电解液中碘化钾的作用是吸收（　　）。

A. SO_2　　　　B. SO_3　　　　C. H_2SO_4　　　　D. S

三、操作题

完成下列操作，请老师检查以下项目：

1. 配制电解液。

2. 用燃烧盘称取 50mg（精确到 0.0002g），并在煤样上覆盖一层三氧化钨。

3. 加电解液于电解池中。

煤的挥发分测定技能考试内容及评分标准

"碳达峰"与"碳中和"

模块 12　油类产品的分析

编号 FJC-113-01

学习单元 12-1　汽油、柴油、煤油分析的国家标准

学习目标：完成了本单元的学习之后，掌握汽油、柴油、煤油分析的必检项目，能够使用正确的标准进行汽油、柴油、煤油必检项目的分析。

职业领域：化工、环保、食品、医药等

工作范围：分析

所需标准

序号	名称及说明	数量
1	《车用汽油》GB 17930—2016	1 套
2	《车用柴油》GB 19147—2016	1 套
3	《3 号喷气燃料》GB 6537—2018	1 套

油类产品分析能让同学们学会汽油、柴油、喷气燃料等的相关指标的分析，了解油类产品在工业中的应用及对人类社会发展的重要性，让同学们知道产品质量对社会生产和生活的重要性，形成质量意识，增强为人民服务的自觉性和使命感。

一、车用汽油

车用汽油，外观为透明液体，可燃，馏程为 30～220℃，主要成分为 C_5～C_{12} 脂肪烃和环烷烃类，以及一定量的芳香烃。汽油由原油炼制得到的直馏汽油组分、催化裂化汽油组分、催化重整汽油组分等不同汽油组分经精制后与高辛烷值组分调和制得，主要用作点燃式内燃机的燃料。

车用汽油标准的修订、变化主要经历了以下阶段：

第一阶段（1956～1985 年）：1959 年我国发布了首份 SYB 1002—59《普通车用汽油》标准，该标准按马达法辛烷值将含铅汽油牌号规定为 56 号、66 号和 70 号三个牌号。

第二阶段（1986～1999 年）：1986 年发布的 GB 484—86《车用汽油》标准首次按照国际惯例，采用研究法辛烷值划分 90 号和 97 号汽油。在随后 GB 484—89《车用汽油》的修订中，增设了 93 号含铅汽油。考虑到含铅汽油对发动机性能、人体健康和环境的危害，SH 0041—1991《无铅车用汽油》行业标准应运而生。

第三阶段（2000年—），2000年1月1日，我国实施的 GB 17930—1999《车用无铅汽油（Ⅱ）》要求停止生产含铅汽油，同年7月1日停止销售和使用含铅汽油，故将牌号依据研究法辛烷值调整为90号、93号和97号。2000年以来，我国还相继出台了 GB 17930—2006、GB 17930—2011、GB 17930—2013、GB 17930—2016。车用汽油（Ⅵ）按研究法辛烷值分为89号、92号、95号和98号4个牌号。车用汽油（ⅥA）的技术要求见表12-1。

表12-1　车用汽油（ⅥA）的技术要求（GB 17930—2016）

项目		质量指标			试验方法
		89	92	95	
抗爆性 研究法辛烷值(RON)不小于 抗爆指数(RON+MON)/2不小于		89 84	92 87	95 90	GB/T 5487 GB/T 503, GB/T 5487
铅含量/(g/L)	不大于	0.005			GB/T 8020
馏程 10%蒸发温度/℃ 50%蒸发温度/℃ 90%蒸发温度/℃ 终馏点/℃ 残留量/%(体积分数)	不高于 不高于 不高于 不高于 不大于	70 110 190 205 2			GB/T 6536
蒸气压/kPa 11月1日至4月30日 5月1日至10月31日		45～85 40～68			GB/T 8017
实际胶质(mg/100mL) 未洗胶质含量(加入清净剂前) 溶剂洗胶质含量	不大于	30 5			GB/T 8019
诱导期/min	不小于	480			GB/T 8018
硫含量/(mg/kg)	不大于	10			SH/T 0689
博士试验		通过			NB/SH/T 0174
铜片腐蚀(50℃,3h)/级	不大于	1			GB/T 5096
水溶性酸碱		无			GB/T 259
机械杂质及水分		无			目测
苯含量/%(体积分数)	不大于	0.8			SH/T 0713
芳烃含量/%(体积分数)	不大于	35			GB/T 30519
烯烃/%(体积分数)	不大于	18			
氧含量/%(质量分数)	不大于	2.7			NB/SH/T 0663
甲醇含量/%(质量分数)	不大于	0.3			NB/SH/T 0663
锰含量/(g/L)	不大于	0.002			SH/T 0711
铁含量/(g/L)	不大于	0.01			SH/T 0712
密度(20℃)/(kg/m³)		720～775			GB/T 1884, GB/T 1885

二、车用柴油

车用柴油是轻质石油产品的一种，是碳原子数为 $C_{10} \sim C_{22}$ 的烃类混合物，主要由原油蒸馏、催化裂化、热裂化、加氢裂化、石油焦化等过程生产的柴油馏分调配而成，也可由页岩油加工和煤液化制取。车用柴油为压燃式柴油发动机的燃料。车用柴油的牌号，按凝点分为 5 号、0 号、-10 号、-20 号、-35 号、-50 号六个牌号。车用柴油（Ⅵ）的技术要求见表 12-2。

表 12-2 车用柴油（Ⅵ）的技术要求

项目		5 号	0 号	-10 号	-20 号	-35 号	-50 号	试验方法
氧化安定性(以总不溶物计)/(mg/100mL)	不大于	2.5						SH/T 0175
硫含量/(mg/kg)	不大于	10						SH/T 0689
酸度(以 KOH 计)/(mg/100mL)	不大于	7						GB/T 258
10%蒸余物残炭(质量分数)/%	不大于	0.3						GB/T 268
灰分(质量分数)/%	不大于	0.01						GB/T 508
铜片腐蚀(50℃,3h)/级	不大于	1						GB/T 5096
水分(体积分数)/%		痕迹						GB/T 260
润滑性校正磨痕直径(60℃)/μm	不大于	460						SH/T 0765
多环芳烃含量(质量分数)/%	不大于	7						SH/T 0606
运动黏度(20℃)/(mm²/s)		3.0~8.0	3.0~8.0	2.5~8.0	2.5~8.0	1.8~7.0	1.8~7.0	GB/T 265
凝点/℃	不高于	5	0	-10	-20	-35	-50	GB/T 510
冷滤点/℃	不高于	8	4	-5	-14	-29	-44	SH/T 0248
闪点(闭口)/℃	不低于	55	55	55	50	45	45	GB/T 261
十六烷值	不小于	51	51	51	49	47	47	GB/T 386
十六烷值指数	不小于	46	46	46	46	43	43	SH/T 0694
馏程： 50%回收温度℃ 90%回收温度℃ 95%回收温度℃	不高于 不高于 不高于	300 355 365						GB/T 6536
密度(20℃)/(kg/m³)		810~845	810~845	810~845	790~840	790~840	790~840	GB/T 1884 GB/T 1885
脂肪酸甲酯(体积分数)/%	不大于	1.0						NB/SH/T 0916

三、喷气燃料（航空煤油）

喷气燃料又称航空煤油，是轻质石油产品的一种，分宽馏分型（沸点 60~280℃）和煤油型（沸点 150~315℃）两大类，广泛用于各种喷气式飞机。喷气燃料还可分为军用型和民用型两大类。民用型喷气燃料按照产品特性可分为1号、2号、3号、4号、5号、6号六种。3号喷气燃料是目前使用最为广泛的一种。3号喷气燃料的技术要求见表12-3。

表12-3 3号喷气燃料的技术要求

项目		质量指标	试验方法
外观		室温下清澈透明,目视无不溶解水及固体物质	目测
颜色	不小于	报告	GB/T 3555
组成			
总酸值(以KOH计)/g	不大于	0.015	GB/T 12574
芳烃含量(体积分数)/%	不大于	20.0	GB/T 11132
烯烃含量(体积分数)/%	不大于	5.0	GB/T 11132
总硫含量(质量分数)/%	不大于	0.20	SH/T 0689
硫醇硫(质量分数)/%	不大于	0.0020	
或博士试验		通过	NB/SH/T 0174
直馏组分(体积分数)/%		报告	—
加氢精制组分(体积分数)/%		报告	—
加氢裂化组分(体积分数)/%		报告	—
挥发性			
馏程:			
初馏点/℃		报告	GB/T 6536
10%回收温度/℃	不高于	205	
20%回收温度/℃		报告	
50%回收温度/℃	不高于	232	
90%回收温度/℃		报告	
终馏点/℃	不高于	300	
残留量(体积分数)/%	不大于	1.5	
损失量(体积分数)/%	不大于	1.5	
闪点(闭口)/℃	不低于	38	GB/T 261
密度(20℃)/(kg/m^3)		775~830	GB/T 1884,GB/T 1885
流动性			
冰点/℃	不高于	−47	GB/T 2430
运动黏度/(mm^2/s)			GB/T 265
−20℃	不大于	8.0	
燃烧性			
净热值/(MJ/kg)	不小于	42.8	GB/T 384
烟点/mm	不小于	25	GB/T 382
或烟点最小为20mm时,			
萘系烃含量(体积分数)/%	不大于	3.0	SH/T 0181
或辉光值	不小于	45	GB/T 11128
腐蚀性			
铜片腐蚀(100℃,2h)/级	不大于	1	GB/T 5096
安定性			
热安定性(260℃,2.5h)			GB/T 9169
压力降/kPa	不大于	3.3	
管壁评级/级		小于3,且无孔雀蓝色或异常沉淀物	

续表

项目	质量指标		试验方法
洁净性			
实际胶质/(mg/100mL)	不大于	7	GB/T 8019
水反应			
界面情况/级	不大于	1b	GB/T 1793
固体颗粒污染物含量/(mg/L)	不大于	1.0	SH/T 0093
导电性			
电导率(20℃)/(pS/m)		50～600	GB/T 6539
水分离指数			
未加抗静电剂	不小于	85	SH/T 0616
或加入抗静电剂	不小于	70	
润滑性			
磨痕直径 WSD/mm	不大于	0.65	SH/T 0687

四、注意事项

使用标准时要注意标准的适用范围。

进度检查

一、填空题

1. 车用汽油的沸点范围为_____。
2. 车用柴油牌号的划分是按_____。
3. 喷气燃料可分为_____类，广泛使用的_____。

二、判断题

1. GB 17930—2016 开始实施后，GB 17930—2013 仍可继续使用。（　　）
2. GB 6537—2006 是强制性标准。（　　）

学习单元 12-2　液体石油产品密度的测定

编号 FJC-113-02

学习目标： 完成了本单元的学习之后，能够用密度计法测定液体石油产品的密度。

职业领域： 化工、环保、食品、医药等

工作范围： 分析

所需仪器

序号	名称及说明	数量
1	密度计（符合 SH/T 0316 或表 12-4 技术要求）	1 支
2	量筒（250mL，2 支）	1 台
3	恒温水浴	1 台
4	温度计（符合表 12-5 技术要求）	1 支
5	玻璃或塑料搅拌棒（长约 450mm）	1 支

一、测定原理

将处于规定温度的试样，倒入温度大致相同的量筒中，放入合适的密度计，静止，当温度达到平衡后，读取密度计读数和试样温度。用《石油计量表》把观察到的密度计读数（视密度）换算成标准密度。必要时，可以将盛有试样的量筒放在恒温浴中，以避免测定温度变化过大。

二、测定步骤

1. 试样的准备

试样必须均化，对黏稠或含蜡的试样，要先加热到能够充分流动，保证既无蜡析出，又不致引起轻组分损失。

将调好温度的试样小心地沿管壁倾入温度稳定、清洁的量筒中，注入量为量筒容积的 70% 左右。若试样表面有气泡聚集时，要用清洁的滤纸除去气泡。将盛有试样的量筒放在没有空气流动并保持平稳的实验台上。

2. 测量试样温度

用合适的温度计垂直旋转搅拌试样，使量筒中试样的温度和密度均匀，记录温

度，准确到0.1℃。

3. 测量密度范围

将干燥、清洁的密度计小心地放入搅拌均匀的试样中。密度计底部与量筒底部的间距至少保持25mm，否则应向量筒注入试样或用移液管吸出适量试样。

4. 调试密度计

选择合适的密度计慢慢地放入试样中，达到平衡时，轻轻转动一下，放开，使其离开量筒壁，自由漂浮至静止状态，注意不要弄湿密度计干管。把密度计按到平衡点以下1～2mm，放开，待其回到平衡位置，观察弯月面形状，如果弯月面形状改变，应清洗密度计干管，重复此项操作，直到弯月面形状保持不变。

5. 读取试样密度

测定不透明的黏稠试样时，要等待密度计慢慢沉入液体中，眼睛在稍高于液面的位置观察，读数。测定透明低黏度试样时，要将密度计在压入液体中约两个刻度，再放开，待其稳定后，使眼睛低于液面的位置，慢慢地升到表面，先看到一个不正的椭圆，然后变成一条与密度计相切的直线，再读数，记录读数，立即小心地取出密度计。

6. 再次测量试样温度

用温度计垂直搅拌试样，记录温度，准确到0.1℃。若与开始试验温度相差大于0.5℃，应重新读取密度和温度，直到温度变化稳定在±0.5℃以内。否则，需将盛有试样的量筒放在恒温浴中，再按步骤2重新操作。

记录连续两次测定的温度和视密度。

7. 数据记录与处理

对温度计读数做有关修正后，记录到接近0.1℃。由于密度计读数是按读取液体下弯月面作为检定标准的，所以对不透明试样，需按表12-4加以修正，记录到0.1kg/m³（0.0001g/cm³）。再根据不同的油品试样，用GB/T 1885—1998《石油计量表》把修正后的密度计读数换算成20℃的标准密度。温度计技术要求见表12-5。

表12-4 密度计的技术要求

型号	单位	密度范围	每支单位	刻度间隔	最大刻度误差	弯月面修正值
SY-02	kg/m³ (20℃)	600～1100	20	0.2	±0.2	+0.3
SY-05		600～1100	50	0.5	±0.3	+0.7
SY-10		600～1100	50	1.0	±1.0	+1.4
SY-02	g/cm³ (20℃)	0.600～1.100	0.02	0.0002	±0.0002	+0.0003
SY-05		0.600～1.100	0.05	0.0005	±0.0003	+0.0007
SY-10		0.600～1.100	0.05	0.0010	±0.0010	+0.0014

表 12-5　温度计技术要求

范围/℃	刻度间隔/℃	最大误差范围/℃
-1~38	0.1	±0.1
-20~102	0.2	±0.15

注：可以使用电阻温度计，只要它的准确度不低于上述温度计。

8. 结束工作

洗涤、整理仪器，打扫卫生，关闭水、电、门、窗。

三、数据记录、处理

1. 数据记录

在石油产品密度试验中，用 SY-05 型石油密度计（测量范围取 800~850kg/m³）测量试样的密度，将读数记录在表 12-6 中。密度测定重复性要求见表 12-7。

表 12-6　石油产品密度测量数据记录表

试验次数	1	2	3
密度/(kg/m³)			
平均密度/(kg/m³)			
试验温度/℃			

表 12-7　密度测定重复性要求

温度范围/℃	透明低黏度试样密度/(kg/m³)	不透明试样密度/(kg/m³)
-2~24.5	0.5	0.6

2. 数据修正

将测定的油品视密度根据 GB/T 1885—1998《石油计量表》修正到 20℃ 的标准密度。当温差在 (20±5)℃ 范围内时，油品密度随温度的变化可近似地看作直线关系，可按下式进行换算，不用再进行查表修正。

$$\rho_{20} = \rho_t + \gamma(t - 20℃)$$

式中　ρ_{20}——标准温度 20℃ 下的密度，kg/m³；

　　　ρ_t——实际温度下的测定密度，kg/m³；

　　　γ——油品密度的平均温度系数，即密度随温度的变化率，g/(cm³·℃)；

　　　t——油品的温度，℃。

油品密度平均温度系数见表 12-8。

表 12-8　油品密度平均温度系数表

密度 ρ_{20}/(g/cm³)	平均温度系数 γ/[g/(cm³·℃)]	密度 ρ_{20}/(g/cm³)	平均温度系数 γ/[g/(cm³·℃)]
0.700~0.710	0.000897	0.850~0.860	0.000699
0.710~0.720	0.000884	0.860~0.870	0.000686
0.720~0.730	0.000870	0.870~0.880	0.000673
0.730~0.740	0.000857	0.880~0.890	0.000660
0.740~0.750	0.000844	0.890~0.900	0.000647
0.750~0.760	0.000831	0.900~0.910	0.000633
0.760~0.770	0.000813	0.910~0.920	0.000620
0.770~0.780	0.000805	0.920~0.930	0.000607
0.780~0.790	0.000792	0.930~0.940	0.000594
0.790~0.800	0.000778	0.940~0.950	0.000581
0.800~0.810	0.000765	0.950~0.960	0.000568
0.810~0.820	0.000752	0.960~0.970	0.000555
0.820~0.830	0.000738	0.970~0.980	0.000542
0.830~0.840	0.000725	0.980~0.990	0.000529
0.840~0.850	0.000712	0.990~1.000	0.000518

取平行测定结果的算术平均值为测定结果。

四、注意事项

（1）在整个试验期间，环境温度变化大于 2℃ 时，要使用恒温浴，以避免测量温度变化过大。

（2）测定透明低黏度试样时，不要将密度计压入液体中过多，以防止干管上多余的液体影响读数。

（3）密度计是易损的玻璃制品，使用时要轻拿轻放，要用脱脂棉或者其他质软的物质擦拭；取出和放入时，用手拿密度计的上部；清洗时应拿其下部，以防止折断。

（4）测定温度前，必须搅拌试样，保证试样混合均匀，记录要准确到 0.1℃。

（5）放开密度计时应轻轻转动一下，要有充分静止时间，让气泡升到表面，并用滤纸除去。

（6）塑料量筒易产生静电，妨碍密度计自由漂浮，使用时要用湿抹布擦拭量筒外壁，消除静电。

（7）根据试样和选用密度计的不同，要规范读数操作。

进度检查

一、填空题

1. 使用密度计时，要用_____擦拭；取出和放入时，用手拿密度计的

_____；清洗时应拿_____，以防止折断。

2. 在测定石油产品密度试验期间，环境温度变化大于_____℃时，要使用恒温浴。

二、判断题

1. 密度计是易损的玻璃制品。　　　　　　　　　　　　　　（　　）
2. 本实验中可以使用电阻温度计。　　　　　　　　　　　　（　　）
3. 密度计读数是按读取液体上弯月面作为检定标准的。　　　（　　）

三、简答题

1. 石油产品密度测量的原理是什么？
2. 如何进行密度计读数？

编号 FJC-113-03

学习单元 12-3　车用汽油蒸气压的测定

学习目标： 掌握车用无铅汽油蒸气压的测定方法和计算方法。掌握雷德蒸气压测定器的使用性能和操作方法。
职业领域： 化工、环保、食品、医药等
工作范围： 分析
所需仪器、试剂

序号	名称及说明	数量
1	雷德蒸气压测定器	1台
2	车用无铅汽油	适量

一、测定原理

将冷却的试样充入蒸气压测定器的汽油室，并将汽油室与37.8℃的空气室相连接。将该测定器浸入恒温浴[(37.8±0.1)℃]，并定期振荡，直至安装在测定器上的压力表压力恒定，压力表读数经修正后即为雷德蒸气压。

二、测定步骤

1. 准备工作

（1）取样　按 GB/T 4756—2015《石油液体手工取样法》进行取样。从油罐车或油罐中取样时，将空的开口式试样容器吊着沉进罐内燃料中，使试样容器中充满燃料。将试样容器提出，倒掉所有燃料以洗涤试样容器。然后将试样容器重新沉入罐内燃料中，应一次放到接近罐底，立即提出。提出后燃料应装至试样容器顶端，再立即倒掉一部分燃料，使试样容器中所装试样的体积在70%～80%，立即用塞子或盖子封闭取样器口。

（2）试样管理　在打开容器之前，试样容器及试样均应冷却至0～1℃。该温度的测定方法是直接测定放在同一冷浴中另一个相同容器内相似液体的温度，该容器的冷却时间与试样容器的冷却时间相同。取样后，试样应置于冷的地方，直至试验全部完成。渗漏容器中的试样不能用于试验。

（3）空气饱和容器中的试样　将装有试样的容器从0～1℃的冷浴中取出，开封检查其容积是否处于70%～80%，若符合要求，立即封口，剧烈振荡后放回冷浴中，

至少振荡 2min。

(4) 汽油室的准备　将开口的汽油室和试样转移连接装置完全浸入冷浴中,放置 10min 以上,使其冷却到 0~1℃。

(5) 空气室的准备　将压力表连接在空气室上,空气室浸入 (37.8±0.1)℃ 的水浴中,使水的液面高出空气室顶部至少 25mm,保持 10min 以上,在汽油室充满试样之前不要将空气室从水浴中取出。

2. 实验步骤:

(1) 试样的转移　准备工作完成后,将试样容器从冷浴中取出,开盖,插入经冷却的试样转移管及空气管。将冷却的汽油室尽快放空,放在试样转移管上。同时将整个装置快速倒置,汽油室应保持直立位置。试样转移管应延伸到离汽油室底部 6mm 处,试样充满汽油室直至溢出,提起试样容器,轻轻叩击试验台使汽油室不含气泡。

(2) 安装仪器　向汽油室补充试样直至溢出,将空气室从 37.8℃ 的水浴中取出,并在 10s 之内使两者连接完毕。

(3) 测定器放入水浴　将安装好的蒸气压测定器倒置,使试样从汽油室进入空气室,在与测定器长轴平行的方向剧烈摇动。然后将测定器浸入温度为 (37.8±0.1)℃ 的水浴中,稍微倾斜测定器,使汽油室与空气室的连接处刚好位于水浴液面下,仔细检查连接处是否漏油,若无异常现象,则把测定器浸入水浴中,使液面高出空气室顶部至少 25mm。

(4) 蒸气压的测定　当安装好的蒸气压测定器浸入水浴 5min 后,轻轻地敲击压力表,观察读数。将测定器取出,倒置并剧烈摇动,然后重新放入水浴中,上述操作的时间越短越好,以避免测定器冷却。为保证达到平衡状态,重复操作至少 5 次,每次间隔时间至少 2min,直至相继两个读数相等为止。上述一系列操作一般需 20~30min,读出最后恒定的表压。压力表刻度为 0.5kPa 的,读至 0.25kPa;刻度为 1~2.5kPa 的,读至 0.5kPa。记录此压力为试样的 "未修正蒸气压"。然后,立即卸下压力表,除去压力表内的液体,用水银压差计对读数进行校正,校正后的蒸气压即为雷德蒸气压。

(5) 仪器的清洗　做完试验后,要及时清洗仪器,为下次试验做好准备。拆开空气室和汽油室,倒掉汽油室中的试样。用约 32℃ 的温水彻底清洗空气室至少 5 次,然后控干。拆下压力表,用反复离心的办法除去残留在波登管中的试样,或将压力表持与两手掌中,表面持与右手,并使表连接装置的螺纹向前,手臂以 45° 角向前上方伸直,让表的接头指向同一方向,然后手臂以约 135° 的弧度向下甩,这样产生的离心力有助于表内液体的倒出,重复操作 3 次,然后用一小股空气吹波登管至少 5min。

三、数据记录

(1) 精密度　用重复性和再现性规定判断试验结果的可靠性 (95% 的置信水平)。

① 重复性：同一操作者使用同一仪器，在恒定的条件下对同一被测物质连续试验两次，其结果之差不应超过表12-9中的数值。

② 再现性：不同实验室工作的不同操作者，使用不同仪器，对同一样品测定的两个单一和独立的试验结果之差不应超过表12-9中的数值。

表 12-9 雷德蒸气压测定结果重复性及再现性要求

雷德蒸气压/kPa		重复性/kPa	再现性/kPa
0～35		0.7	2.4
>35～100	（压力表范围:0～100）	1.7	3.8
	（压力表范围:0～200 或 300）	3.4	5.5
>100～180		2.1	2.8
>180		2.8	4.9
航空汽油(约 50)		0.7	1.0

（2）实验数据　用石油产品蒸气压测定器（压力表量程 0.25MPa，最小刻度 0.002MPa）做车用汽油的雷德蒸气压重复性试验，测得实验数据并记录在表 12-10 中。取平行测定结果的算术平均值为测定结果。

表 12-10 车用汽油蒸气压测量数据记录表

试验次数	1	2
蒸气压/kPa		
平均蒸气压/kPa		

进度检查

一、填空题

1. 汽油饱和蒸气压是在温度为_____的条件下测定的。
2. 测定器置于水浴中时，液面高于测定器顶部_____以上。
3. 汽油室与空气室连接的过程必须在_____内完成。

二、判断题

1. 试样在 37.8℃下用雷德蒸气压测定器所测出的蒸气最大压力，称为雷德蒸气压。　　　　　　　　　　　　　　　　　　　　　　　　　（　）
2. 本实验中测定器可以不用剧烈摇动。　　　　　　　　　　　　　（　）
3. 本实验所用到的车用汽油取样后可以随意放置。　　　　　　　　（　）

编号 FJC-113-04

学习单元 12-4　石油产品馏程测定

学习目标：明确本实验采用恩氏蒸馏法测定直馏汽油的相关规定和具体操作。明确石油产品馏程的定义、初馏点和干点的定义。学会大致判断油品中轻重组分的相对含量。

职业领域：化工、环保、食品、医药等

工作范围：分析

所需仪器和试剂

序号	名称及说明	数量
1	石油产品流程测定器	1套
2	蒸馏温度计	1支
3	普通温度计（0~100℃）	1支
4	蒸馏瓶	2个
5	秒表	1块
6	量筒（1000mL、10mL）	各一个
7	细铁丝（长度650mm）	1根
8	脱脂棉	若干
9	蒸馏水	若干
10	车用汽油（不含水）	若干

一、测定原理

馏程测定原理是将一定量试样在规定的仪器及试验条件下，按适合产品性质的规定条件进行蒸馏，系统地观测并记录温度读数和冷凝物体积。蒸馏残留物和损失体积，然后以这些数据计算出测定结果。

二、基本概念

（1）初馏点　从冷凝管的末端滴下第一滴冷凝液瞬时所观测的校正温度计读数。

（2）干点　最后一滴液体（不包括在蒸馏烧瓶壁或温度测量装置上的任何液滴或液膜）从蒸馏烧瓶中的最低点蒸发瞬时所观测到的校正温度计读数。

（3）终馏点　试验中得到的最高校正温度计读数。

（4）回收分数　在观察温度计读数的同时，在接收量筒内观测得到的冷凝物体积

分数。

（5）残留分数　蒸馏烧瓶冷却后残存于烧瓶内残留物的体积分数。

三、测定步骤

① 用100mL量筒量取（20±3）℃的试样100mL，体积按凹液面的下边缘计算。将试样注入蒸馏烧瓶中，此时应注意蒸馏烧瓶的支管向上，以免试样从支管中流失。

② 向蒸馏烧瓶中放入数粒无釉碎瓷片或者防爆磁石，以免蒸馏时产生突沸。

③ 在蒸馏烧瓶瓶口塞上插有蒸馏温度计的软木塞，使温度计与蒸馏烧瓶的轴心线重合，使温度计水银球的上边缘与蒸馏烧瓶支管焊接处的下边缘在同一水平面上，注意使温度计刻度朝向操作者。

④ 用缠在细铁丝上的棉花擦拭冷凝管的内壁，以除去上次蒸馏遗留的液体或从空气中冷凝下来的水分。（方法是将细铁丝未缠棉花的一端由冷凝管上端插入，当其从冷凝管下端穿出时，即将细铁丝连同另一端的棉花一起拉出来。注意所缠棉花要适量，太多会堵住管口，太少则不能将内壁擦拭完全）

⑤ 将装有试样的蒸馏烧瓶安放在30mm孔径的垫板上。蒸馏烧瓶支管用胶塞与冷凝管上端相接。支管插入冷凝管内长度为25～40mm，注意不要与冷凝管内壁相接触。安装时注意切勿折断支管。

⑥ 将量筒放在冷凝管下端，接收蒸馏出来的液体。冷凝管进入量筒的长度不少于25mm，但也不低于量筒100mL的标线，并注意使冷凝管下端不要接触量筒内壁，以便观察初馏的第一滴液体下落。量筒口部用棉花塞好，以减少轻组分的挥发和防止冷凝管上凝结的水珠落入量筒中。量筒要处于（20±3）℃的环境中。

⑦ 在塞子的连接处均匀涂抹火棉胶密封。

⑧ 将罩子缺缝处的小门打开，将缺缝对准蒸馏烧瓶支管的方向，把罩子从蒸馏烧瓶上部向下套入罩住蒸馏烧瓶，并将缺缝处的小门关闭。

⑨ 检查仪器安装正确后，先记录大气压力，然后打开加热控制仪的电源，调节电流，开始加热，同时开动秒表记录时间。调节电流大小要使加热满足下面要求：从开始加热到落下第一滴馏出液的时间为5～10min。记录第一滴馏出液滴入量筒时蒸馏烧瓶上温度计指示的温度作为初馏点，并记录此时的时间。

⑩ 得到初馏点后移动量筒，使其内部与冷凝管下端接触，让冷凝液沿量筒壁流下，以便读取馏出液体积。此后蒸馏速度要均匀，控制在每分钟馏出4～5mL（即每馏出10mL用2～2.5min）。如开始馏出速度过快，可将电流调小，随着馏出物沸点不断升高，可逐渐加大电流。

⑪ 每馏出10%体积时记录一次温度和时间。

⑫ 当馏出液达到90mL时，立即最后一次加大电流，要求在3～5min内达到干点。记录达到干点的时间和温度。干点定义为温度计水银柱在继续加热的情况下停止上升而开始下降时的最高温度。

⑬ 到达干点后，立即停止加热，让冷凝管中液体流出 5min 后，记录量筒中的馏出液体积。

⑭ 记录以上各数据时，所有读数都要精确到 0.5mL、1℃和 1s。

⑮ 取下罩子，让蒸馏烧瓶冷却 5min 后，将加热电炉降下离开蒸馏烧瓶，从冷凝管上卸下蒸馏烧瓶，取下瓶塞和温度计。将蒸馏烧瓶中的残存物仔细倒入 10mL 的量筒中，待冷却到（20±3）℃时，记录残留物体积，精确至 0.1mL。

⑯ 试样 100mL 减去馏出液和残留物的体积，所得之差就是蒸馏的损失量。

⑰ 将残留物倒入回收容器中。用馏出液洗涤蒸馏烧瓶和 10mL 量筒 2～3 次，并将洗涤液和剩余的馏出液分别倒入相应的回收容器中。

⑱ 待加热电炉温度降至室温，用另一个蒸馏烧瓶重复做一次实验。

四、数据记录

将数据记录在表 12-11 中。

表 12-11 数据记录表

	初馏点	10%	20%	30%	40%	50%	60%	70%	80%	90%	干点
第一次											
第二次											

五、数据处理

① 计算出各点的变化率。
② 绘制馏出量体积-温度变化曲线。

进度检查

一、填空题

1. 从冷凝管的末端滴下第一滴冷凝液瞬时所观测的校正温度计读数被称为_____。

2. 冷凝管进入量筒的长度不少于_____，但也不低于_____的标线。

二、判断题

1. 蒸馏时，蒸馏烧瓶中可以不放入无釉碎瓷片或者防爆磁石。　　（　　）
2. 接收量筒内观测得到的冷凝物体积分数被称为回收分数。　　（　　）

编号 FJC-113-05

学习单元 12-5 石油产品水溶性酸碱测定

学习目标：掌握石油产品水溶性酸碱性测定原理及操作技能。会判断酸碱指示剂指示终点。

职业领域：化工、环保、食品、医药等

工作范围：分析

所需仪器和试剂

序号	名称及说明	数量
1	分液漏斗(250mL 或 500mL)	2个
2	试管(直径 15～20mm,高度 140～150mm,用无色玻璃制成)	3个
3	漏斗(普通玻璃漏斗)	2个
4	量筒(25mL,50mL,100mL)	各一个
5	锥形瓶(100mL 和 250mL)	各一个
6	瓷蒸发皿、电热板及水浴	1套
7	酸度计[具有玻璃-氯化银电极(或者玻璃-甘汞电极),精度为 pH≤0.01pH]	1套
8	甲基橙(配成 0.02%甲基橙水溶液)	若干
9	酚酞(配成 1%酚酞乙醇溶液)	若干
10	95%乙醇(分析纯)	若干
11	滤纸(工业滤纸)	若干
12	蒸馏水	若干
13	0#柴油	若干

一、测定原理

用蒸馏水抽提试样中的水溶性酸碱，然后分别用甲基橙或酚酞指示剂检查抽出溶液颜色的变化情况，以判断油品中有无水溶性酸、碱的存在。

二、测定步骤

（1）将 50mL 试样和 50mL 蒸馏水放入分液漏斗，加热至 50～60℃。对 50℃运动黏度大于 75mm^2/s 的石油产品，应预先在室温下与 50mL 汽油混合，然后加入 50mL 加热至 50～60℃的蒸馏水。

（2）用指示剂测定水溶性酸、碱。向两个试管中分别放入 1～2mL 抽提物，在第一支试管中，加入 2 滴甲基橙溶液，并将它与装有相同体积蒸馏水和 2 滴甲基橙溶液

的另一支试管相比较。如果抽提物呈玫瑰色,则表示所测石油产品中有水溶性酸存在。在第二支试管中加入 3 滴酚酞溶液,如果溶液呈玫瑰色或红色时,则表示有水溶性碱存在。

三、注意事项

(1) 轻质油品中的水溶性酸、碱有时会沉积在盛样容器的底部,因此在取样前应将试样充分摇匀。

(2) 所用的抽提溶剂(蒸馏水、乙醇水溶液)以及汽油等稀释溶剂必须呈中性反应。

(3) 仪器要求必须确保清洁,无水溶性酸、碱等物质存在,否则会影响测定结果的准确性。

(4) 当用水抽提水溶性酸或碱产生乳化现象时,需用 50~60℃ 呈中性的 95% 乙醇与水按 1:1 配制的溶液代替蒸馏水作抽提溶剂,分离试样中的酸、碱。

(5) 指示剂酚酞用 3 滴,甲基橙用 2 滴,不能随意改变用量。

四、数据记录

表 12-12 酸碱指示剂变色范围

指示剂名称	pH 范围及颜色		
甲基橙	<3.1 红色	3.1~4.4 橙色	>4.4 黄色
酚酞	<8.2 无色	8.2~10.0 粉红色	>10.0 紫红色

根据表 12-12 给出的甲基橙和酚酞指示剂的变色范围,将本次实验所看到的现象和得出的结论记录在表 12-13 中。

表 12-13 石油产品水溶液酸碱性测定记录表

试管	试剂	现象	结论
1 号试管(2mL 试样)	酚酞(3 滴)		
2 号试管(2mL 试样)	甲基橙(2 滴)		

进度检查

一、填空题

1. 测定石油产品水溶性酸时,用到的指示剂是_____。
2. 测定石油产品水溶性酸,到达滴定终点时,颜色由_____变为_____。

二、简答题

1. 在试样的准备过程中,需要注意的问题有哪些?
2. 写出测定石油产品水溶性酸碱的原理。

编号 FJC-113-06

学习单元 12-6　石油产品闪点测定（闭口杯法）

学习目标： 掌握闭口闪点的测定方法和有关计算。掌握闭口闪点测定器的测定原理和操作方法。

职业领域： 化工、环保、食品、医药等

工作范围： 分析

所需仪器、试剂

序号	名称及说明	数量
1	闪口闪点测定器	1台
2	温度计	1支
3	车用柴油	适量

一、测定原理

试样在连续搅拌下用缓慢、恒定的速度加热。在规定的温度间隔，同时中断搅拌的情况下，将一小火焰引入杯内，试验火焰引起试样蒸气闪火时的最低温度，即为闭口杯闪点。

二、准备工作

（1）试样脱水　试样含水分超过 0.05%（质量分数）时，必须脱水。脱水是以新煅烧并冷却的食盐、硫酸钠或无水氯化钙为脱水剂，对试样进行处理，脱水后，取试样的上层澄清部分供试验使用。

（2）清洗油杯　油杯要用车用柴油洗涤，再用空气吹干。

（3）装入试样　试样注入油杯时，试样和油杯的温度都不应高于试样脱水的温度。杯中试样要装满到环状标记处，然后盖上清洁、干燥的杯盖，插入温度计，并将油杯放在空气浴中。试验闪点低于 50℃ 的试样时，应预先将空气浴冷却到室温 [(20±5)℃]。

（4）引燃点火器　将点火器的灯芯引火点燃，并将火焰调整到接近球形，其直径为 3~4mm。使用带灯芯的点火器之前，应向点火器中加入燃料（缝纫机油、变压器油等轻质润滑油）。

（5）围好防护屏　为便于观察闪火，闪点测定器要放在避风、较暗处。为更有效地避免气流和光线的影响，闪点测定器应围着防护屏。

(6) 测定大气压　用检定过的气压针,测出试验时的实际大气压力。

三、测定步骤

(1) 控制升温速度　试验闪点低于50℃的试样时,从试验开始到结束,要不断地进行搅拌,并使试样温度每分钟升高1℃。对试验闪火高于50℃的试样,开始加热速度要均匀上升,并定期进行搅拌。到预计闪点前40℃时,调整加热速度,并不断搅拌,以保证在预计闪点前20℃时,升温速度能控制在每分钟2~3℃。

(2) 点火试验　试样温度达到预期闪点前10℃,开始点火试验。对于闪点低于104℃的试样每升高1℃进行一次点火试验;闪点高于104℃的试样,要每升高2℃进行一次试验。

在此期间要不断转动搅拌器进行搅拌,只有在点火时才停止搅拌。点火时,使火焰在0.5s内降到杯上含蒸气的空间中,停留1s,立即迅速回到原位。如果看不到闪火,应继续搅拌试样,并按上述要求重复进行点火试验。

(3) 测定闪点　在试样液面上方最初出现蓝色火焰时,立即读出温度,作为闪点测定结果。继续按步骤(2)所规定的方法进行点火试验,应能再次闪火。否则,应更换试样重新试验,只有试验的结果重复出现,才能确认测定有效。

四、注意事项

(1) 试样含水量　试样含水量大于0.05%时,必须脱水,否则试样受热时,分散在油中的水分会汽化形成水蒸气,有时形成气泡覆盖于液面上,影响油品的正常汽化,推迟闪火时间,使测定结果偏高。

(2) 试样装入量　按要求杯中试样要装至环形刻线处,试样过多,测定结果偏低,反之偏高。

(3) 加热速度　必须严格按标准控制加热速度。加热速度过快,试样蒸发迅速,会使混合气局部浓度达到爆炸下限而提前闪火,导致测定结果偏低;加热速度过慢,测定时间将延长,点火次数增多,消耗了部分油气,使到达爆炸下限的温度升高,则测定结果偏高。

(4) 点火控制　点火用的火焰大小、与试样液面的距离及停留时间都应按标准规定执行。球形火焰直径偏大、与液面距离较近及停留时间过长均会使测定结果偏低;反之,结果偏高。

(5) 打开盖孔时间　打开盖孔时间要控制在1s,不能过长,否则测定结果偏高。

(6) 大气压力　油品的闪点与外界压力有关。气压低,油品易挥发,闪点有所下降;反之,闪点升高。

五、数据记录

(1) 精密度 精密度应符合表 12-14 中的要求。

表 12-14 不同闭口杯闪点范围的精密度要求

闪点范围/℃	精密度	
	重复性允许差值/℃	再现性允许差值/℃
≤104	2	4
>104	6	8

(2) 实验数据 在实验室大气压下用闭口闪点测定器测定车用柴油的闪点,测得实验数据记录在表 12-15 中。

表 12-15 闭口杯法测定车用柴油闪点数据记录表

试验次数	第一次试验	第二次试验
闪点温度/℃		

标准中规定以 101.3kPa 为闪点测定的基准压力,而实际测量是在实验室大气压条件下进行的,因此需要按下式进行压力修正,并以整数报告结果。

$$t_0 = t + 0.25 \times (101.3 - p)$$
$$t = (t_1 + t_2)/2$$

式中 t_0——相当于基准压力(101.3kPa)时的闪点,℃;
  t——实测闪点,℃;
  p——实际大气压,kPa;
  0.25——修正系数,℃/kPa。

进度检查

一、填空题

1. 试样含水分超过_____(质量分数)时,必须脱水。
2. 柴油闪点测定原理是_____。

二、简答题

简述柴油闪点测定过程中的注意事项。

油类产品分析技能考试内容及评分标准

新中国石油战线的铁人王进喜

模块 13　水质分析

编号 FJC-114-01

学习单元 13-1　水质分析的国家标准

学习目标：完成本单元的学习之后，能够查找相应的国家标准，能够解读国家标准并能结合岗位操作规程拟定检测方案。

职业领域：环保、化工

工作范围：分析、环境监测

水，是一切生命之源。有了它，才构成了这个蔚蓝的星球；有了它，整个世界才有了生命的气息；有了它，我们的世界才变得生机盎然；有了它，我们才有了秀美的山川，清澈的溪水，湛蓝的海洋。绿水青山才是金山银山。保护水资源，从你我做起；节约用水，从身边的小事做起。

一、水质分析的国家标准

GB/T 5750.1—2023《生活饮用水标准检验方法　总则》；
GB/T 5750.2—2023《生活饮用水标准检验方法　水样的采集和保存》；
GB/T 5750.3—2023《生活饮用水标准检验方法　水质分析质量控制》；
GB/T 5750.4—2023《生活饮用水标准检验方法　感官性状和物理指标》；
GB/T 5750.5—2023《生活饮用水标准检验方法　无机非金属指标》；
GB/T 5750.6—2023《生活饮用水标准检验方法　金属指标》；
GB/T 5750.7—2023《生活饮用水标准检验方法　有机物综合指标》；
GB/T 5750.8—2023《生活饮用水标准检验方法　有机物指标》；
GB/T 5750.9—2023《生活饮用水标准检验方法　农药指标》；
GB/T 5750.10—2023《生活饮用水标准检验方法　消毒副产物指标》；
GB/T 5750.11—2023《生活饮用水标准检验方法　消毒剂指标》；
GB/T 5750.12—2023《生活饮用水标准检验方法　微生物指标》；
GB/T 5750.13—2023《生活饮用水标准检验方法　放射性指标》。

二、水质和水质污染

水是人类赖以生存的主要物质之一，除供饮用外，还大量用于生活和工农业生产。水质是指水和水中所含的杂质共同表现出来的综合特征。描述水质量的参数称为水质指标。水质检测是指测定水质指标的过程。水质检测包括地表水和地下水检测、水污染源检测和沉积物检测。

由于人类的生活和生产活动，将大量废水、生活用水排入江、河、湖，造成了水源的污染，引起水质恶化。

水质污染分为化学型污染、物理型污染和生物型污染三种主要类型。本模块主要涉及水的物理型污染，包括色度和浊度物质污染、悬浮固体污染、热污染等。色度和浊度物质主要来源于植物的叶、腐殖质、可溶性矿物质、泥沙及有色废水等；热污染是由于将较高温度的废水、冷却水排入水体中造成的，引起水体温度的变化；悬浮固体污染是因生活污水、垃圾和一些工农业生产排放的废物泄入水体或农田水土流失造成的；生活污水、工业废水等排入水体中可造成水体中离子浓度增大而使水体水质污染。

三、水质物理性质检测的基本项目

水质物理性质检测的基本项目包括由于热污染造成的水温变化，需测定水温；由于色度和浊度物质污染造成水体色度、浊度、透明度变化，需测定水样的色度、浊度和透明度；由于悬浮固体污染造成水体悬浮物、残渣过多，测定水样的残渣；由于工农业废水、生活污水的排放造成水体的酸度、离子浓度变化，需测定水样的pH值和电导率等。

本模块主要为大家介绍水质的感官性状和物理指标，包括水的pH、浑浊度、总硬度、悬浮物和总残渣。

1. 水的浑浊度

水的浑浊度简称浊度。它是水质参数之一，反映用水和天然水清亮程度。水的浑浊由微细的悬浮颗粒造成，将用水与已知浊度的标准浑水相比较来测定。

2. 水的总硬度

水的总硬度指水中钙、镁离子的总浓度，其中包括碳酸盐硬度（即通过加热能以碳酸盐形式沉淀下来的钙、镁离子，故又叫暂时硬度）和非碳酸盐硬度（即加热后不能沉淀下来的那部分钙、镁离子，又称永久硬度）。

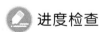 进度检查

一、填空题

1. 水质是指_____。

2. 水质污染的主要类型有_____、_____和_____。

3. 由于将高于常温的废水、冷却水排入水体中造成水体温度的变化而引起的水体污染叫_____。

4. 水样物理性质检测主要有_____、_____等测定。

二、判断题

1. 水样的各项物理性质都必须在取样现场测定。（   ）

2. 水样中色度的变化主要是由于有色废水排入水体中造成的。（   ）

三、简答题

1. 生活饮用水检验指标有哪些？
2. 水中浑浊度的检测方法有哪些？

编号 FJC-114-02

学习单元 13-2　水中 pH 值的测定

学习目标：完成本单元的学习之后，能够熟练掌握酸度计法测定水样的 pH 值的操作，并能加深对 pH 值测定原理的理解。
职业领域：环保、化工
工作范围：分析、环境监测
所需仪器、试剂和设备

序号	名称和说明	数量
1	聚乙烯塑料烧杯(50mL)	2个
2	酸度计及配套电极	1套
3	温度计(100℃)	1支
4	邻苯二甲酸氢钾标准溶液(0.05mol/L)	50mL
5	磷酸二氢钾和磷酸氢二钠标准溶液(0.025mol/L)	50mL
6	硼砂标准溶液(0.01mol/L)	50mL

pH 值是溶液中氢离子活度的负对数，即 $pH=-\lg c(H^+)$。pH 值大小表示水的酸碱性的强弱。

pH 值是最常用的水质指标之一。天然水的 pH 值在 6～9 范围内；饮用水 pH 值要求在 6.5～8.5 之间；某些工业用水的 pH 值必须保持在 7.0～8.5 之间，以防止金属设备或管道被腐蚀。

一、测定原理

测定水样 pH 值的方法有酸碱指示剂法、玻璃电极法和 pH 试纸比色法。本单元讲述用玻璃电极法测定水样 pH 值。玻璃电极法测水样 pH 值基本不受水的颜色、浊度，氧化剂、还原剂等物质的干扰，但温度影响水样的 pH 值测定值，因此在测定时须注意调节仪器的补偿装置与溶液的温度一致，并使被测样品与校正仪器用的标准缓冲溶液温度误差在 1℃ 以内。

玻璃电极法测定 pH 值是以 pH 玻璃电极为指示电极，饱和甘汞电极为参比电极，并将二者与被测定溶液组成测量电池，测定电池的电动势。测定时常用比较法，即先用已知 pH 值的标准缓冲溶液（其 pH 值用 pH_s 表示，测得电动势为 E_s）校正仪器（一般采用两点法校正仪器），再在相同测定条件下测定水样的电动势（记为 E_x），通过下式计算水样的 pH 值（记为 pH_x）：

$$pH_x = pH_s + \frac{E_x - E_s}{0.0592} \quad (298K \text{ 时})$$

若水样的 pH 值太大或太小，则可先稀释水样后再行测定水样 pH 值（记下稀释比），再计算原水样的 pH 值。

水样 pH 值最好在采样现场测定；否则，应在采样后把样品保存在 4℃，并在采样后 6h 之内进行测定。

二、测定步骤

1. 准备

配制好邻苯二甲酸氢钾标准溶液、磷酸二氢钾和磷酸氢二钠标准溶液、硼砂标准溶液。

pH 玻璃电极应预先在蒸馏水中浸泡 24h 以上。按仪器说明书上要求组装好测量电池并预热。

2. 测定

（1）粗测 pH 值　取样品，用 pH 试纸粗测其 pH 值，根据粗测值选取相应的标准缓冲溶液。

（2）仪器校准　用标准溶液校正仪器，该标准溶液与水样 pH 相差不超过 2 个 pH 单位。从标准溶液中取出电极，彻底冲洗并用滤纸吸干。再将电极浸入第二个标准溶液中，若 pH 大致与第一个标准溶液相差 3 个 pH 单位，仪器响应的示值与第二个标准溶液的 pH 值之差大于 0.1pH 单位，就要检查仪器、电极或标准溶液是否存在问题。当三者均正常时，方可用于测定样品。

（3）样品测定　测定样品时，先用纯水认真冲洗电极，再用样品冲洗，然后将电极浸入样品中，小心摇动或进行搅拌使其均匀，静置；再按下酸度计的读数按钮，待读数稳定时记下 pH 值。

3. 水样 pH 值测定练习

采集 250mL 水样并记录该水样的类型、采样地点及时间，测定该水样温度和用 pH 试纸初测水样的 pH 值并记录；调节好酸度计，平行（三次）测定该水样的 pH 值，用算术平均值表示水样的 pH 值。

进度检查

一、填空题

1. 水样 pH 值的测定方法有＿＿＿＿＿＿、＿＿＿＿＿＿和＿＿＿＿＿＿。

2. 酸度计的定位方法可用_____定位和_____定位。

3. 酸度计定位时所用的溶液是 pH 标准缓冲溶液，常用的该溶液有_____、_____和_____等。

二、判断题

1. 酸度计测定水样 pH 值的原理一般叫两次测量法。　　　　（　）
2. 酸度计法测定水样 pH 值不受水样颜色、氧化剂等的干扰。（　）
3. pH 玻璃电极应预先在蒸馏水中浸泡 24h 以上。　　　　　（　）

三、简答题

校正酸度计时如何选择 pH 标准缓冲溶液？

四、操作题

按操作步骤测定水的 pH 值，教师检查下列项目是否正确：

1. 仪器的校准过程。
2. 水样 pH 的测定过程。

编号 FJC-114-03

学习单元 13-3　水中浊度测定

学习目标：完成本单元的学习之后，能够掌握水样浊度的测定方法。
职业领域：环保、化工
工作范围：分析、环境监测

所需仪器、药品

序号	名称和说明	数量
1	具塞比色管（50mL）	适量
2	硫酸肼溶液（10g/L）	适量
3	环六亚甲基四胺溶液（100g/L）	适量
4	福尔马肼标准混悬液	适量

注：1. 硫酸肼溶液（10g/L）：硫酸肼具有致癌毒性，避免吸入、摄入及皮肤接触。
　2. 福尔马肼标准混悬液：分别吸取硫酸肼溶液 5.00mL、环六亚甲基四胺溶液 5.00mL 于 100mL 容量瓶内，混匀，在（25±3）℃放置 24h 后，加入纯水至刻度，混匀。此标准混悬液浑浊度为 400NUT，可使用约一个月。纯水需用 0.2μm 滤膜器过滤。

浊度表现水样中悬浮物对光线透过时所发生的阻碍程度，属于感官性状指标，天然水的浊度是由于水中泥沙、黏土、有机物及微生物等微粒悬浮物所致。水的浊度大小不仅与水中存在颗粒物含量有关，而且与其粒径大小、形状、颗粒表面对光散射特性有密切关系。测定浊度的方法有目视比浊法和散射法，下面为大家介绍目视比浊法。

一、方法原理

硫酸肼与环六亚甲基四胺在一定温度下可聚合生成一种白色的高分子化合物，可用作浑浊度标准，用目视比色法测定水样的浑浊度。

二、测定步骤

吸取浑浊度为 400NUT 的标准混悬液 0.00mL、0.25mL、0.50mL、0.75mL、1.00mL、1.25mL、2.50mL、3.75mL 和 5.00mL，分别置于成套的 50mL 比色管中，加水稀释至刻度，摇匀。得到浊度依次为 0NUT、2NUT、4NUT、6NUT、8NUT、10NUT、20NUT、30NUT、40NUT 的标准混悬液。

取 50mL 摇匀的水样，置于 50mL 比色管中，与浑浊度标准混悬液系列同时振摇均匀后，由管的侧面观察，进行比较。水样的浑浊度超过 40NUT 时，可用纯水稀释后测定。

三、计算

浑浊度结果可于测定时直接比较读取，乘以稀释倍数。不同浑浊度范围的读数精度要求见表 13-1。

表 13-1　不同浑浊度范围的读数精度要求

浑浊度范围/NUT	读数精度/NUT	浑浊度范围/NUT	读数精度/NUT
2～10	1	＞400～700	50
＞10～100	5	700 以上	100
＞100～400	10		

进度检查

一、填空题

1. 浊度是_____。测定浊度的方法主要有_____、_____和_____。

2. 硫酸肼与环六亚甲基四胺在一定温度下可聚合生成一种_____色的高分子化合物，可用作浑浊度标准。

二、判断题

1. 在配制浊度标准溶液时，加氯化汞的作用是防止细菌的生长。　　　　（　　）
2. 水样浊度的测定可用目视比浊法。　　　　（　　）
3. 配制浊度标准溶液所用试剂为白色硅藻土。　　　　（　　）
4. 测定水的浊度时，气泡和振动将会破坏样品的表面，会干扰测定。　　　　（　　）

三、简答题

简述如何获得无浊度水。

四、操作题

按操作步骤测定水的浊度，教师检查下列项目是否正确：

1. 标准混悬液的配制过程。
2. 水样的比浊操作及结果判断。

编号 FJC-114-04

学习单元 13-4　水中总硬度测定

学习目标：完成本单元的学习之后，能够掌握水中总硬度的测定方法。
职业领域：环保、化工
工作范围：分析、环境监测
所需仪器、试剂和设备

序号	名称和说明	数量
1	移液管（100mL）	1支
2	量杯（5mL）	2个
3	滴定管（50mL）	1支
4	锥形瓶（250mL）	3个
5	三乙醇胺溶液（1+2）	适量
6	铬黑T指示剂（5g/L乙醇溶液）	适量
7	EDTA二钠盐标准溶液（0.02500mol/L）	适量
8	氨-氯化铵缓冲溶液（pH=10.0）	适量

水的总硬度是指水中 Ca^{2+}、Mg^{2+} 的总量，它包括暂时硬度和永久硬度。水中 Ca^{2+}、Mg^{2+} 以酸式碳酸盐形式存在的部分，因其遇热即形成碳酸盐沉淀而被除去，故称为暂时硬度；而以硫酸盐、硝酸盐和氯化物等形式存在的部分，因其性质比较稳定，故称为永久硬度。

硬度又分为钙硬和镁硬，钙硬是由 Ca^{2+} 引起的，镁硬是由 Mg^{2+} 引起的。

水硬度是表示水质的一个重要指标。水硬度是形成锅垢和影响产品质量的主要因素。因此，水的总硬度即水中钙、镁总量的测定，能为确定用水质量和进行水的处理提供依据。

一、测定原理

pH=10 左右时，乙二胺四乙酸二钠盐能与水中的钙、镁离子生成稳定的配合物，钙、镁离子也能与指示剂生成配合物，但其稳定性不如 Na_2EDTA 与钙、镁离子所生成的配合物。当用 EDTA-Na 滴定接近终点时，与指示剂配合的钙、镁离子与 EDTA-Na 形成配合物，从而显示出游离指示剂的颜色，指示终点。

二、测定步骤

取水样 100mL 于 250mL 锥形瓶中，加 2～3mL 三乙醇胺溶液和 5mL 氨-氯化铵缓冲溶液,再加铬黑 T 指示剂约两滴,在剧烈摇动下,立即用 EDTA-Na 标准溶液滴定至溶液由酒红色变成纯蓝色即为终点。

三、结果计算

水样中总硬度以 $CaCO_3$ 的质量分数计,按下式计算。

$$X = \frac{cVM}{V_{水}}$$

式中 X——以 $CaCO_3$ 的质量分数计的硬度,mg/L;
V——消耗 Na_2EDTA 标准溶液的体积,mL;
c——Na_2EDTA 标准溶液的浓度,mol/L;
M——碳酸钙的摩尔质量,g/mol;
$V_{水}$——水样的体积,mL。

四、注意事项

① 若水样呈酸性或碱性,应用氢氧化钠或硫酸调至中性,再加缓冲溶液。
② 滴定终点前将溶液加热至 30~40℃终点变化最明显。
③ 若水样中有铁、铝干扰测定时,加掩蔽剂三乙醇胺(1+2)1~3mL。
④ 若水样含有较高的碳酸银,会使终点延长,应事先加酸煮沸驱除二氧化碳,再进行测定。
⑤ 当水样含有较大量的高价锰时,加缓冲溶液和指示剂后呈灰色,再加 10g/L 盐酸羟胺 5 滴将高价锰还原为二价锰,此时锰离子和 Na_2EDTA 发生配合反应,所以滴定结果包括锰离子在内。
⑥ 由于配合滴定反应速度较慢,在近终点时,应逐滴加入 Na_2EDTA,并剧烈摇动,但从加入缓冲溶液开始到滴定完毕不要超过 5min,以便使碳酸钙的沉淀减至最少。

进度检查

一、填空题

1. 水的总硬度包括_____和_____。
2. 用 Na_2EDTA 测定水中总硬度时,加入的是 pH=_____的缓冲溶液。
3. 测定总硬度时,加入三乙醇胺是掩蔽_____,消除对测定的干扰。

二、判断题

1. Na_2EDTA 具有广泛的配合性能,能与大多数的金属离子形成 1∶1 的配合物。
( )

2. 碳酸盐硬度又称"永久硬度"。 （ ）

3. 非碳酸盐硬度是指水中多余的钙、镁离子与氯离子、硫酸根和硝酸根结合，形成的硬度。 （ ）

三、简答题

1. 硬度的标示方法有几种？各是什么？

2. 什么叫缓冲溶液？

四、计算题

吸取水样 25.00mL，加蒸馏水 25.00mL，用 0.1098mol/L 的 Na_2EDTA 标准溶液滴定，消耗 Na_2EDTA 溶液 5.87mL，计算此水样的硬度（以 $CaCO_3$ 表示）。

五、操作题

按操作步骤测定水中的总硬度，教师检查下列项目是否正确：

1. 滴定操作的过程。

2. 结果的计算。

编号 FJC-114-05

学习单元 13-5　水中悬浮物的测定

学习目标： 完成本单元的学习之后，能够掌握水中悬浮物的测定原理和方法。
职业领域： 环保、化工
工作范围： 分析、环境监测
所需仪器和设备

序号	名称和说明	数量
1	电热恒温干燥箱	1台
2	电子分析天平(分度值为0.1mg)	1台
3	干燥器	1个
4	滤膜(孔径0.45μm、直径45～60mm)	1张
5	全玻璃或有机玻璃微孔滤膜过滤器	1个
6	称量瓶(内径为30～50mm)	1个
7	真空泵	1台
8	吸滤瓶	1个
9	扁嘴无齿镊子	1个

水中悬浮物是指水样通过孔径 $0.45\mu m$ 的滤膜，截留在滤膜上并于103～105℃烘干至恒重的固体物质。它包括不溶于水的泥砂、各种污染物、微生物及难溶无机物等。

一、测定步骤

1. 滤膜准备

用扁嘴无齿镊子夹取滤膜放于事先恒重的称量瓶里，移入烘箱中于103～105℃烘干0.5h后取出，置干燥器内冷却至室温，称其质量。反复烘干、冷却、称量，直至两次称量的质量差≤0.0003g。将恒重的滤膜正确地放在滤膜过滤器的滤膜托盘上，加盖配套的漏斗，并用夹子固定好。以蒸馏水湿润滤膜，并不断吸滤。

2. 测定

① 量取充分混合均匀的试样300mL抽吸过滤，使水分全部通过滤膜。
② 再以每次10mL蒸馏水连续洗涤三次，继续吸滤以除去痕量水分。
③ 仔细取出载有悬浮物的滤膜放在原恒重的称量瓶里，移入烘箱中于103～105℃下烘干1h后移入干燥器中，冷却到室温，称其质量。反复烘干、冷却、称量，

直至两次称量的质量差≤0.0003g为止。

注：滤膜上截留的悬浮物过多，可能夹带过多的水分，除延长干燥时间外，还可能造成过滤困难，遇此情况，可酌情少取试样。滤膜上悬浮物过少，则会增大称量误差，影响测定精度，必要时，可增大试样体积。一般以5～100mg悬浮物量作为量取试样体积的范围。

二、结果的表示

悬浮物含量 ρ（mg/L）按下式计算：

$$\rho = \frac{(A-B) \times 10^6}{V}$$

式中　　ρ——水中悬浮物含量，mg/L；
　　　　A——悬浮物+滤膜+称量瓶质量，g；
　　　　B——滤膜+称量瓶质量，g；
　　　　V——水样体积，mL。

以2次平行测定结果的算术平均值作为最终分析结果。2次测定值相对偏差不大于±10%。

三、注意事项

① 样品贮存：采集的水样应尽快分析测定。如需放置，应贮存在4℃冷藏箱中，但最长贮存时间不得超过7天。

② 贮存水样时不能加入任何保护剂，以防止破坏物质在固、液相间的分配平衡。

进度检查

一、填空题

1. 水中悬浮物是指水样通过_____孔径的滤膜，截留在滤膜上并于_____烘干至恒重的固体物质。

2. 水中悬浮物包括_____、_____、_____及_____等。

二、简答题

1. 测定水中悬浮物时应如何确定取样体积？
2. 怎样确定微孔滤膜已恒重？

三、计算题

现测一水样中的悬浮物，取水样100mL，过滤前滤膜和称量瓶质量为55.6275g，过滤后滤膜和称量瓶质量为 55.6506g，求该水样悬浮物的量。

四、操作题

按操作步骤测定水中悬浮物，教师检查下列项目是否正确：

1. 测定操作的过程。
2. 结果的计算。

编号 FJC-114-06

学习单元 13-6　水中总残渣测定

学习目标：完成本单元的学习之后，能够掌握水样残渣的测定原理和方法。
职业领域：环保、化工
工作范围：分析、环境监测
所需仪器和设备

序号	名称和说明	数量
1	电热恒温干燥箱（烘箱）	1台
2	电子分析天平（分度值为0.1mg）	1台
3	干燥器	1个
4	瓷蒸发皿	1个
5	水浴锅	1台

　　残渣分为总残渣、总可滤残渣和总不可滤残渣三种，它们是表示水样溶解性物质、不溶性物质含量的指标。总残渣是指水和废水在一定的温度下蒸发、烘干后剩余的物质，包括总不可滤残渣和总可滤残渣。

一、测定原理

　　将充分混匀的水样，在称至恒重的蒸发皿中于蒸汽浴或水浴上蒸干，放在103～105℃烘箱内烘至恒重，增加的质量为总残渣质量。

二、测定方法

　　将瓷蒸发皿烘干至恒重（两次恒重相差不超过0.4mg），取适量振荡均匀的水样，使残渣量大于25mg，置于上述瓷蒸发皿内，在水浴上蒸干（水浴面不可接触皿底）。移入103～105℃烘箱中烘至恒重（两次恒重相差不超过0.4mg），称取蒸发皿及残渣总质量，增加的质量即为总残渣质量。

三、结果计算

$$\rho = \frac{(A-B) \times 10^6}{V}$$

式中　ρ——总残渣的含量，mg/L；
　　　A——蒸发皿及残渣总质量，g；
　　　B——蒸发皿的质量，g；
　　　V——水样的体积，mL。

进度检查

一、填空题

1. _____ 是表征水中溶解性物质和不溶性物质含量的指标。它分为 _____、_____ 和 _____ 三种。

2. 水样残渣测定涉及烘干操作，一般烘箱温度应控制在 _____ ℃。

3. 测定总不可滤残渣时，至少应经 _____ 次烘干过程。

二、简答题

简述总残渣和总可滤残渣、总不可滤残渣的区别。

水质分析技能考试内容及评分标准

模块 14　水质非金属成分分析

编号 FJC-115-01

学习单元 14-1　水样中非金属成分分析的国家标准

学习目标： 完成本单元的学习之后，能够查找相应的国家标准，能够解读国家标准并能结合岗位操作规程拟定水质非金属成分的检测方案。
职业领域： 化学、石油、环保、医药、冶金、建材等
工作范围： 分析

在本学习单元中，同学们会发现一个有趣的现象：同一个水质指标有多种分析方法，而我们在查阅国标时会发现国标也会与时俱进，进行相应的改变。那么同学们在生活、学习、工作中应不断进行自我修炼，牢固树立终身学习的观念，向着新时代中国特色社会主义接班人的目标不断奋进。

一、溶解氧（DO）

溶解在水中的分子态氧称为溶解氧，用 DO 表示。溶解氧与大气中氧的平衡、温度、气压、盐分有关，清洁地表水的溶解氧一般接近饱和，有藻类生长的水体，溶解氧可能过饱和。水体被有机、无机还原性物质（如硫化物、亚硝酸根、亚铁离子等）污染后，溶解氧下降，可趋近于零。溶解氧是水体污染程度的综合指标，污水中溶解氧的含量取决于污水排出前的工艺过程。

溶解氧的测定方法国家标准有：
《水质　溶解氧的测定　碘量法》（GB 7489—87）；
《水质　溶解氧的测定　电化学探头法》（HJ 506—2009）；
《溶解氧（DO）水质自动分析仪技术要求》（HJ/T 99—2003）。

二、化学需氧量（COD）

化学需氧量（COD）是指在一定条件下，氧化 1L 水样中还原性物质所消耗的氧化剂的量，以氧的量（mg/L）表示。化学需氧量反映了水体受还原性物质污染的程度。水中的还原性物质包括有机物、亚硝酸盐、亚铁盐、硫化物等。水被有机物污染是很普遍的，因此化学需氧量也作为有机物相对含量的指标之一。

化学需氧量是条件性指标，随测定时所用氧化剂的种类、浓度、反应温度和时间、溶液的酸度、催化剂等变化而不同。对于工业废水化学需氧量的测定，国家标准中仅将酸性重铬酸钾法测得值称为化学需氧量。

化学需氧量的测定方法国家标准有：

《水质 化学需氧量的测定 重铬酸盐法》（HJ 828—2017）；

《水质 化学需氧量的测定 快速消解分光光度法》（HJ/T 399—2007）；

《化学需氧量（COD_{Cr}）水质在线自动监测仪技术要求及检测方法》（HJ 377—2019）；

《高氯废水 化学需氧量的测定 氯气校正法》（HJ/T 70—2001）；

《高氯废水 化学需氧量的测定 碘化钾碱性高锰酸钾法》（HJ/T 132—2003）。

三、生化需氧量（BOD）

生化需氧量是指在规定的条件下，微生物分解水中某些可氧化的物质，特别是分解有机物的生物化学过程消耗的溶解氧。通常情况下是指水样充满完全密闭的溶解氧瓶中，在（20±1）℃的暗处培养5d±4h或（2+5)d±4h［先在0~4℃的暗处培养2d，接着在（20±1）℃的暗处培养5d，即培养（2+5)d］，分别测定培养前后水样中溶解氧的质量浓度，由培养前后溶解氧的质量浓度之差，计算每升样品消耗的溶解氧量，以 BOD_5 形式表示。

BOD_5 是反映水体被有机物污染程度的综合指标，也是研究污水的可生化降解性和生化处理效果，以及生化处理污水工艺设计和动力学研究中的重要参数。

生化需氧量的测定方法国家标准有：

《水质 五日生化需氧量（BOD_5）的测定 稀释与接种法》（HJ 505—2009）；

《水质 生化需氧量（BOD）的测定 微生物传感器快速测定法》（HJ/T 86—2002）。

四、氨氮

氨氮是指水中以游离氨（NH_3）和铵离子（NH_4^+）形式存在的氮。

自然地表水体和地下水体中主要以硝酸盐氮（NO_3^-—N）为主，以游离氨（NH_3）和铵离子（NH_4^+）形式存在的氮叫水合氨，也称非离子氨。非离子氨是引起水生生物毒害的主要因素，而铵离子相对基本无毒。氨氮是水体中的营养素，可导致水富营养化现象产生，是水体中的主要耗氧污染物，对鱼类及某些水生生物有毒害。

氨氮的测定方法国家标准有：

《水质 氨氮的测定 蒸馏-中和滴定法》（HJ 537—2009）；

《水质 氨氮的测定 水杨酸分光光度法》（HJ 536—2009）；

《水质 氨氮的测定 纳氏试剂分光光度法》（HJ 535—2009）；
《水质 氨氮的测定 气相分子吸收光谱法》（HJ/T 195—2005）；
《水质 氨氮的测定 流动注射-水杨酸分光光度法》（HJ 666—2013）；
《水质 氨氮的测定 连续流动-水杨酸分光光度法》（HJ 665—2013）；
《氨氮水质在线自动监测仪技术要求及检测方法》（HJ 101—2019）。

五、挥发酚

水中酚类属高毒物质，人体摄入一定量会出现急性中毒症状；长期饮用被酚污染的水，可引起头痛、出疹、瘙痒、贫血及各种神经系统症状。根据酚的沸点、挥发性和能否和水蒸气一起蒸出，分为挥发酚和不挥发酚。通常认为沸点在230℃以下为挥发酚，一般为一元酚；沸点在230℃以上为不挥发酚。

挥发酚的测定方法国家标准有：
《水质 挥发酚的测定 4-氨基安替比林分光光度法》（HJ 503—2009）；
《水质 挥发酚的测定 溴化容量法》（HJ 502—2009）；
《水质 挥发酚的测定 流动注射-4-氨基安替比林分光光度法》（HJ 825—2017）。

六、氰化物

氰化物特指带有氰基（—CN）的化合物，其中的碳原子和氮原子通过三键相连接，可分为无机氰化物和有机氰化物。无机氰化物，是指包含有氰根离子（CN^-）的无机盐，常见的有氢氰酸、氰化钾（钠）、氯化氰。有机氰化物，是由氰基通过单键与另外的碳原子结合而成，如乙腈、丙烯腈、正丁腈等，均能在体内很快析出离子，均属高毒类。

氰化物的测定方法国家标准有：
《水质 氰化物的测定 容量法和分光光度法》（HJ 484—2009）；
《水质 氰化物的测定 流动注射-分光光度法》（HJ 823—2017）；
《水质 氰化物等的测定 真空检测管-电子比色法》（HJ 659—2013）。

七、油类

油类漂浮于水体表面，直接影响空气与水体界面之间的氧交换。分散于水体中的油，常被微生物氧化分解，消耗水中的溶解氧，使水质恶化。另外矿物油中还含有毒性大的芳烃类。

油类的测定方法国家标准有：
《水质 石油类和动植物油类的测定 红外分光光度法》（HJ 637—2018）。

八、阴离子表面活性剂

将在水中电离后起表面活性作用的部分带负电荷的表面活性剂称为阴离子表面活性剂。阴离子表面活性剂是表面活性剂的一类，在水中解离后，生成亲水性阴离子。阴离子表面活性剂分为羧酸盐、硫酸酯盐、磺酸盐和磷酸酯盐四大类，具有较好的去污、发泡、分散、乳化、润湿等特性。在水质分析中的阴离子表面活性剂主要是指直链烷基苯磺酸钠（LAS）、烷基磺酸钠和脂肪醇硫酸钠。

阴离子表面活性剂的测定方法国家标准有：

《水质 阴离子表面活性剂的测定 亚甲蓝分光光度法》（GB 7494—1987）；

《水质 阴离子表面活性剂的测定 流动注射-亚甲基蓝分光光度法》（HJ 826—2017）。

九、砷

砷，是一种非金属元素，在化学元素周期表中位于第 4 周期、第ⅤA 族，原子序数 33，元素符号 As，单质以灰砷、黑砷和黄砷这三种同素异形体的形式存在。元素砷的毒性极低，而化合物均有剧毒，其中三价砷毒性最强。砷及其化合物常被用在农药与许多种类的合金中。

在水质分析中的总砷是指单体形态、无机和有机化合物中砷的总量。

砷的测定方法国家标准有：

《水质 总砷的测定 二乙基二硫代氨基甲酸银分光光度法》（GB 7485—1987）。

十、苯系物

苯系物是苯及其衍生物的总称，广义上的苯系物包括全部芳香族化合物，狭义上包括苯、甲苯、乙基苯、二甲基苯的异构体（邻二甲苯、间二甲苯、对二甲苯）在内的在人类生产生活环境中有一定分布并对人体造成危害的含苯环化合物。

苯系物的测定方法国家标准有：

《水质 苯系物的测定 顶空/气相色谱法》（HJ 1067—2019）。

进度检查

一、填空题

1. 化学需氧量能作为_____ 指标之一。
2. 水质中的氨氮常用的测定方法有_____、_____和_____。

3. BOD$_5$ 是指在_____℃的暗处培养 5d±4h，分别测定培养前后水样中_____，由培养前后溶解氧的质量浓度之差，计算每升样品消耗的溶解氧量，以 BOD$_5$ 形式表示。

二、判断题

1. 工业废水样品应在企业的车间排放口采样。（   ）

2. 测定溶解氧的水样，应带回实验室再固定。（   ）

3. 在 $K_2Cr_2O_7$ 法测定 COD 的回流过程中，若溶液颜色变绿，说明水样的 COD 适中，可继续进行实验。（   ）

三、简答题

1. 化学需氧量的测定原理是什么？

2. 水质中的油类是如何定义的？

四、操作题

试检索测定化学需氧量的国家标准，教师检查：

1. 是否能找到测定化学需氧量的全部国家标准。

2. 是否能正确解读标准。

编号 FJC-115-02

学习单元 14-2　水样中溶解氧 DO 的测定（碘量法）

学习目标：完成本单元的学习之后，能够掌握水样中溶解氧（碘量法）的测定原理及测定方法。

职业领域：化工、环保、食品、医药等

工作范围：分析

所需仪器、试剂和设备

序号	名称及说明	数量
1	碱式滴定管（50mL）	1 支
2	细口玻璃瓶（配瓶盖，250～300mL，校准至 1mL）	1 只
3	无水二价硫酸锰溶液	适量
4	硫代硫酸钠溶液（0.01000mol/L）	适量
5	浓硫酸	适量
6	硫酸溶液（1+1）	适量
7	淀粉溶液（1%）	适量
8	碱性碘化钾溶液	适量
9	水样	适量

注：1. 硫酸锰溶液：称取 480g 硫酸锰（$MnSO_4 \cdot H_2O$）溶于水，用水稀释至 1000mL，此溶液加至酸化过的碘化钾溶液中，遇淀粉不得产生蓝色。

2. 硫代硫酸钠溶液：称取 6.2g 硫代硫酸钠（$Na_2S_2O_3 \cdot 5H_2O$）溶于煮沸放冷的水中，加 0.2g 碳酸钠，用水稀释至 1000mL，储于棕色瓶中，使用前用 0.025mol/L 的重铬酸钾标准溶液标定。

3. 碱性碘化钾溶液：称取 500g 氢氧化钠溶解于 300～400mL 水中，另称取 150g 碘化钾溶于 200mL 水中，待氢氧化钠溶液冷却后，将两溶液合并，摇匀，用水稀释至 1000mL，如有沉淀，则放置过夜后，倾出上层清液，储于棕色瓶中，用橡胶塞塞紧，避光保存，此溶液酸化后，遇淀粉不呈蓝色。

溶解氧测定方法有碘量法和电化学探头法。

碘量法是测定水中溶解氧的基准方法。在没有干扰的情况下，此方法适用于各种溶解浓度大于 0.2mg/L 和小于氧的饱和浓度两倍（约 20mg/L）的水样。易氧化的有机物，如丹宁酸、腐植酸和木质素等会对测定产生干扰。可氧化的硫的化合物，如硫化物硫脲，也如同易于消耗氧的呼吸系统那样产生干扰。当水中含有这些物质时，宜采用电化学探头法。

一、基本原理

水样中加入硫酸锰和碱性碘化钾，水中的溶解氧将二价锰氧化成四价锰，生成氢

氧化物棕色沉淀，加酸后，氢氧化物沉淀溶解并与碘离子反应而释放出与溶解氧量相当的游离碘，以淀粉为指示剂，用硫代硫酸钠滴定释出碘，可计算出溶解氧含量。

$$MnSO_4 + 2NaOH \longrightarrow Na_2SO_4 + Mn(OH)_2 \downarrow$$
$$2Mn(OH)_2 + O_2 \longrightarrow 2MnO(OH)_2 \downarrow (棕色)$$
$$MnO(OH)_2 + 2H_2SO_4 \longrightarrow Mn(SO_4)_2 + 3H_2O$$
$$Mn(SO_4)_2 + 2KI \longrightarrow MnSO_4 + K_2SO_4 + I_2$$
$$2Na_2S_2O_3 + I_2 \longrightarrow Na_2S_4O_6 + 2NaI$$

二、测定步骤

1. 溶解氧固定

用吸液管插入溶解氧瓶的液面下，加入 1mL 硫酸锰溶液，2mL 碱性碘化钾溶液，盖好瓶塞，颠倒混合数次，静置，一般在取样现场固定。

2. 游离碘

打开瓶塞，立即用吸管插入液面下加入 2.0mL 浓硫酸，盖好瓶塞，颠倒混合摇匀，至沉淀全部溶解，放于暗处静置 5min。

3. 测定

吸取 100.00mL 上述溶液于 250mL 锥形瓶中，用硫代硫酸钠标准溶液滴定至溶液呈淡黄色，加 1mL 淀粉溶液，继续测定至蓝色刚好褪去，并记录硫代硫酸钠溶液用量。

三、结果计算

$$DO(O_2, mg/L) = \frac{8cV}{V_{水}} \times 1000$$

式中　　c——硫代硫酸钠标准溶液浓度，mol/L；
　　　　V——滴定消耗硫代硫酸钠标准溶液体积，mL；
　　　　$V_{水}$——水样的体积，mL；
　　　　8——氧换算值，g/mol。

进度检查

一、填空题

1. 稀释水的溶解氧要达到_____mg/L。

2. 溶解氧的固定一般在_____进行。

3. 溶解氧在固定时先加入_____溶液，再加入_____溶液，盖好瓶塞，颠倒数次混合。

二、判断题

1. 测定溶解氧时，在水样有色或有悬浮物的情况下采用明矾絮凝修正法。（　　）

2. 空白试验是指除用纯水代替样品外，其他所加试剂的操作步骤均与样品测定完全相同，空白试验应与样品测定同时进行。（　　）

3. 水样中亚硝酸盐含量高，要采用高锰酸盐修正法测定溶解氧。（　　）

三、简答题

1. 什么叫溶解氧？测定溶解氧的原理是什么？

2. 采样时，为什么要在采样现场将溶解氧固定在水中？

3. 测定时，为什么要先除去水样中的还原性杂质或氧化性杂质？

四、操作题

测定水样中的溶解氧含量，教师检查：

1. 溶解氧固定操作是否规范。

2. 滴定操作是否正确。

编号 FJC-115-03

学习单元 14-3　水样中化学需氧量（COD_{Cr}）的测定

学习目标：完成本单元的学习之后，能够掌握水样中化学需氧量（重铬酸盐法）的测定原理及测定方法。

职业领域：化工、石油、环保、食品、医药、冶金、建材、轻工等

工作范围：分析

所需仪器、药品和设备

序号	名称及说明	数量
1	回流装置（磨口 250mL 锥形瓶的全玻璃回流装置）	2套
2	加热装置	2套
3	酸式滴定管（50mL）	1支
4	硫酸银（分析纯）	适量
5	硫酸汞（分析纯）	适量
6	硫酸（$\rho=18.4$g/mL）	适量
7	硫酸溶液（1+9）	适量
8	硫酸银-硫酸试剂（向 1L 浓硫酸中加入 10g 硫酸银，放置 1~2 天使之溶解，并混匀，使用前小心摇匀）	适量
9	硫酸汞溶液 [$\rho=100$g/L：称取 10g 硫酸汞溶于 100mL 硫酸溶液（1+9）中，混匀]	适量
10	重铬酸钾标准溶液 [$c(\frac{1}{6}K_2Cr_2O_7)=0.250$mol/L：将 12.2580g 在 105℃ 干燥 2h 后的重铬酸钾溶于水中，稀释至 1000mL]	适量
11	重铬酸钾标准溶液 [$c(\frac{1}{6}K_2Cr_2O_7)=0.0250$mol/L：将重铬酸钾标准溶液（$c=0.250$mol/L）稀释 10 倍而成]	适量
12	$c[(NH_4)_2Fe(SO_4)_2 \cdot 6H_2O] \approx 0.05$mol/L 的硫酸亚铁铵标准溶液	适量
13	$c[(NH_4)_2Fe(SO_4)_2 \cdot 6H_2O] \approx 0.005$mol/L 的硫酸亚铁铵标准溶液 [将硫酸亚铁铵标准溶液（$c \approx 0.05$mol/L）稀释 10 倍，用重铬酸钾标准溶液（$c=0.0250$mol/L）标定]	适量
14	试亚铁灵指示剂溶液 [溶解 0.7g 七水合硫酸亚铁（$FeSO_4 \cdot 7H_2O$）于 50mL 的水中，加入 1.5g 1,10-菲啰啉，搅拌至溶解，加水稀释至 100mL]	适量
15	防爆沸玻璃珠	适量

注：1. 硫酸亚铁铵标准溶液：溶解 19.5g 硫酸亚铁铵 [$(NH_4)_2Fe(SO_4)_2 \cdot 6H_2O$] 于水中，加入 10mL 浓硫酸，待其溶液冷却后稀释至 1000mL。每日临用前，必须用重铬酸钾标准溶液（$c=0.0250$mol/L）准确标定此溶液的浓度，标定时应做平行双样。取 5.00mL 重铬酸钾标准溶液（$c=0.250$mol/L）置于锥形瓶中，用水稀释至 50mL，加入 15mL 浓硫酸，混匀，冷却后，加 3 滴试亚铁灵指示剂，用硫酸亚铁铵滴定，溶液的颜色由黄色经蓝绿色变为红褐色，即为终点。记录下硫酸亚铁铵的消耗量 V（mL）。硫酸亚铁铵标准滴定溶液浓度的计算：$c[(NH_4)_2Fe(SO_4)_2 \cdot 6H_2O]=5.00 \times 0.250/V=1.25/V$。

2. 邻苯二甲酸氢钾标准溶液：称取 105℃ 时干燥 2h 的邻苯二甲酸氢钾 0.4251g 溶于水，并稀释至 1000mL，混匀。以重铬酸钾为氧化剂，将邻苯二甲酸氢钾完全氧化的 COD_{Cr} 值为 1.176g 氧/g（指 1g 邻苯二甲酸氢钾耗氧 1.176g），故该标准溶液的理论 COD_{Cr} 值为 500mg/L。

化学需氧量（COD_{Cr}）：在一定条件下，经重铬酸钾氧化处理时，水样中的溶解性物质和悬浮物所消耗的重铬酸盐相对应的氧的质量浓度，以 mg/L 表示。

一、基本原理

水样中加入已知量的重铬酸钾溶液，并在强酸介质下以银盐作催化剂，经沸腾回流后，以试亚铁灵为指示剂，用硫酸亚铁铵滴定水样中未被还原的重铬酸钾，由消耗的重铬酸钾的量计算出消耗氧的质量浓度。

本法适用于地表水、生活污水和工业废水中化学需氧量的测定。当取样体积为 10.0mL 时，本方法的检出限为 4mg/L，测定下限为 16mg/L。未经稀释的水样其测定上限为 700mg/L，超过此限时必须经稀释后测定。

二、测定步骤

1. 采样和样品

水样要采集于玻璃瓶中，应尽快分析。如不能立即分析时，应加入硫酸至 pH<2，置于 4℃下保存。但保存时间不多于 5 天。采集水样的体积不得少于 100mL。

2. 样品测定

（1）COD_{Cr}≤50mg/L 的水样

① 取 10.0mL 水样于锥形瓶中，依次加入硫酸汞溶液、重铬酸钾标准溶液（c=0.0250mol/L）5.00mL 和几颗防爆沸玻璃珠，摇匀。硫酸汞溶液按质量比 $m(HgSO_4)$：$m(Cl^-)$≥20：1 的比例加入，最大加入量为 2mL。

② 将锥形瓶接到回流装置冷凝管下端，接通冷凝水。从冷凝管上端缓慢加入 15mL 硫酸银-硫酸试剂，以防止低沸点有机物的逸出，不断旋动锥形瓶使之混合均匀。自溶液开始沸腾起回流 2h。

③ 回流冷却后，自冷凝管上端加入 45mL 水冲洗冷凝管，使溶液体积在 70mL 左右，取下锥形瓶。

④ 溶液冷却至室温后，加入 3 滴试亚铁灵指示剂溶液，用硫酸亚铁铵标准溶液（c≈0.005mol/L）滴定，溶液的颜色由黄色经蓝绿色变为红褐色即为终点。记下硫酸亚铁铵标准溶液的消耗体积 V_2。

⑤ 空白试验。按相同步骤以 10.0mL 试剂水代替水样进行空白试验，其余试剂和水样测定相同，记录下空白滴定时消耗硫酸亚铁铵标准溶液的体积 V_1。

（2）COD_{Cr}＞50mg/L 的水样 对于浓度较高的水样，可选取所需体积 1/10 的水样和 1/10 的试剂，放入硬质玻璃管中，摇匀后，用酒精灯加热至沸数分钟，观察溶液是否变成蓝绿色。如呈蓝绿色，应再适当少取试料，重复以上试验，直至溶液不变蓝绿色为止。从而确定待测水样适当的稀释倍数。其余操作步骤同①～⑤。

三、结果计算

以 mg/L 计的水样化学需氧量，计算公式如下：

$$COD_{Cr} = \frac{c(V_1 - V_2) \times 8000}{V_0} \times f$$

式中　c——硫酸亚铁铵标准滴定溶液的浓度，mol/L；
　　　V_1——空白试验所消耗的硫酸亚铁铵标准溶液的体积，mL；
　　　V_2——水样测定所消耗的硫酸亚铁铵标准溶液的体积，mL；
　　　V_0——水样的体积，mL；
　　　f——样品稀释倍数；
　　　8000——1/4 O_2 的摩尔质量以 mg/L 为单位的换算值。

测定结果一般保留三位有效数字，对 COD_{Cr} 值小的水样，当计算出 COD_{Cr} 值小于 10mg/L 时，应表示为"COD_{Cr}＜10mg/L"。

进度检查

一、填空题

1. 回流装置一般由_____和_____两部分组成，回流的速度一般应控制在_____为宜。
2. COD_{Cr} 反映了水体中_____的污染程度，水中还原性物质包括_____、_____、_____、_____等。水被_____污染是很普遍的，因此 COD_{Cr} 也作为_____相对含量的指标之一。
3. Ag_2SO_4 在本实验中起_____作用。

二、判断题

1. 用重铬酸钾法测定水样 COD_{Cr} 时，氯离子能与硫酸银作用产生沉淀，并能被重铬酸钾氧化成 Cl_2 逸出，对测定结果产生正干扰。　　　　　　　　　　(　　)
2. 用于测定 COD_{Cr} 的水样，在保存时需加入 H_2SO_4，使 pH≤2。　(　　)
3. $K_2Cr_2O_7$ 测定 COD_{Cr}，滴定时，应严格控制溶液的酸度，如酸度太大，会使滴定终点不明显。　　　　　　　　　　　　　　　　　　　　　　　(　　)

三、简答题

1. 什么叫水样化学需氧量？
2. 进行回流时，应注意哪些事项？
3. 用重铬酸钾法测定水样化学需氧量的原理是什么？
4. 测定水样化学需氧量时，为什么要严格控制测定条件？

四、操作题

用重铬酸钾法测定水样化学需氧量,教师检查:

1. 冷凝回流装置安装是否正确。
2. 加硫酸银-硫酸溶液的步骤是否正确。
3. 滴定操作是否正确。

编号 FJC-115-04

学习单元 14-4　水样中生化需氧量 BOD_5 的测定

学习目标：完成本单元的学习之后，能够掌握水样中五日生化需氧量（稀释与接种法）的测定原理，并能根据废水的实际情况选择适合的分析方法。

职业领域：化工、环保、食品、医药等

工作范围：分析

所需仪器、药品和设备

序号	名称及说明	数量
1	带风扇的恒温培养箱[$(20±1)℃$]	1个
2	溶解氧瓶(带水封装置,容积250~300mL)	2只
3	硫酸锰溶液	适量
4	硫代硫酸钠溶液	适量
5	浓硫酸	适量
6	硫酸溶液(1+5)	适量
7	淀粉溶液(1%)	适量
8	重铬酸钾标准溶液[$c(\frac{1}{6}K_2Cr_2O_7)=0.025mol/L$]	适量
9	碱性碘化钾溶液	适量
10	水样	适量
11	盐酸溶液[$c(HCl)=0.5mol/L$;将40mL浓盐酸(HCl)溶于水中,稀释至1000mL]	适量
12	氢氧化钠溶液[$c(NaOH)=0.5mol/L$;将20g氢氧化钠溶于水中,稀释至1000mL]	适量

注：1. 硫酸锰溶液：称取480g硫酸锰（$MnSO_4·H_2O$）溶于水，用水稀释至1000mL，此溶液加至酸化过的碘化钾溶液中，遇淀粉不得产生蓝色。

2. 硫代硫酸钠溶液：称取6.2g硫代硫酸钠（$Na_2S_2O_3·5H_2O$）溶于煮沸放冷的水中，加0.2g碳酸钠，用水稀释至1000mL，储于棕色瓶中，使用前用0.025mol/L的重铬酸钾标准溶液标定。

3. 碱性碘化钾溶液：称取500g氢氧化钠溶解于300~400mL水中，另称取150g碘化钾溶于200mL水中，待氢氧化钠溶液冷却后，将两溶液合并，摇匀，用水稀释至1000mL，如有沉淀，则放置过夜后，倾出上层清液，储于棕色瓶中，用橡胶塞塞紧，避光保存，此溶液酸化后，遇淀粉不呈蓝色。

一、基本原理

生化需氧量是指在规定的条件下，微生物分解水中某些可氧化的物质，特别是分解有机物的生物化学过程消耗的溶解氧。通常情况下是指水样充满完全密闭的溶解氧瓶中，在 $(20±1)℃$ 的暗处培养 $5d±4h$ 或 $(2+5)d±4h$ [先在 0~4℃ 的暗处培养 2d，接着在 $(20±1)℃$ 的暗处培养 5d，即培养 $(2+5)d$]，分别测定培养前后水样中

溶解氧的质量浓度，由培养前后溶解氧的质量浓度之差，计算每升样品消耗的溶解氧量，以 BOD_5 形式表示。

若样品中的有机物含量较多，BOD_5 的质量浓度大于 $6mg/L$，样品需适当稀释后测定；对不含或含微生物少的工业废水，如酸性废水、碱性废水、高温废水、冷冻保存的废水或经过氧化处理等的废水，在测定 BOD_5 时应进行接种，以引进能分解废水中有机物的微生物。当废水中存在难以被一般生活污水中的微生物以正常的速度降解的有机物或含有剧毒物质时，应将驯化后的微生物引入水样中进行接种。

考虑到在教学过程用到的水样中的有机物含量较少，BOD_5 的质量浓度不大于 $6mg/L$，且样品中有足够的微生物，用非稀释法测定 BOD，溶解氧的分析采用碘量法。

二、样品预处理

1. 样品的采集与保存

样品采集按照《地表水和污水监测技术规范》（HJ/T 91—2002）的相关规定执行。

采集的样品应充满并密封于棕色玻璃瓶中，样品量不小于 1000mL，在 0～4℃ 的暗处运输和保存，并于 24h 内尽快分析。

2. 样品的前处理

若样品的 pH 值不在 6～8 范围内，应用盐酸溶液或氢氧化钠溶液调节其 pH 值至 6～8。

三、测定步骤

① 将试样充满两个溶解氧瓶中，使试样少量溢出。
② 将一瓶盖上瓶盖，加上水封，在瓶盖外罩上一个密封罩，防止培养期间水封水蒸发干，在恒温培养箱中培养 $5d±4h$ 或 $(2+5)d±4h$ 后测定试样中的溶解氧的质量浓度。
③ 另一瓶 15min 后测定试样在培养前溶解氧的质量浓度。
溶解氧的测定按碘量法进行操作。

四、结果计算

非稀释法按以下公式计算样品 BOD_5：

$$\rho = \rho_1 - \rho_2$$

式中　ρ——五日生化需氧量质量浓度，mg/L；

ρ_1——水样在培养前的溶解氧质量浓度，mg/L；

ρ_2——水样在培养后的溶解氧质量浓度，mg/L。

进度检查

一、填空题

1. 目前，国内、外普遍规定在_____，分别测定样品的培养前后的溶解氧，二者之差即为 BOD_5 值，以氧的 mg/L 表示。

2. 采集的样品应_____并密封于_____中，样品量不小于 1000mL。

3. 生化需氧量的测定目前常用的测定方法有_____、_____等。

二、判断题

1. 在测定 BOD_5 时用不含或少含微生物的工业废水进行接种。（ ）

2. 对于某些天然水中溶解氧接近饱和，BOD_5 小于 4mg/L 的情况，水样必须经稀释后才能培养测定。（ ）

3. 在冬天气温较低时，一般采集的较清洁地面水的溶解氧，往往是过饱和的，这时无须处理就可立即进行 BOD_5 测定。（ ）

三、简答题

1. 什么叫 BOD_5？测定 BOD_5 的原理是什么？

2. 将试样充满溶解氧瓶的过程中，使试样少量溢出的目的是什么？

3. 溶解氧瓶盖上瓶盖后，水封的目的是什么？

四、操作题

测定水样中的 BOD_5 含量，教师检查：

1. 采样过程是否操作正确。

2. 滴定操作是否正确。

编号 FJC-115-05

学习单元 14-5　水样中氨氮的测定

学习目标：完成本单元的学习之后，能够掌握水样中氨氮（蒸馏-中和法）的测定原理及测定方法。

职业领域：化工、环保、食品、医药等

工作范围：分析

所需仪器、药品和设备

序号	名称及说明	数量
1	氨氮蒸馏装置（由500mL凯氏烧瓶、氮球、直形冷凝管和导管组成，冷凝管末端可连接一段适当长度的滴管，使出口尖端浸入吸收液面下。亦可使用蒸馏烧瓶）	2套
2	加热装置	2套
3	酸式滴定管(50mL)	1只
4	锥形瓶(500mL)	数只
5	玻璃珠	适量
6	防沫剂(如石蜡碎片)	适量
7	无氨水(用市售纯水器直接制备)	适量
8	硫酸$[\rho(H_2SO_4)=1.84g/mL]$	适量
9	盐酸$[\rho=1.19g/mL]$	适量
10	无水乙醇$[\rho=0.79g/mL]$	适量
11	无水碳酸钠(基准试剂)	适量
12	轻质氧化镁(不含碳酸盐。在500℃下加热，以除去碳酸盐)	适量
13	氢氧化钠溶液$[c(NaOH)=1mol/L$；称取20g氢氧化钠溶于约200mL水中，冷却至室温，稀释至500mL]	适量
14	硫酸溶液$[c(1/2H_2SO_4)=1mol/L$；量取2.8mL浓硫酸缓慢加入100mL水中]	适量
15	硼酸(H_3BO_3)吸收液$[\rho=20g/L$；称取20g硼酸溶于水，稀释至1000mL]	适量
16	甲基红指示液$[\rho=0.5g/L$；称取50mg甲基红溶于100mL乙醇中]	适量
17	溴百里酚蓝指示剂$[\rho=1g/L$；称取0.10g溴百里酚蓝溶于50mL水中，加入20mL乙醇，用水稀释至100mL]	适量
18	混合指示剂（称取200mg甲基红溶于100mL乙醇中；另称取100mg亚甲蓝溶于100mL乙醇中。取两份甲基红溶液与一份亚甲蓝溶液混合备用，此溶液可稳定1个月）	适量
19	碳酸钠标准溶液$[c(1/2Na_2CO_3)=0.0200mol/L$；称取经180℃干燥2h的无水碳酸钠0.5300g，溶于新煮沸放冷的水中，移入500mL容量瓶中，稀释至标线]	适量
20	盐酸标准滴定溶液$[c(HCl)=0.02mol/L$；量取1.7mL盐酸于1000mL容量瓶中，用水稀释至标线，需标定]	适量

注：盐酸标准滴定溶液的标定方法是移取25.00mL碳酸钠标准溶液于150mL锥形瓶中，加25mL水，加1滴甲基红指示剂，用盐酸标准溶液滴定至淡红色为止。记录消耗的体积，用下式计算盐酸溶液的浓度。

$$c(HCl)=\frac{c_1V_1}{V_2}$$

式中　$c(HCl)$——盐酸标准滴定溶液的浓度，mol/L；

　　　c_1——碳酸钠标准溶液的浓度，mol/L；

　　　V_1——碳酸钠标准溶液的体积，mL；

　　　V_2——消耗的盐酸标准滴定溶液的体积，mL。

一、基本原理

调节水样的 pH 值在 6.0~7.4，加入轻质氧化镁使水样呈弱碱性，蒸馏释出的氨用硼酸溶液吸收。以甲基红-亚甲基蓝为指示剂，用盐酸标准溶液滴定馏出液中的氨氮（以 N 计）。

本方法适用于生活污水和工业废水中氨氮的测定，当试样体积为 250mL 时，方法的检出限为 0.05mg/L。

二、测定步骤

① 将 50mL 硼酸吸收液移入接收瓶内，确保冷凝管出口在硼酸溶液液面之下。

② 分取 250mL 水样（如氨氮含量高，可适当少取水样，加水至 250mL）移入烧瓶中，加 2 滴溴百里酚蓝指示剂，加入 0.25g 轻质氧化镁及数粒玻璃珠，必要时加入防沫剂。

③ 立即连接氮球和冷凝管加热蒸馏，使馏出液速率约为 10mL/min，待馏出液达 200mL 时，停止蒸馏。

④ 将全部馏出液转移到锥形瓶中，加入 2 滴混合指示剂，用盐酸标准溶液滴定，至馏出液由绿色变成淡紫色为终点，并记录消耗的盐酸标准滴定溶液的体积 V_s。

⑤ 空白试验：用 250mL 水代替水样，按步骤①~④测定，记录消耗的盐酸标准滴定溶液的体积 V_b。

三、结果计算

水样中氨氮的浓度用下式计算：

$$\rho_N = \frac{V_s - V_b}{V} \times c \times 14.01 \times 1000$$

式中 ρ_N——水样中氨氮的浓度（以 N 计算），mg/L；

V_s——滴定试样所消耗的盐酸标准滴定溶液的体积，mL；

V_b——滴定空白所消耗的盐酸标准滴定溶液的体积，mL；

V——试样的体积，mL；

c——滴定用盐酸标准溶液的浓度，mol/L；

14.01——氮的原子量，g/mol。

进度检查

一、填空题

1. 回流装置一般由_____和_____两部分组成，馏出液的速率一般应控制在

_____左右。

2. 根据《水质 氨氮的测定 蒸馏-中和滴定法》（HJ 537—2009）测定水中氨氮时，轻质氧化镁需在500℃下加热处理，这是为了去除_____。

3. 在蒸馏时加入的玻璃珠，在本实验中起_____作用。

二、判断题

1. 通常所称的氨氮是指有机氨化合物、铵离子和游离态的氨。　　　　（　　）

2. 根据《水质 氨氮的测定 蒸馏-中和滴定法》测定水中氨氮过程中，配制用于标定盐酸溶液的碳酸钠溶液，应采用无氨水。　　　　　　　　　　（　　）

3. 对于浑浊且色度比较大的水样，常采用蒸馏进行预处理。　　　　　（　　）

三、简答题

1. 本次实验中测得的氨氮包含哪几种形态？

2. 进行回流时，应注意哪些事项？

3. 测定水样中的氨氮时，为什么要严格控制馏出液速率？

四、操作题

用中和-蒸馏法测定水样中氨氮的含量，教师检查：

1. 冷凝管的安装是否正确。

2. 滴定操作是否正确。

学习单元 14-6　水样中挥发酚的测定

学习目标：完成本单元的学习之后，能够掌握水样中挥发酚（4-氨基安替比林分光光度法）的测定。

职业领域：化工、环保、食品、医药等

工作范围：分析

所需仪器、药品和设备

序号	名称及说明	数量
1	分光光度计（具 510nm 波长，并配有光程为 20mm 的比色皿）	1 台
2	回流装置（带有 24 号标准磨口的 500mL 锥形瓶的全玻璃回流装置。回流冷凝管长度为 300～500mm）	2 套
3	加热装置	2 套
4	比色管（50mL）	数支
5	无酚水（于每升水中加入 0.2g 经 200℃ 活化 30min 的活性炭粉末，充分振摇后，放置过夜，用双层中速滤纸过滤）	适量
6	磷酸溶液（1+9）	适量
7	氨水[$\rho(NH_3 \cdot H_2O)=0.90g/mL$]	适量
8	缓冲溶液（pH=10.7。称取 20g 氯化铵溶于 100mL 氨水中，密塞，置冰箱中保存）	适量
9	甲基橙指示液[ρ（甲基橙）=0.5g/L；称取 0.1g 甲基橙溶于水，溶解后移入 200mL 容量瓶中，用水稀释至标线]	适量
10	4-氨基安替比林溶液[称取 2g 4-氨基安替比林溶于水中，溶解后移入 100mL 容量瓶中，用水稀释至标线，提纯，收集滤液后置冰箱中冷藏，可保存 7 天]	适量
11	铁氰化钾溶液[$\rho(K_3 \cdot [Fe(CN)_6])=80g/L$；称取 8g 铁氰化钾溶于水，溶解后移入 100mL 容量瓶中，用水稀释至标线。置冰箱中冷藏，可保存一周]	适量
12	精制苯酚[取苯酚（C_6H_5OH）于具有空气冷凝管的蒸馏瓶中，加热蒸馏，收集 182～184℃ 的馏出部分，馏分冷却后应为无色晶体，贮于棕色瓶中，于暗处密闭保存]	适量
13	酚标准贮备液[$\rho(C_6H_5OH) \approx 1.00g/L$；称取 1.00g 精制苯酚，溶解于无酚水，移入 1000mL 容量瓶中，用无酚水稀释至标线。进行标定。置冰箱中冷藏，可稳定保存一个月]	适量
14	酚标准中间液[$\rho(C_6H_5OH)=10.0mg/L$。取适量酚标准贮备液用无酚水稀释至该浓度，使用时当天配制]	适量

挥发酚：随水蒸气蒸馏出并能和 4-氨基安替比林反应生成有色化合物的挥发性酚类化合物，结果以苯酚计。

本方法规定了测定地表水、地下水、饮用水、工业废水和生活污水中挥发酚的 4-氨基安替比林分光光度法。地表水、地下水和饮用水宜用萃取分光光度法测定，检出限为 0.0003mg/L，测定下限为 0.001mg/L，测定上限为 0.04mg/L。工业废水和生

活污水宜采用直接分光光度法测定，检出限为 0.01mg/L，测定下限为 0.04mg/L，测定上限为 2.50mg/L。

一、基本原理

用蒸馏法使挥发性酚类化合物蒸馏出，并与干扰物质和固定剂分离。由于酚类化合物的挥发速度是随馏出液体积而变化，因此，馏出液体积必须与试样体积相等。

被蒸馏出的酚类化合物，于 pH＝10.0±0.2 介质中，在铁氰化钾存在下，与 4-氨基安替比林反应生成橙红色的安替比林染料。

显色后，在 30min 内，于 510nm 波长测定吸光度。

二、测定步骤

（1）预蒸馏　取 250mL 样品移入 500mL 全玻璃蒸馏器中，加 25mL 无酚水，加数粒玻璃珠以防暴沸，再加数滴甲基橙指示剂，若试样未显橙红色，则需继续补加磷酸溶液。连接冷凝器，加热蒸馏，收集馏出液 250mL 至容量瓶中。

（2）显色　分取馏出液 50mL 加入 50mL 比色管中，加 0.5mL 缓冲溶液，混匀，此时 pH 值为 10.0±0.2，加 1.0mL 4-氨基安替比林溶液，混匀，再加 1.0mL 铁氰化钾溶液，充分混匀后，密塞，放置 10min。

（3）吸光度测定　于 510nm 波长，用光程为 20mm 的比色皿，以无酚水为参比，于 30min 内测定溶液的吸光度值。

（4）空白试验　用无酚水代替试样，按步骤①～③测定其吸光度值。空白应与试样同时测定。

（5）校准　于一组 8 支 50mL 比色管中，分别加入 0.00mL、0.50mL、1.00mL、3.00mL、5.00mL、7.00mL、10.00mL 和 12.50mL 酚标准中间液，加无酚水至标线，按步骤②～③操作测定其吸光度值。由校准系列测得的吸光度值减去零浓度管的吸光度值，绘制吸光度值对酚含量（mg）的曲线，校准曲线回归方程相关系数应达到 0.999 以上。

三、结果计算

试样中挥发酚的浓度（以苯酚计），按下式进行计算：

$$\rho = \left(\frac{A_s - A_0 - a}{bV}\right) \times 1000$$

式中　ρ——试样中挥发酚的浓度，mg/L；

A_s——试样的吸光度值；

A_0——空白实验的吸光度值；

a——校准曲线的截距值；
b——校准曲线的斜率；
V——试样的体积，mL。

当计算结果小于 1mg/L 时，保留到小数点后 3 位；大于等于 1mg/L 时，保留三位有效数字。

进度检查

一、填空题

1. 测定水中的挥发酚的含量时，需要用的测量仪器主要有_____。
2. 测定水中的挥发酚的含量时，选择的显色剂是_____。
3. 用蒸馏法使挥发酚类化合物蒸馏出，和 4-氨基安替比林反应，生成挥发性酚类化合物，结果以_____计。
4. 标准曲线的横坐标是_____，纵坐标是_____。

二、判断题

1. 4-氨基安替比林法测定挥发酚，显色最佳 pH 范围为 9.8～10.2。（　　）
2. 测定挥发酚的 NH_3-NH_4Cl 缓冲液的 pH 值不在 10.0±0.2 范围内，可用 HCl 或 NaOH 调节。（　　）
3. 测挥发酚时，加缓冲液调 pH 为 10.0±0.2 的目的是消除苯胺的干扰。（　　）

三、简答题

1. 4-氨基安替比林溶液如何提纯？
2. 测定的波长是否可以任意选择？
3. 蒸馏的作用是什么？

四、操作题

测定水样中的挥发酚的含量，教师检查：
1. 预蒸馏操作是否正确。
2. 显色操作是否正确。
3. 标准曲线的绘制是否正确。

编号 FJC-115-07

学习单元 14-7　水样中氰化物的测定

学习目标：完成本单元的学习之后，能够掌握水中氰化物（硝酸银滴定法）的测定原理及测定方法。

职业领域：化工、环保、食品、医药等

工作范围：分析

所需仪器、试剂和设备

序号	名称及说明	数量
1	600W 或 800W 可调电炉	2台
2	500mL 全玻璃蒸馏器	2套
3	棕色酸式滴定管(10mL)	1支
4	锥形瓶(250mL)	数个
5	EDTA 二钠溶液[$\rho(C_{10}H_{14}N_2O_8Na_2 \cdot 2H_2O)=100g/L$；称取 10.0g EDTA 二钠溶于水中，稀释定容至 100mL，摇匀]	适量
6	磷酸[$\rho(H_3PO_4)=1.69g/mL$]	适量
7	氢氧化钠溶液[$\rho(NaOH)=10g/L$；称取 10g 氢氧化钠溶于水，稀释至 1000mL，摇匀，贮于聚乙烯塑料容器内]	适量
8	氯化钠标准溶液[$c(NaCl)=0.0100mol/L$]	适量
9	硝酸银标准溶液[$c(AgNO_3)=0.01mol/L$]	适量
10	铬酸钾指示剂[称取 10.0g 铬酸钾(K_2CrO_4)溶于少量水中，滴加硝酸银标准溶液至产生橙红色沉淀为止，放置过夜后，过滤，用水稀释至 100mL]	适量
11	试银灵指示剂[称取 0.02g 试银灵(对二甲氨基亚苄基罗丹宁)溶于丙酮中，并稀释至 100mL。贮存于棕色瓶并放于暗处可稳定一个月]	适量
12	丙酮	适量
13	水样	适量

注：1. 氯化钠标准溶液：将氯化钠（NaCl，基准试剂）置瓷坩埚内，经 500～600℃ 灼烧至无爆裂声后，在干燥器内冷却，称取 0.5844g 溶于水中，稀释定容至 1000mL，摇匀。

2. 硝酸银标准溶液：称取 1.699g 硝酸银溶于水中，稀释定容至 1000mL，摇匀，贮于棕色试剂瓶中，待标定后使用。硝酸银标准溶液的标定：吸取氯化钠标准溶液 10.00mL 于锥形瓶中，加入 50mL 水。另取 60mL 实验用水做空白实验。向溶液中加入 3～5 滴铬酸钾指示剂，将待标定的硝酸银溶液加入棕色酸式滴定管中，在不断旋摇下，滴定至氯化钠标准溶液由黄色变成浅砖红色为止，记下读数 (V)。同样滴定空白溶液，记下读数 (V_0)。

硝酸银标准溶液的浓度按下式进行计算：

$$c_1 = \frac{c \times 10.00}{V - V_0}$$

式中　c_1——硝酸银标准溶液的浓度，mol/L；

　　　c——氯化钠标准溶液的浓度，mol/L；

　　　V——滴定氯化钠标准溶液时硝酸银溶液的用量，mL；

　　　V_0——滴定空白溶液时硝酸银溶液的用量，mL。

本方法适用于地表水、生活污水和工业废水中氰化物的分析测定。样品分析方法有四种：硝酸银滴定法（检出限为 0.25mg/L，测定下限为 1.00mg/L，测定上限为 100mg/L），异烟酸-吡唑啉酮分光光度法（检出限为 0.004mg/L，测定下限为 0.016mg/L，测定上限为 0.25mg/L），异烟酸-巴比妥酸分光光度法（检出限为 0.001mg/L，测定下限为 0.004mg/L，测定上限为 0.45mg/L），吡啶-巴比妥酸分光光度法（检出限为 0.002mg/L，测定下限为 0.008mg/L，测定上限为 0.45mg/L）。其中氰化物和吡啶属于剧毒物质，操作时应按规定要求佩戴防护器具，避免接触皮肤和衣服，检测后的残渣残液应做妥善的安全处理。

总氰化物，在 pH<2 的介质中，磷酸和 EDTA 存在下，加热蒸馏，形成氰化氢的氰化物，包括全部简单氰化物（多为碱金属和碱土金属的氰化物，铵的氰化物）和绝大部分配合氰化物（锌氰配合物、铁氰配合物、镍氰配合物、铜氰配合物等），不包括钴氰配合物。

一、基本原理

向水样中加入磷酸和 EDTA 二钠，在 pH<2 条件下，加热蒸馏，利用金属离子与 EDTA 配合能力比与氰离子配合能力强的特点，使配合氰化物解离出氰离子，并以氰化氢形式被蒸馏出，用氢氧化钠溶液吸收。将吸收液用硝酸银标准溶液滴定，氰离子与硝酸银作用可生成可溶性的银氰配合离子 $[Ag(CN)_2]^-$，过量的银离子与试银灵指示剂反应，溶液由黄色变为橙红色。

二、测定步骤

① 样品的制备：蒸馏装置图如图 14-1 所示。用量筒量取 200mL 样品移入蒸馏瓶中，加数粒玻璃珠。往接收瓶内加入 10mL 氢氧化钠溶液，作为吸收液。

② 将 10mL EDTA 二钠溶液加入蒸馏瓶内，再迅速加入 10mL 磷酸，当样品碱度大时，可适当多加磷酸，使 pH<2，立即盖好瓶塞，打开冷凝水，打开可调电炉，由低档逐渐升高，馏出液以 2~4mL/min 速度进行加热蒸馏。蒸馏时，馏出液导管下端要插入吸收液液面下，使吸收完全。

③ 接收瓶内试样体积接近 100mL 时，停止蒸馏，用少量水冲洗馏出液导管，取出接收瓶，用水稀释至标线，此碱性试样"A"待测。

④ 空白实验试样制备：用实验用水代替样品，按步骤①~③操作，得到空白实验试样"B"待测。

⑤ 样品的测定：取 100mL 试样"A"（如浓度高可少取，稀释至 100mL）于锥形瓶中。加入 0.2mL 试银灵指示剂，摇匀，在不断旋摇下，用硝酸银标准溶液滴定至溶液由黄色变为橙红色为止，记下读数（V_a）。

⑥ 空白实验：另取 100mL 空白试样"B"于锥形瓶中，按步骤⑤操作进行滴定，

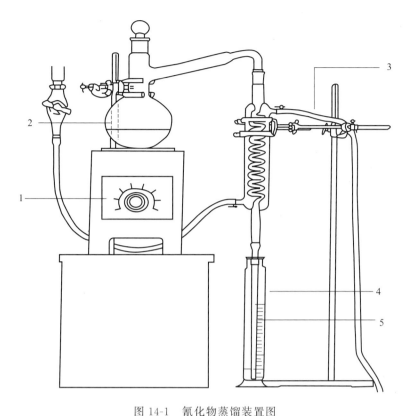

图 14-1 氰化物蒸馏装置图
1—可调电炉；2—蒸馏瓶；3—冷凝水出口；4—接收瓶；5—馏出液导管

记下读数（V_0）。

三、结果计算

氰化物质量浓度以氰离子（CN^-）计，按下式进行计算：

$$\rho_1 = \frac{c \times (V_a - V_0) \times 52.04 \times \frac{V_1}{V_2} \times 1000}{V}$$

式中 ρ_1——氰化物质量浓度，mg/L；

c——硝酸银标准溶液的浓度，mol/L；

V_a——滴定试样时硝酸银标准溶液的用量，mL；

V_0——滴定空白试验时硝酸银标准溶液的用量，mL；

V——样品的体积；

V_1——试样（试样"A"）的体积，mL；

V_2——试料（滴定时，所取试样"A"）的体积，mL；

52.04——氰离子（$2CN^-$）摩尔质量，g/mol。

进度检查

一、填空题

1. 测定水中总氰化物进行蒸馏时，加入EDTA的目的是_____。
2. 水样中加磷酸和EDTA二钠，在pH<2的条件下，加热蒸馏，所测定的氰化物是_____。
3. 水中氰化物有_____氰化物和_____氰化物两类。

二、判断题

1. 测定氰化物的水样，采集后，必须立即加氢氧化钠固定，一般每升水样加0.5g固体氢氧化钠，使样品的pH大于12，并将样品贮于聚乙烯瓶中。样品在24h内进行测定。（　　）
2. 测定水中总氰化物进行蒸馏时，加入EDTA是为了使大部分配合氰化物离解。（　　）

三、简答题

1. 什么叫总氰化物？测定总氰化物的原理是什么？
2. 在蒸馏过程中为什么一定要时刻检查蒸馏装置的严密性？

四、操作题

测定水样中的总氰化物含量，教师检查：

1. 蒸馏装置的安装是否正确。
2. 样品的制备是否正确。
3. 馏出液的速度控制是否正确。
4. 滴定操作是否正确。

编号 FJC-115-08

学习单元 14-8　水样中油类的测定

学习目标：完成本单元的学习之后，能够掌握水样中油类（红外分光光度法）的测定原理及测定方法。

职业领域：化工、环保、食品、医药等

工作范围：分析

所需仪器、试剂和设备

序号	名称及说明	数量
1	红外测油仪或红外分光光度计(能在 $2930cm^{-1}$、$2960cm^{-1}$、$3030cm^{-1}$ 处测量吸光度，并配有 4cm 带盖石英比色皿)	1台
2	水平振荡器	1台
3	分液漏斗(1000mL,具聚四氟乙烯旋塞)	数个
4	玻璃漏斗	2个
5	三角瓶(50mL,具塞磨口)	数个
6	采样瓶(500mL 广口玻璃瓶)	数个
7	玻璃棉(使用前，将玻璃棉用四氯乙烯浸泡洗涤，晾干备用)	适量
8	无水硫酸钠(在 550℃下加热 4h,冷却后装入磨口玻璃瓶中，置于干燥器内贮存)	适量
9	比色管(25mL、50mL,具塞磨口)	数个
10	盐酸溶液(1+1)	适量
11	四氯乙烯(以干燥 4cm 空石英比色皿为参比，在 $2800\sim3100cm^{-1}$ 之间使用 4cm 石英比色皿测定四氟乙烯，$2930cm^{-1}$、$2960cm^{-1}$、$3030cm^{-1}$ 处吸光度应分别不超过 0.34、0.07、0)	适量
12	正十六烷(光谱纯)	适量
13	异辛烷(光谱纯)	适量
14	苯(光谱纯)	适量
15	硅酸镁($100\sim60$ 目)	适量
16	正十六烷标准贮备液[$\rho\approx 10000mg/L$:称取 1.0g(准确至 0.1mg)正十六烷于 100mL 容量瓶中，用四氯乙烯定容，摇匀]	适量
17	正十六烷标准使用液[$\rho\approx 1000mg/L$:将正十六烷标准贮备液用四氯乙烯稀释定容于 100mL 容量瓶中]	适量
18	异辛烷标准贮备液[$\rho\approx 10000mg/L$:称取 1.0g(准确至 0.1mg)异辛烷于 100mL 容量瓶中，用四氯乙烯定容，摇匀]	适量
19	异辛烷标准使用液[$\rho\approx 1000mg/L$:将异辛烷标准贮备液用四氯乙烯稀释定容于 100mL 容量瓶中]	适量
20	苯标准贮备液[$\rho\approx 10000mg/L$:称取 1.0g(准确至 0.1mg)苯于 100mL 容量瓶中，用四氯乙烯定容，摇匀]	适量
21	苯标准使用液[$\rho\approx 1000mg/L$:将苯标准贮备液用四氯乙烯稀释定容于 100mL 容量瓶中]	适量
22	石油类标准贮备液[$\rho\approx 10000mg/L$:按 65:25:10(V/V)的比例，量取正十六烷、异辛烷和苯配制混合物。称取 1.0g(准确至 0.1mg)混合物于 100mL 容量瓶中，用四氯乙烯定容，摇匀]	适量
23	石油类标准使用液[$\rho\approx 1000mg/L$:将石油类标准贮备液用四氯乙烯稀释定容于 100mL 容量瓶中]	适量

注：取硅酸镁于瓷蒸发皿中，置于马弗炉内 550℃加热 4h，在炉内冷却至约 200℃后，转入干燥器中冷却至室温，于磨口玻璃瓶内保存。使用时，称取适量的硅酸镁于磨口玻璃瓶中，根据硅酸镁的质量，按 6%(m/m)比例加入适量的蒸馏水，密塞并充分振荡数分钟，放置 12h 后使用。

本方法适用于工业废水和生活污水中的石油类和动植物油类的测定。当取样体积为 500mL，萃取液体积为 50mL，使用 4cm 石英比色皿时，方法检出限为 0.06mg/L，测定下限为 0.24mg/L。

油类：指在 pH≤2 的条件下，能够被四氯乙烯萃取且在波数为 2930cm^{-1}、2960cm^{-1}、3030cm^{-1} 处有特征吸收的物质，主要包括石油类和动植物油类。

石油类：指在 pH≤2 的条件下，能够被四氯乙烯萃取且不被硅酸镁吸附的物质。

动植物油类：指在 pH≤2 的条件下，能够被四氯乙烯萃取且被硅酸镁吸附的物质。

本次测定的水样为工业废水和生活污水。

一、基本原理

水样在 pH≤2 的条件下用四氯乙烯萃取后，测定油类；将萃取液用硅酸镁吸附后除去动植物油类等极性物质后，测定石油类。油类和石油类的含量均由波数分别为 2930cm^{-1}（CH_2 基团中 C-H 键的伸缩振动）、2960cm^{-1}（CH_3 基团中 C-H 键的伸缩振动）和 3030cm^{-1}（芳香环中 C-H 键的伸缩振动）处的吸光度 A_{2930}、A_{2960}、A_{3030}，根据校正系数进行计算，植物油类的含量为油类与石油类含量之差。

二、测定步骤

1. 样品的采集

参照 HJ/T 91 的相关规定用采样瓶采集约 500mL 水样后，加入盐酸溶液酸化至 pH≤2。

2. 试样的制备

(1) 油类试样的制备　将样品转移至 1000mL 分液漏斗中，量取 50.00mL 四氯乙烯洗涤样品瓶后，全部转移至分液漏斗中。充分振荡 2min，并经常开启旋塞排气，静置分层；用镊子取玻璃棉置于玻璃漏斗，取适量的无水硫酸钠铺于上面；打开分液漏斗旋塞，将下层有机相萃取液通过装有无水硫酸钠的玻璃漏斗放至 50mL 比色管中，用适量四氯乙烯润洗玻璃漏斗，润洗液合并至萃取液中，用四氯乙烯定容至刻度。将上层水相全部转移至量筒，测量样品体积并记录。

(2) 石油类试样的制备（振荡吸附法）　取 25mL 萃取液，倒入装有 5g 硅酸镁的 50mL 三角瓶，置于水平振荡器上，连续振荡 20min，静置，将玻璃棉置于玻璃漏斗中，萃取液倒入玻璃漏斗过滤至 25mL 比色管，用于测定石油类。

(3) 空白试样的制备　实验用水加入盐酸溶液酸化至 pH≤2，按照试样的制备相同的步骤 (1)~(2) 进行空白试样的制备。

3. 校准

分别量取 2.00mL 正十六烷标准使用液、2.00mL 异辛烷标准使用液和 10.00mL 苯标准使用液于 3 个 100mL 容量瓶中，用四氯乙烯定容至标线，摇匀。正十六烷、异辛烷和苯标准溶液的浓度分别为 20.0mg/L、20.0mg/L 和 100.0mg/L。

以 4cm 石英比色皿加入四氯乙烯为参比，分别测量正十六烷、异辛烷和苯标准溶液在 2930cm^{-1}、2960cm^{-1} 和 3030cm^{-1} 处的吸光度 A_{2930}、A_{2960}、A_{3030}。将正十六烷、异辛烷和苯标准溶液在上述波数处的吸光度按照下列公式联立方程式求解，经求解后分别得到相应的校正系数 X、Y、Z 和 F。

$$\rho = XA_{2930} + YA_{2960} + Z\left(A_{3030} - \frac{A_{2930}}{F}\right)$$

式中　　ρ——四氯乙烯中油类的含量，mg/L；

A_{2930}、A_{2960}、A_{3030}——各对应波数下测得的吸光度；

　　　　X——与 CH$_2$ 基团中 C-H 键吸光度相对应的系数，mg/L/吸光度；

　　　　Y——与 CH$_3$ 基团中 C-H 键吸光度相对应的系数，mg/L/吸光度；

　　　　Z——与芳香环中 C-H 键吸光度相对应的系数，mg/L/吸光度；

　　　　F——脂肪烃对芳香烃影响的校正因子，即正十六烷在 2930cm^{-1} 与 3030cm^{-1} 处的吸光度之比；对于正十六烷和异辛烷，由于其芳香烃含量为零，即

$A_{3030} - \dfrac{A_{2930}}{F} = 0$，则有：

$F = \dfrac{A_{2930(H)}}{A_{3030(H)}}$，由此可得 F 值。

再由下面两个公式，可得 X 和 Y 值：

$$\rho(H) = XA_{2930}(H) + YA_{2960}(H)$$
$$\rho(I) = XA_{2930}(I) + YA_{2960}(I)$$

对于苯，则有

$$\rho(B) = XA_{2930}(B) + YA_{2960}(B) + Z\left(A_{3030}(B) - \frac{A_{2930}(B)}{F}\right)$$

式中　　$\rho(H)$——正十六烷标准溶液的浓度，mg/L；

　　　　$\rho(I)$——异辛烷标准溶液的浓度，mg/L；

　　　　$\rho(B)$——苯标准溶液的浓度，mg/L；

$A_{2930}(H)$、$A_{2960}(H)$、$A_{3030}(H)$——各对应波数下测得正十六烷标准溶液的吸光度；

$A_{2930}(I)$、$A_{2960}(I)$、$A_{3030}(I)$——各对应波数下测得异辛烷标准溶液的吸光度；

$A_{2930}(B)$、$A_{2960}(B)$、$A_{3030}(B)$——各对应波数下测得苯标准溶液的吸光度。

由上式可得 Z 值。

4. 测定

（1）油类的测定　将制备的油类试样转移至 4cm 石英比色皿中，以四氯乙烯作

参比，于2930cm^{-1}、2960cm^{-1}、3030cm^{-1}处测量其吸光度A_{2930}、A_{2960}、A_{3030}。

（2）石油类的测定　将经硅酸镁吸附后的萃取液转移至4cm石英比色皿中，以四氯乙烯作参比，于2930cm^{-1}、2960cm^{-1}、3030cm^{-1}处测量其吸光度A_{2930}、A_{2960}、A_{3030}。

（3）空白试样的测定　以空白试样代替试样，按照测定步骤进行空白试样的测定。

三、结果计算

1. 油类或石油类浓度

$$\rho = \left[XA_{2930} + YA_{2960} + Z\left(A_{3030} - \frac{A_{2930}}{F}\right) \right] \cdot \frac{V_0 D}{V_w} - \rho_0$$

式中　　ρ——样品中油类或石油类的浓度，mg/L；

ρ_0——空白样品中油类或石油类的浓度，mg/L；

X——与CH_2基团中C-H键吸光度相对应的系数，mg/L/吸光度；

Y——与CH_3基团中C-H键吸光度相对应的系数，mg/L/吸光度；

Z——与芳香环中C-H键吸光度相对应的系数，mg/L/吸光度；

F——脂肪烃对芳香烃影响的校正因子，即正十六烷在2930cm^{-1}与3030cm^{-1}处的吸光度之比；

A_{2930}、A_{2960}、A_{3030}——各对应波数下测得的吸光度；

V_0——萃取溶剂的体积，mL；

V_w——样品体积，mL；

D——萃取液稀释倍数。

2. 样品中动植物油类的浓度

$$\rho(动植物油类) = \rho(油类) - \rho(石油类)$$

式中　ρ（动植物油类）——样品中动植物油类的浓度，mg/L；

ρ（油类）——样品中油类的浓度，mg/L；

ρ（石油类）——样品中石油类的浓度，mg/L。

3. 结果表示

测定结果小数点后位数的保留与方法检出限一致，最多保留三位有效数字。

进度检查

一、填空题

1. 样品中的油类物质的测定选用的萃取剂为_____。

2. 总油浓度与石油类浓度之差为_____。

二、判断题

1. 油类物质要单独采样，不允许在实验室内分样。　　　　　　　　（　）
2. 萃取液经硅酸镁吸附剂处理后，极性分子构成的动植物油不被吸附，非极性的石油类被吸附。　　　　　　　　　　　　　　　　　　　　　　（　）
3. 用于测定油类物质的样品如不能在 24h 内测定，采样后应加盐酸酸化至 pH<2，并于 2~5℃下冷藏保存。　　　　　　　　　　　　　　　　（　）

三、简答题

1. 总油、石油类、动植物油类的定义分别是什么？三者有何关系？如何测定？
2. 本次实验为什么要在通风橱内进行？
3. 萃取操作的基本要求有哪些？

四、操作题

测定水样中的油类的含量，教师检查：
1. 萃取操作是否正确。
2. 校正系数的测定操作是否正确。
3. 数据处理过程是否正确。

编号 FJC-115-09

学习单元 14-9　水样中阴离子表面活性剂的测定

学习目标：完成本单元的学习之后，能够掌握水样中阴离子表面活性剂（亚甲蓝分光光度法）的测定。

职业领域：化工、环保、食品、医药等

工作范围：分析

所需仪器、试剂和设备

序号	名称及说明	数量
1	分光光度计（能在652nm进行测量，配有10mm比色皿）	1台
2	分液漏斗[250mL,最好用聚四氟乙烯（PTFE）活塞]	数个
3	索氏抽提器（150mL平底烧瓶，ϕ35mm×160mm抽出筒，蛇形冷凝管）	1套
4	氯仿（分析纯）	适量
5	浓硫酸（H_2SO_4,ρ=1.84g/mL）	适量
6	一水磷酸二氢钠（分析纯）	适量
7	亚甲蓝（指示剂级）	适量
8	氢氧化钠（1mol/L）	适量
9	硫酸（0.5mol/L）	适量
10	乙醇（C_2H_5OH,95%）	适量
11	直链烷基苯磺酸钠(LAS)贮备溶液	适量
12	直链烷基苯磺酸钠标准溶液	适量
13	亚甲蓝溶液	适量
14	洗涤液（称取50g一水磷酸二氢钠溶于300mL水中，转移至1000mL容量瓶，缓慢加入6.8mL浓硫酸，用水稀释至标线）	适量
15	酚酞指示剂溶液（将1.0g酚酞溶于50mL乙醇中，然后边搅拌边加入50mL水，滤去形成的沉淀）	适量
16	玻璃棉或脱脂棉（在索氏抽提器中用氯仿提取4h后，取出干燥，保存在清洁的玻璃瓶中待用）	适量
17	水样	适量

注：1. 直链烷基苯磺酸钠贮备溶液：称取0.100g标准物LAS（平均分子量344.4），溶于50mL水中，转移至100mL容量瓶中，稀释至标线并混匀。每毫升含1.00mg LAS。保存于4℃冰箱中。如需要，每周配制一次。

2. 直链烷基苯磺酸钠标准溶液：准确吸取10.00mL直链烷基苯磺酸钠贮备溶液，用水稀释至1000mL，每毫升含10.0μg LAS。当天配制。

3. 亚甲蓝溶液：先称取50g一水磷酸二氢钠溶于300mL水中，转移至1000mL容量瓶，缓慢加入6.8mL浓硫酸，摇匀。另称取30mg亚甲蓝，用50mL水溶解后也移入容量瓶内，用水稀释至标线，摇匀。此溶液贮存于棕色试剂瓶内。

本方法适用于测定饮用水、地面水、生活污水及工业废水中的低浓度亚甲蓝活性物质（MBAS），亦即阴离子表面活性物质。在实验条件下，主要被测物是直链烷基苯磺酸钠（LAS）、烷基磺酸钠和脂肪醇硫酸钠，但可能存在一些正的和负的干扰。

当采用10mm光程的比色皿，试样体积为100mL时，本方法的最低检出浓度为0.05mg/L LAS，检测上限为2.0mg/L。

一、基本原理

阳离子染料亚甲蓝与阴离子表面活性剂作用，生成蓝色的盐类，统称亚甲蓝活性物质（MBAS）。该生成物可被氯仿萃取，其色度与浓度成正比，用分光光度计在波长652nm处测量氯仿层的吸光度。

二、测定步骤

① 水样体积：为了直接分析水和废水样，应根据预计的亚甲蓝表面活性物质的浓度选用水样体积，具体见表14-1。

表14-1 亚甲蓝活性物质的浓度与试样体积对照表

预计的MBAS浓度/(mg/L)	水样体积/mL
0.05~2.0	100
2.0~10	20
10~20	10
20~40	5

当预计的MBAS浓度超过2.0mg/L，按表14-1选取水样体积，用水稀释至100mL。

② 将水样移至分液漏斗，以酚酞为指示剂，逐滴加入1mol/L氢氧化钠溶液至水溶液呈桃红色，再滴加0.5mol/L硫酸到桃红色刚好消失。

③ 加入25mL亚甲蓝溶液，摇匀后再移入10mL氯仿，激烈振摇30s，注意放气。再慢慢旋转分液漏斗，使滞留在内壁上的氯仿液珠降落，静置分层。

④ 将氯仿层放入预先盛有50mL洗涤液的第二个分液漏斗，用数滴氯仿淋洗第一个分液漏斗的放液管，重复萃取三次，每次用10mL氯仿。合并所有氯仿至第二个分液漏斗中，激烈振摇30s，静置分层。

⑤ 将氯仿层通过玻璃棉或脱脂棉，放入50mL容量瓶中。再用氯仿萃取洗涤液两次（每次用量5mL），此氯仿层也并入容量瓶中，加氯仿至标线。

⑥ 测定：每次测定前，振荡容量瓶内的氯仿萃取液，并以此液洗三次比色皿，然后将比色皿充满。在652nm处，以氯仿为参比液，测定样品、标准溶液和空白试验溶液的吸光度。每次测定后，用氯仿清洗比色皿。

⑦ 空白实验：用100mL水代替水样，按步骤②～⑥操作。

⑧ 校准系列配置：取一组分液漏斗10个，分别加入100mL、99mL、97mL、95mL、93mL、91mL、89mL、87mL、85mL、80mL 水，然后分别加入 0mL、1.00mL、3.00mL、5.00mL、7.00mL、9.00mL、11.00mL、13.00mL、15.00mL、20.00mL 直链烷基苯磺酸钠标准溶液，摇匀。按步骤②～⑥操作。测得的吸光度扣除试剂空白值（零标准溶液的吸光度）后与相应的LAS量（μg）绘制标准曲线。

⑨ 以试样的吸光度减去空白实验的吸光度后，从校准曲线上查得LAS的质量（μg）。

三、结果计算

用亚甲蓝活性物质（MBAS）报告结果，以LAS计，平均分子量为344.4。

$$c = \frac{m}{V}$$

式中　c——水样中亚甲蓝活性物质（MBAS）的浓度，mg/L；
　　　m——从校准曲线读取的表观LAS质量，μg；
　　　V——试样的体积，mL。

进度检查

一、填空题

1. 用亚甲蓝分光光度法测定阴离子表面活性剂，在实验条件下，主要被测物是_____、_____和_____，但可能存在一些_____的和_____的干扰。

2. 测定水中的阴离子表面活性剂的含量时，选择的显色剂是_____。

3. 标准曲线的横坐标是_____，纵坐标是_____。

二、判断题

1. 用亚甲蓝分光光度法测定阴离子表面活性剂，当采用10mm光程的比色皿，试样体积为100mL时，本方法的最低检出浓度为0.01mg/L LAS。（　　）

2. 为了直接分析水样，应根据预计的亚甲蓝表面活性物质的浓度，选取水样体积，预计MBAS浓度在0.05～2.0mg/L时，取样体积为50mL。（　　）

3. 用亚甲蓝分光光度法测定水样时，将水样移至分液漏斗，以酚酞为指示剂，逐滴加入1mol/L NaOH溶液至水溶液呈桃红色，再滴加0.5mol/L HCl到桃红色刚好消失。（　　）

三、简答题

1. 萃取操作的基本要求是什么？

2. 测定的波长是否可以任意选择？

四、操作题

测定水样中的阴离子表面活性剂的含量，教师检查：

1. 试样体积选择是否正确。
2. 萃取的操作是否规范。
3. 校准曲线的绘制是否正确。
4. 数据处理的过程是否正确。

编号 FJC-115-10

学习单元 14-10　水样中砷的测定

学习目标：完成本单元的学习之后，能够掌握水样中砷（二乙基二硫代氨基甲酸银分光光度法）的测定原理及测定方法。

职业领域：化工、环保、食品、医药等

工作范围：分析

所需仪器、试剂和设备

序号	名称及说明	数量
1	分光光度计(能在530nm进行测量,配有10mm比色皿)	1台
2	砷化氢发生装置	数套
3	氯仿($CHCl_3$)	适量
4	二乙基二硫代氨基甲酸银($C_5H_{10}NS_2Ag$)	适量
5	三乙醇胺$[(HOCH_2CH_3)_3N]$	适量
6	无砷锌粒(10~20目)	适量
7	硫酸(H_2SO_4,$\rho=1.84g/mL$)	适量
8	硝酸(HNO_3,$\rho=1.40g/mL$)	适量
9	盐酸(HCl,$\rho=1.19g/mL$)	适量
10	硫酸($\frac{1}{2}H_2SO_4$,2mol/L)	适量
11	氢氧化钠(NaOH)溶液(2mol/L,贮存在聚乙烯瓶中)	适量
12	碘化钾(KI)溶液[150g/L:将15g碘化钾(KI)溶于水中并稀释到100mL。贮存在棕色玻璃瓶中。此溶液至少可稳定一个月]	适量
13	氯化亚锡溶液[将40g氯化亚锡($SnCl_2 \cdot 2H_2O$)溶于40mL盐酸中。溶液澄清后,用水稀释到100mL。加数粒金属锡保存]	适量
14	吸收液	适量
15	硫酸铜溶液[150g/L:将15g硫酸铜($CuSO_4 \cdot 5H_2O$)溶于水中并稀释到100mL]	适量
16	乙酸铅溶液[80g/L:将8g乙酸铅溶于水中并稀释到100mL]	适量
17	乙酸铅棉花(将10g脱脂棉浸于100mL乙酸铅溶液中,浸透后取出风干)	适量
18	砷标准溶液(100mg/L)	适量
19	砷标准溶液(1.00mg/L;取10.00mL砷标准溶液于1000mL容量瓶中,用水稀释到刻度)	适量
20	水样	适量

注：1. 砷化氢发生装置包括砷化氢发生瓶（容量为150mL、带有磨口玻璃接头的锥形瓶），导气管（一端带有磨口接头，并有一球形泡，内装乙酸铅棉花，一端被拉成毛细管，管口直径不大于1mm），吸收管（内径为8mm的试管，带有5.0mL刻度）。

2. 吸收液：将0.25g二乙基二硫代氨基甲酸银用少量氯仿溶成糊状，加入2mL三乙醇胺，再用氯仿稀释到100mL。用力振荡使尽量溶解。静置暗处24h后，倾出上清液或用定性滤纸过滤。贮于棕色玻璃瓶中，玻璃瓶贮存于冰箱中。

3. 砷标准溶液：将三氧化二砷（As_2O_3）在硅胶上预先干燥至恒重，准确称量0.1320g，溶于5mL氢氧化钠溶液中，溶解后加入10mL硫酸溶液（2mol/L），转移至1000mL容量瓶中，用水稀释至刻度。此标准溶液含砷100.0μg/mL。

本方法规定二乙基二硫代氨基甲酸银分光光度法测定水和废水中的砷。当试样取最大体积 50mL 时，本方法可测上限浓度为含砷 0.50mg/L。若试样为 50mL，用 10mm 比色皿，最低检出浓度为 0.007mg/L。

总砷：指单体形态、无机和有机化合物中砷的总量。

一、基本原理

锌与酸作用，产生新生态氢；在碘化钾和氯化亚锡存在下，使五价砷还原为三价；三价砷被初生态氢还原成砷化氢（胂）；用二乙基二硫代氨基甲酸银-三乙醇胺的氯仿液吸收胂，生成红色胶体银，在波长 530nm 处，测得吸收液的吸光度。

二、测定步骤

① 水样消解：取 50mL 水样于砷化氢发生瓶中，加入 4mL 浓硫酸和 5mL 硝酸。在通风橱内煮沸消解至产生白色烟雾。如溶液仍不清澈，可再加 5mL 硝酸，继续加热至产生白色烟雾，直至溶液清澈为止（其中可能存在乳白色或淡黄色酸不溶物）。冷却后，小心加入 25mL 水，再加热至产生白色烟雾，赶尽氮氧化物，冷却后，加水使总体积为 50mL。

② 空白试验：用 50mL 纯水取代水样，其余操作同水样的处理一致。

③ 显色：于砷化氢发生瓶中，加 4mL 碘化钾，摇匀，再加 2mL 氯化亚锡溶液，混匀，放置 15min。

④ 取 5.0mL 吸收液至吸收管中，插入导气管。

⑤ 加 1mL 硫酸铜溶液和 4g 无砷锌粒，于砷化氢发生瓶中，并立即将导气管与发生瓶连接，保证反应器密闭。

⑥ 在室温下，维持反应 1h，使胂完全释出。加氯仿将吸收体积补足到 5.0mL。

⑦ 吸光度测定：用 10cm 比色皿，以氯仿为参比液，在 530nm 波长下测量吸收液的吸光度，减去空白试验所测得的吸光度，从校准曲线上查出试样中的含砷量。

⑧ 校准曲线的绘制：往 8 个砷化氢发生瓶中，分别加入 0mL、1.00mL、2.50mL、5.00mL、10.00mL、15.00mL、20.00mL 及 25.00mL 砷标准溶液，并用水加到 50mL。于上述砷化氢发生瓶中，分别加入 4mL 硫酸，以步骤③~⑦进行操作。减去试剂空白的吸光度，修正对应的每个标准溶液的吸光度。以修正的吸光度为纵坐标，与之对应的标准溶液的砷含量（μg）为横坐标作图。

三、结果计算

砷含量 c（mg/L）由下式计算：

$$c = \frac{m}{V}$$

式中 c——水样中砷的浓度，mg/L；
   m——从校准曲线查得的试样砷含量，μg；
   V——水样的体积，mL。

取平行测定结果的算术平均值为测定结果。报告砷的含量，根据有效数字的规则，结果以二位或三位有效数字表示。

进度检查

一、填空题

1. 配制氯化亚锡溶液时，需加入_____与_____，其作用为_____及_____。
2. 测定水中的砷含量时，选择的显色剂是_____。
3. 在环境监测分析中，测定水中砷的两个常用的分光光度法是_____和_____。

二、判断题

1. 二乙基二硫代氨基甲酸银分光光度法测砷时，所用锌粒的规格不需严格控制。（ ）
2. 二乙基二硫代氨基甲酸银可溶于三乙醇胺。（ ）
3. 配制氯化亚锡溶液时，必须加入盐酸和锡粒。（ ）

三、简答题

1. 在试样预处理环节，为什么应在通风橱或通风良好的室内进行？
2. 测定的波长是否可以任意选择？
3. 总砷包含哪几种形态？

四、操作题

测定水样中的砷的含量，教师检查：

1. 试样消解操作是否正确。
2. 显色操作是否正确。
3. 吸光度的操作是否正确。
4. 数据处理过程是否正确。

编号 FJC-115-11

学习单元 14-11　水样中苯系物的测定

学习目标：完成本单元的学习之后，能够掌握水样中苯系物（顶空/气相色谱法）的测定方法及原理。

职业领域：化工、石油、环保、医药、冶金、建材、轻工

工作范围：分析

所需仪器、试剂和设备

序号	名称及说明	数量
1	采样瓶（40mL 棕色螺口玻璃瓶，具橡胶塞-聚四氟乙烯衬垫螺纹盖）	数个
2	气相色谱仪［具分流/不分流进样口和氢火焰离子化检测器（FID）］	1台
3	色谱柱Ⅰ［规格为 30m（柱长）×0.32mm（内径）×0.5μm（膜厚），100%聚乙二醇固定相毛细管柱，或其他等效毛细管柱］	1个
4	色谱柱Ⅱ［规格为 30m（柱长）×0.25mm（内径）×1.4μm（膜厚），6%腈丙苯基＋94%二甲基聚硅氧烷固定相毛细管柱，或其他等效毛细管柱］	1个
5	自动顶空进样器（温度控制精度为±1℃）	1个
6	顶空瓶［顶空瓶（22mL）、聚四氟乙烯（PTFE）/硅氧烷密封垫、瓶盖（螺旋盖或一次使用的压盖），也可使用与自动顶空进样器配套的玻璃顶空瓶］	数个
7	玻璃微量注射器（10～100μL）	数个
8	载气（高纯氮气，纯度≥99.999%）	适量
9	燃烧气（高纯氢气，纯度≥99.999%）	适量
10	助燃气（空气，经硅胶脱水、活性炭脱有机物）	适量
11	甲醇（CH_3OH，色谱纯）	适量
12	盐酸（优级纯）	适量
13	氯化钠（优级纯。使用前在 500～550℃灼烧 2h，冷却至室温，于干燥器中保存备用）	适量
14	抗坏血酸（$C_6H_8O_6$）	适量
15	盐酸溶液（1+1）	适量
16	标准贮备液（$\rho\approx 1.00$mg/mL，溶剂为甲醇。市售有证标准溶液，于 4℃以下避光密封冷藏）	适量
17	标准使用液（$\rho\approx 100$μg/mL。准确移取 1.00mL 标准贮备液，用水定容至 10mL，临用现配）	适量

一、基本原理

该方法适用于地表水、地下水、生活污水和工业废水中苯、甲苯、乙苯、对二甲苯、间二甲苯、邻二甲苯、异丙苯、苯乙烯等 8 种苯系物的测定。当取样体积为 10.0mL 时，本方法测定水中苯系物的检出限为 2～3μg/L，测定下限为 8～12μg/L。

将样品置于密闭的顶空瓶中，在一定的温度和压力下，顶空瓶内样品中挥发性

组分向液上空间挥发，产生蒸气压，在气液两相达到热力学动态平衡时，在一定的浓度范围内，苯系物在气相中的浓度与水相中的浓度成正比。定量抽取气相部分用气相色谱分离，氢火焰离子化检测器检测。根据保留时间定性，工作曲线外标法定量。

二、测定步骤

1. 样品采集

按照 HJ/T 91、HJ/T 91.1、HJ/T 164 和 HJ 494 的相关规定进行样品的采集。采样前，测定样品的 pH 值，根据 pH 值测定结果，在采样瓶中加入适量盐酸溶液，并加入 25mL 抗坏血酸，使采样后样品的 pH≤2。若样品加入盐酸溶液后有气泡产生，须重新采样，重新采集的样品不加盐酸溶液保存，样品标签上须注明未酸化。采集样品时，应使样品在样品瓶中溢流且不留液上空间。取样时尽量避免或减少样品在空气中暴露。所有样品采集平行双样。同时将实验用水带到采样现场，按与样品采集相同的步骤采集全程序空白样品。

2. 样品保存

样品采集后，应在 4℃以下冷藏运输和保存，14d 内完成分析。样品存放区域应无挥发性有机物干扰，样品测定前应将样品恢复至室温。

3. 样品的制备

向顶空瓶中预先加入 3g 氯化钠，加入 10.0mL 样品，立即加盖密封，摇匀。用实验用水代替样品，按照与试样的制备相同的步骤进行实验室空白试样的制备。

4. 分析步骤

(1) 仪器参考条件
① 顶空进样器参考条件。加热平衡温度：60℃；加热平衡时间：30min；进样阀温度：100℃；传输线温度：100℃；进样体积：1.0mL（定量环）。
② 气相色谱仪参考条件。进样口温度：200℃；检测器温度：250℃；色谱柱升温程序：40℃（保持 5min），以 5℃/min 速率升温到 80℃（保持 5min）；载气流速：2.0mL/min；燃烧气流速：30mL/min；助燃气流速：300mL/min；尾吹气流速：25mL/min；分流比为 10:1。

(2) 工作曲线的建立　分别向 7 个顶空瓶中预先加入 3g 氯化钠，依次准确加入 10.0mL、10.0mL、10.0mL、9.8mL、9.6mL、9.2mL 和 8.8mL 水，然后，再用微量注射器和移液管依次加入 5.00μL、20.0μL、50.0μL、0.20mL、0.40mL、0.80mL 和 1.2mL 标准使用液，配制成目标化合物质量浓度分别为 0.050mg/L、0.200mg/L、0.500mg/L、2.00mg/L、4.00mg/L、8.00mg/L、12.00mg/L 标准系列。立即密闭

顶空瓶，轻振摇匀，按照仪器参考条件，从低浓度到高浓度依次进样分析，记录标准系列目标物的保留时间和响应值。以目标化合物浓度为横坐标，以其对应的响应值为纵坐标，建立工作曲线。

（3）试样测定　按照与工作曲线的建立相同的条件进行试样的测定。

（4）实验室空白试样　按照与试样测定相同的步骤进行实验室空白试样的测定。

三、定性分析与结果计算

1. 定性分析

根据样品中目标物与标准系列中目标物的保留时间进行定性。样品分析前，建立保留时间窗 $t±3S$。t 为校准时各浓度级别目标化合物的保留时间均值，S 为初次校准时各浓度级别目标化合物保留时间的标准偏差。样品分析时，目标物应在保留时间窗内出峰。

当在色谱柱 I 上有检出，但不能确认时，可用色谱柱 II 做辅助定性。在本方法规定的测定条件下，苯系物的标准参考色谱图见图 14-2。

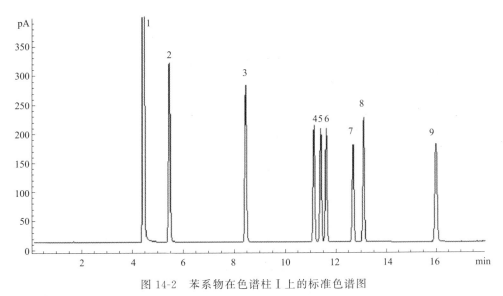

图 14-2　苯系物在色谱柱 I 上的标准色谱图

1—甲醇；2—苯；3—甲苯；4—乙苯；5—对二甲苯；6—间二甲苯；7—异丙苯；8—邻二甲苯；9—苯乙烯

2. 结果计算

样品中目标化合物的质量浓度（μg/L），按照下式进行计算：

$$\rho_I = \rho_i D$$

式中　ρ_I——样品中目标化合物的质量浓度，μg/L；

　　　ρ_i——从工作曲线上得到的目标化合物质量浓度，μg/L；

　　　D——样品的稀释倍数。

3. 结果表示

测定结果小数点后位数的保留与方法检出限一致，最多保留 3 位有效数字。

进度检查

一、填空题

1. 水质中苯系物的采样，在采样时若加入_____溶液后有气泡产生，须_____。
2. 水质苯系物的测定方法有_____。
3. 测定苯系物的标准方法适用于_____、_____、_____及_____中_____、_____、_____、_____、_____、_____、_____、_____ 8 种苯系物的测定。

二、判断题

1. 苯是具有致癌、致畸、致突变作用的有害污染物。（　　）
2. 二甲苯对泌尿系统有损害。（　　）

三、简答题

1. 苯、甲苯、乙苯、对二甲苯、间二甲苯、邻二甲苯、异丙苯、苯乙烯在非极性色谱柱中洗脱次序是什么？
2. 水样中苯系物的测定能用归一化法吗？

四、操作题

试用色谱法对水样中苯系物进行测定，教师检查：
1. 进样操作是否正确。
2. 数据处理过程是否正确。

水中非金属无机物的测定技能考试内容及评分标准

模块 15　水质金属分析

编号 FJC-116-01

学习单元 15-1　水质金属分析的国家标准

学习目标： 完成本单元的学习之后，能够查找相应的国家标准，能够解读国家标准并能结合岗位操作规程拟定检测方案。

职业领域： 化工、环保、食品、医药等

工作范围： 分析

重金属水污染是指相对密度在 4.5 以上的金属元素及其化合物在水中的浓度异常会使水质下降或恶化。重金属在地表水体中不易消失，且可以通过食物链而逐级富集，影响人体健康。金属的污染主要来源于工业污染，其次是交通污染和生活垃圾污染。可以通过人类自身行为改变这一状况，首先，从思想上重视了解重金属对人类及环境造成的危害，提高环境保护意识，只有保护好生存环境，才能保护人类自己；从行为上，要从个人做起，遵守国家法律、法规的环境保护的规定，企业要加强管理，并且做好监督管理机制，使措施落到实处，不能只以人为本，还要考虑动植物及环境所能承受的压力，这样，人类才有立足之地。总之，只要以保护环境为出发点，重金属污染问题就能降到最低点。

一、水质金属分析的基本项目

水质金属分析的基本项目主要包括钾、钠、钙、镁、镍、锰、铅、铬、镉、锌、铜、铁、汞等。其中铜、铅、铬、镉、汞、锰、铁等是最常见且有害的重金属。若含量太高，对生物有急性或慢性的毒性，产生异味及影响水体外观，并且降低河川的自净能力。本模块主要介绍水中铜、铅、铬、镉、汞、锰、铁等重金属的分析。

二、水质金属分析的国家标准

1. 水中铜

《水质　铜的测定　二乙基二硫代氨基甲酸钠分光光度法》（HJ 485—2009）；
《水质　铜的测定　2，9-二甲基-1，10 菲啰啉分光光度法》（HJ 486—2009）；
《生活饮用水标准检验方法　金属指标》（GB/T 5750.6—2006）。

2. 水中铅

《水质 铅的测定 双硫腙分光光度法》（GB/T 7470—1987）；
《水质 铅的测定 示波极谱法》（GB/T 13896—1992）；
《生活饮用水标准检验方法 金属指标》（GB/T 5750.6—2006）。

3. 水中铬

《水质 总铬的测定》（GB/T 7466—87）；
《水质 六价铬的测定 二苯碳酰二肼分光光度法》（GB/T 7467—1987）；
《生活饮用水标准检验方法 金属指标》（GB/T 5750.6—2006）。

4. 水中镉

《水质 镉的测定 双硫腙分光光度法》（GB/T 7471—87）；
《生活饮用水标准检验方法 金属指标》（GB/T 5750.6—2006）。

5. 水中汞

《水质 总汞的测定 冷原子吸收分光光度法》（HJ 597—2011）；
《水质 汞的测定 冷原子荧光法（试行）》（HJ/T 341—2007）；
《水质 总汞的测定 高锰酸钾-过硫酸钾消解法 双硫腙分光光度法》（GB/T 7469—1987）；
《生活饮用水标准检验方法 金属指标》（GB/T 5750.6—2006）。

6. 水中锰

《水质 锰的测定 高碘酸分光光度法》（GB/T 11906—89）；
《生活饮用水标准检验方法 金属指标》（GB/T 5750.6—2006）。

7. 水中铁

《水质 铁的测定 邻菲啰啉分光光度法（试行）》（HJ/T 345—2007）；
《生活饮用水标准检验方法 金属指标》（GB/T 5750.6—2006）。

进度检查

一、简答题

1. 水中金属铜的检测方法有哪些？
2. 水中金属汞的检测方法有哪些？
3. 水中金属铁的检测方法有哪些？

二、操作题

阅读和查找水质金属分析的相关标准。

编号 FJC-116-02

学习单元 15-2 水样中铜的测定

学习目标：完成本单元的学习之后，能够掌握水样中铜的测定原理及测定方法。
职业领域：化工、环保、食品、医药等。
工作范围：分析
所需仪器、试剂和设备

序 号	名称及说明	数量
1	721可见分光光度计(2cm比色皿)	1台
2	具塞分液漏斗(250mL)	7个
3	具塞比色管(10mL)	6个
4	四氯化碳	适量
5	氨水(1+1)	适量
6	EDTA-柠檬酸铵溶液	适量
7	二乙基二硫代氨基甲酸钠溶液(1g/L)	适量
8	氨-氯化铵溶液(pH≈9.0)	适量
9	铜标准贮备溶液(1mg/mL)	适量
10	铜标准使用溶液(10μg/mL)	适量
11	淀粉溶液(5g/L)	适量
12	甲酚红指示剂(1g/L 95%乙醇溶液)	适量

注：配制EDTA-柠檬酸铵溶液，称取EDTA5g，柠檬酸铵20g，溶于纯水，并稀释成100mL。

水中铜含量测定有三种方法，原子吸收分光光度法、二乙基二硫代氨基甲酸钠分光光度法、双乙醛草酰二腙分光光度法。下面主要给大家介绍二乙基二硫代氨基甲酸钠分光光度法。

一、实验原理

在pH=9～11的氨性溶液中，铜离子与二乙基二硫代氨基甲酸钠反应，生成棕黄色配合物，此配合物可用四氯化碳萃取，在波长436nm处进行测定。

铁、锰、镍和钴与二乙基二硫代氨基甲酸钠生成的有色配合物，干扰铜的测定，可用EDTA-柠檬酸铵掩蔽消除。

二、测定步骤

① 吸取 100mL 水样于 250mL 分液漏斗中（若水样色度过高，可置于烧杯中，加少量过硫酸铵，煮沸，浓缩至约 70mL，冷却后加水稀释至 100mL）。

② 另取 6 个 250mL 分液漏斗，各加 100mL 纯水，然后分别加入 0.00mL、0.20mL、0.40mL、0.60mL、0.80mL 和 1.00mL 铜标准使用溶液，混匀。

③ 向样品及标准系列溶液中各加入 5mL EDTA-柠檬酸铵溶液及 3 滴甲酚红指示剂，滴加氨水至溶液由黄色变为浅红色，再各加 2mL 二乙基二硫代氨基甲酸钠溶液，混匀，放置 5min。

④ 各加 10mL 四氯化碳，振摇 2min，静置分层。

⑤ 用脱脂棉擦去分液漏斗颈内水膜，将四氯化碳层放入干燥的 10mL 具塞比色管中。

⑥ 用 2cm 比色皿，以四氯化碳为参比，于 436nm 波长处测量样品及标准系列溶液的吸光度。

⑦ 绘制标准曲线，并从曲线上查出样品管中铜的浓度，计算水样中铜的含量。

三、结果计算

水样中铜的质量浓度计算如下：

$$\rho(\text{Cu}) = \frac{m}{V}$$

式中：ρ（Cu）——水样中铜的质量浓度，mg/L；

m——从工作曲线上查得的铜的质量，μg；

V——水样的体积，mL。

进度检查

一、填空题

1. 水中铜含量测定有_____、_____和_____三种方法。

2. 在 pH=_____的氨性溶液中，铜离子与二乙基二硫代氨基甲酸钠反应，生成_____色的配合物，此配合物可用四氯化碳萃取，在波长_____nm 处进行测定。

3. 用_____和_____可掩蔽消除铁、锰、镍、钴对铜离子的干扰。

二、判断题

1. 试液中有干扰离子时，可先加入适当掩蔽剂，再加入显色剂。　　　（　　）

2. 凡是被肉眼感觉到的光称为可见光，波长范围为 300～1000nm。　　（　　）

3. 使用分液漏斗时，下层液体从下面流出，上层液体应从上口倒出。　　（　　）

三、简答题
1. 二乙基二硫代氨基甲酸钠分光光度法测定水样中铜含量的原理是什么？
2. 水中铜的主要来源有哪些？

四、操作题
用二乙基二硫代氨基甲酸钠分光光度法测定水样中铜含量，教师检查下列项目是否正确：

1. 操作过程是否正确。
2. 标准曲线绘制是否正确。

编号 FJC-116-03

学习单元 15-3 水样中铅的测定

学习目标：完成本单元的学习之后，能够掌握水样中铅的测定原理及测定方法。
职业领域：化工、环保、食品、医药等
工作范围：分析
所需仪器、试剂和设备

序 号	名称及说明	数量
1	原子吸收分光光度计	1台
2	铅空心阴极灯	1只
3	优级纯试剂 硝酸（$\rho=1.42g/mL$）	适量
4	优级纯试剂 硝酸（1+1）	适量
5	优级纯试剂 硝酸（1+499）	适量
6	优级纯试剂 高氯酸（$\rho=1.67g/mL$）	适量
7	分析纯硝酸（$\rho=1.42g/mL$）	适量
8	乙炔（纯度不低于99.6%）	适量
9	金属离子贮备液（1.00g/L）	适量
10	中间标准溶液	适量

注：1. 金属离子贮备液（1.000g/L）：称取1.000g光谱纯金属铅（精确到0.001g），用硝酸溶解，必要时加热，直至溶解完全，然后用水稀释定容至1000mL。
2. 中间标准溶液：用（1+499）硝酸溶液稀释金属离子贮备液配制，此溶液中铅的浓度为100.0mg/L。

铅是可在人体和动植物组织中蓄积的有毒金属，主要毒性效应是贫血症、神经机能失调和肾损伤。铅对水生生物的安全浓度为0.16mg/L。世界范围内，淡水中含铅0.06～120$\mu g/L$；海水含铅0.03～13$\mu g/L$。铅的主要污染源有蓄电池、五金、冶金、机械、涂料和电镀工业等排放的废水。

铅的测定方法有原子吸收分光光度法、双硫腙分光光度法和阳极溶出伏安法或示波极谱法。下面主要介绍原子吸收分光光度法。

一、基本原理

原子吸收分光光度法是根据某元素的基态原子对该元素的特征谱线的选择性吸收来进行测定的分析方法，定量依据是朗伯-比尔定律。

由铅空心阴极灯发射的特征谱线（锐线光源），穿越被测水样经原子化后产生的

铅原子蒸气时，产生选择性吸收，使入射光强度与透射光强度产生差异，通过测定基态原子的吸光度，确定水样中铅的含量。

水样用 HNO_3 和 $HClO_4$ 混合液消解。

二、测定步骤

1. 采样

按采样要求采取具有代表性的水样。

2. 样品处理

（1）样品采集后立即通过 $0.45\mu m$ 滤膜过滤，滤液用硝酸酸化至 pH＝1～2（正常状态下 1000mL 样品用 2mL 浓硝酸）。

（2）加入 5mL 硝酸，在电热板上加热消解，确保样品不沸腾，蒸至 10mL 左右，加 5mL 硝酸和 2mL 高氯酸，继续消解，蒸至 1mL 左右。如果消解不完全，再加入 5mL 硝酸和 2mL 高氯酸，再蒸到 1mL 左右。取下冷却，加水溶解残渣，通过中速滤纸（预先用酸洗）滤入 100mL 容量瓶中，用水稀释至标线。

3. 开机

选择铅空心阴极灯，按铅特征谱线 283.3nm，非特征吸收谱线 283.7nm 的工作条件将仪器调试到工作状态（调试操作按仪器说明书进行）。

4. 标准曲线

参照表 15-1，在 100mL 容量瓶中，用（1＋499）硝酸溶液稀释中间标准溶液，至少配制 4 个工作标准溶液，其浓度范围应包括被测元素的浓度。

表 15-1　工作标准溶液

中间标准溶液加入体积/mL	0.50	1.00	5.00	10.00
工作标准溶液浓度/(mg/L)	0.50	1.00	3.00	10.00

吸入（1＋499）硝酸溶液，将仪器调零。分别吸入各工作标准溶液测出相应吸光度并记录。注意，每测一个工作标准液均要吸喷（1＋499）硝酸溶液将仪器调零后再吸喷下一个试液。

用测得的吸光度与相对应的工作标准溶液浓度绘制标准曲线。

5. 空白

取 100.0mL（1＋499）硝酸溶液代替样品，置于 200mL 烧杯中，与试样相同处理后，以相应铅元素工作溶液的测定工作条件测出相应条件下的空白液的吸光度并记录。

6. 测样

在与相应铅元素工作溶液相同的工作条件下吸喷已处理过的水样试液，测出工作条件下铅元素的吸光度并记录。

进度检查

一、填空题

1. 铅的测定方法有＿＿＿＿＿＿、＿＿＿＿＿＿和＿＿＿＿＿＿。
2. 本实验中使用的仪器光源为＿＿＿＿＿＿灯。
3. 原子吸收分光光度法所使用的火焰温度取决于＿＿＿＿＿＿。

二、判断题

1. 进入原子化器的待测元素将100％转化为原子蒸气。（　　）
2. 原子吸收分光光度计分光过程在试样原子化之前进行。（　　）
3. 空心阴极灯是连续光源。（　　）
4. 原子吸收分光光度计测铜的步骤依次是开机预热、设置分析程序、开助燃气、开燃气、点火、进样、读数。（　　）

三、简答题

1. 原子吸收分光光度法的定量方法有哪些？
2. 简述原子吸收分光光度计的组成。
3. 如何消除基体干扰？

四、操作题

测定水样中铅的含量，教师检查下列项目是否正确：

1. 原子吸收分光光度计的操作过程。
2. 标准曲线的绘制。

编号 FJC-116-04

学习单元 15-4 水样中铬的测定

学习目标：完成本单元的学习之后，能够掌握水样中铬的测定原理及测定方法。
职业领域：化工、环保、食品、医药等
工作范围：分析
所需仪器、试剂和设备

序 号	名称及说明	数量
1	721型分光光度计	1台
2	容量瓶(500mL,1000mL)	各2只
3	比色管(50mL)	9只
4	丙酮	适量
5	硫酸溶液(1+1)	适量
6	磷酸溶液(1+1)	适量
7	氢氧化钠溶液(4g/L)	适量
8	氢氧化锌共沉淀剂	适量
9	高锰酸钾溶液(40g/L)	适量
10	铬标准贮备液	适量
11	铬标准溶液A	适量
12	铬标准溶液B	适量
13	尿素溶液(200g/L)	适量
14	亚硝酸钠溶液(20g/L)	适量
15	显色剂A	适量
16	显色剂B	适量

注：1. 氢氧化锌共沉淀剂：将100mL 80g/L硫酸锌（$ZnSO_4 \cdot 7H_2O$）溶液和120mL 20g/L氢氧化钠溶液混合。

2. 铬标准贮备液：称取于110℃干燥2h的重铬酸钾（$K_2Cr_2O_7$，优级纯）0.2829g±0.0001g，用水溶解后，移入1000mL容量瓶中，用水稀释至标线，摇匀。此溶液1mL含0.10mg六价铬。

3. 铬标准溶液A：吸取5.00mL铬标准贮备液置于500mL容量瓶中，用水稀释至标线，摇匀。此溶液1mL含1.00μg六价铬，使用时当天配制。

4. 铬标准溶液B：吸取25.00mL铬标准贮备液置于500mL容量瓶中，用水稀释至标线，摇匀。此溶液1mL含5.00μg六价铬，使用时当天配制。

5. 显色剂A：称取二苯碳酰二肼（$C_{13}N_{14}H_4O$）0.2g，溶于50mL丙酮中，加水稀释到100mL，摇匀，贮于棕色瓶，置冰箱中（色变深后，不能使用）。

6. 显色剂B：称取二苯碳酰二肼（$C_{13}N_{14}H_4O$）2g，溶于50mL丙酮中，加水稀释到100mL，摇匀，贮于棕色瓶，置冰箱中（色变深后，不能使用）。

铬是生物体所需的微量元素之一。铬的毒性与其存在的价态有关，六价铬（以

模块15 水质金属分析

CrO_4^{2-}、$HCrO_4^-$、$Cr_2O_7^{2-}$ 形式存在）比三价铬毒性高 100 倍，并易被人体吸收且在体内蓄积，三价铬和六价铬可以相互转化。当水中六价铬浓度为 1mg/L 时，水呈淡黄色并有涩味，三价铬浓度为 1mg/L 时，水的浊度明显增加，三价铬化合物对鱼的毒性比六价铬大。天然水不含铬；海水中铬的平均浓度为 $0.05\mu g/L$；饮用水中更低。铬的污染源有含铬矿石的加工、金属表面处理、皮革鞣制、印染等排放的污水。

铬的测定方法有原子吸收分光光度法、二苯碳酰二肼分光光度法、硫酸亚铁铵滴定法、极谱法、气相色谱法、中子活化法、化学发光法。下面主要介绍二苯碳酰二肼分光光度法。

一、基本原理

在酸性溶液中，水样中的三价铬用高锰酸钾氧化成六价铬，六价铬与二苯碳酰二肼（DPC）反应，生成紫红色配合物，于 540nm 波长处测定吸光度，求出水样中六价铬的含量。

方法的最低检出浓度（取 50mL 水样，1cm 比色皿时）为 0.004mg/L，测定上限为 1mg/L。

二、测定步骤

1. 采样

用玻璃瓶按采样方法采集具有代表性水样。采样时，加入氢氧化钠，调节 pH 约为 8。

2. 样品的预处理

（1）样品中不含悬浮物，低色度的清洁地表水可直接测定，不需预处理。

（2）色度校正。当样品有色但不太深时，另取一份试样，以 2mL 丙酮代替显色剂，其他同步骤（4）。试样测得的吸光度扣除此色度校正吸光度后，再进行计算。

（3）对浑浊、色度较深的样品可用锌盐沉淀分离法进行前处理，取适量试样（含六价铬少于 $100\mu g$）于 150mL 烧杯中，加水至 50mL，滴加氢氧化钠溶液，调节溶液 pH 为 7～8。在不断搅拌下，滴加氢氧化锌共沉淀剂至溶液 pH 为 8～9，将此溶液转移至 100mL 容量瓶中，用水稀释至标线，用慢速滤纸干过滤，弃去 10～20mL 初滤液，取其中 50.0mL 滤液供测定。

（4）二价铁、亚硫酸盐、硫代硫酸盐等还原性物质的消除。取适量样品（含六价铬少于 $50\mu g$）于 50mL 比色管中，用水稀释至标线，加入 4mL 显色剂 B 混匀，放置 5min 后，加入 1mL 硫酸溶液摇匀。5～10min 后，在 540nm 波长处，用 10mm 或 30mm 光程的比色皿，以水作参比测定吸光度，扣除空白试验测得的吸光度后，从标准曲线查得六价铬含量。用同法做标准曲线。

（5）次氯酸盐等氧化性物质的消除。取适量样品（含六价铬少于50μg）于50mL比色管中，用水稀释至标线。加入0.5mL硫酸溶液、0.5mL磷酸溶液、1.0mL尿素溶液，摇匀，逐滴加入1mL亚硝酸钠溶液，边加边摇，以除去由过量的亚硝酸钠和尿素反应生成的气泡，待气泡除尽后，以下步骤同步骤（4），免去加硫酸溶液和磷酸溶液。

3. 空白试验

按同水样完全相同的上述处理步骤进行空白试验，用50mL纯水代替水样。

4. 测定

取适量（含六价铬少于50μg）无色透明水样，置于50mL比色管中，用水稀释至标线。加入0.5mL硫酸溶液和0.5mL磷酸溶液，摇匀。加入显色剂A，摇匀放置5～10min后，在540nm波长处用10mm或30mm的比色皿，以水作参比，测定吸光度，扣除空白试验测得的吸光度后，从标准曲线上查得六价铬含量。

5. 标准曲线绘制

向一系列50mL比色管中分别加入0mL、0.20mL、0.50mL、1.00mL、2.00mL、4.00mL、6.00mL、8.00mL、10.00mL铬标准溶液A或铬标准溶液B（如经锌盐沉淀分离法前处理，则应加倍吸取），用水稀释至标线，然后按测定试样的步骤4进行处理。

从测得的吸光度减去空白试验的吸光度后，绘制六价铬的量-吸光度的曲线，从标准曲线上查出铬的浓度。

三、结果计算

水样中铬的质量浓度计算如下：

$$\rho(\text{Cr}) = \frac{m}{V}$$

式中　ρ（Cr）——水样中铬的质量浓度，mg/L；
　　　m——从工作曲线上查得的铬的质量，μg；
　　　V——水样的体积，mL。

进度检查

一、填空题

1. 铬的毒性与其存在的_____有关，_____价铬比_____价铬毒性高。

2. 铬的测定方法有_____、_____、_____等。
3. 在酸性介质中，_____与二苯碳酰二肼（DPC）反应，生成_____色配合物，于_____nm 波长处测定吸光度。

二、判断题

1. 吸收池在使用后应立即洗净，当被有色物质污染时，可用铬酸洗液洗涤。
（   ）
2. 一般要求显色剂与有色化合物的对比度 $\Delta\lambda$ 在 60nm 以上。（   ）
3. 分光光度计单色器的作用是把光源发出的复合光分解为所需波长的单色光。
（   ）

三、简答题

1. 测总铬水样需如何处理？简述测定过程。
2. 用 1cm 比色皿和 3cm 比色皿测出的吸光度数值是否一致？

四、操作题

测定水样中六价铬的含量，教师检查下列项目是否正确：
1. 721 型分光光度计的操作。
2. 标准曲线的绘制。

编号 FJC-116-05

学习单元 15-5　水样中镉的测定

学习目标：完成本单元的学习之后，能够掌握水样中镉的测定原理及测定方法。
职业领域：化工、环保、食品、医药等
工作范围：分析
所需仪器、试剂和设备

序号	名称及说明	数量
1	原子吸收分光光度计	1台
2	镉空心阴极灯	1个
3	电热板	1台
4	抽气瓶	1个
5	玻璃砂芯漏斗	1个
6	硝酸（优级纯）	适量
7	盐酸（优级纯）	适量
8	镉标准贮备溶液[ρ(Cd)=1mg/mL]	适量

注：镉标准贮备溶液（1mg/mL）。称取 1.000g 纯镉粉，溶于 5mL 硝酸溶液（1+1）中，并用纯水定容至 1000mL。所有玻璃器皿，使用前均需使用硝酸溶液（1+9）浸泡，并直接用纯水清洗。

水中镉的测定方法有无火焰原子吸收分光光度法、火焰原子吸收分光光度法、原子荧光法、双硫腙分光光度法等。下面主要给大家介绍火焰原子吸收分光光度法。

一、实验原理

水样中的金属离子被原子化后，吸收空心阴极灯发出的共振线（镉，228.8nm），吸收共振线的量与样品中该元素的量成正比。在其他量不变的情况下，根据测定的镉被吸收后的光谱强度，与标准系列比较定量。

二、分析步骤

1. 水样的预处理

澄清的水样可直接进行测定；悬浮物较多的水样，分析前需酸化并消化有机物。若需测定溶解的金属，则应在采样时，将水样通过 0.45μm 滤膜过滤，然后按每升水样加 1.5mL 硝酸酸化使水样 pH 小于 2。

水样中的有机物一般不干扰测定，为使金属离子能全部进入水溶液和促使颗粒物质溶解以有利于萃取和原子化，可采用盐酸-硝酸消化法。于每升水样中加入 5mL 硝酸。混匀后取定量水样，按每 100mL 水样中加入 5mL 盐酸的比例加入盐酸。在电热板上加热 15min，冷至室温后，用玻璃砂芯漏斗过滤，最后用纯水稀释至一定体积。

2. 水样测定

将镉标准贮备液用每升含 1.5mL 硝酸的纯水稀释，制成以下浓度（mg/L）标准系列：镉，0.050～2.0mg/L。

依次测定空白溶液、标准系列和水样的吸光度。

从电脑上直接查出水样中镉的浓度。

进度检查

一、填空题

1. 进行原子光谱分析操作时，应特别注意安全。点火时应先开_____气，再开_____气，最后_____。关气时应先关_____气再关_____气。
2. 测定水中镉时，需要使用_____将水样酸化，使其 pH _____。

二、判断题

1. 在火焰原子吸收分光光度法中，火焰中基态原子数反映了样品中元素原子的浓度。（　）
2. 原子吸收光谱是带状光谱，而紫外-可见光谱是线状光谱。（　）
3. 石墨炉原子化法与火焰原子化法比较，其优点之一是原子化效率高。（　）
4. 仪器最好放置在水槽旁边，方便倒试剂溶液。（　）

三、简答题

1. 原子吸收分光光度法的定量方法有哪些？
2. 简述原子吸收分光光度计的组成。
3. 原子吸收法测定金属离子的原理是什么？

四、操作题

测定水样中镉的含量，教师检查下列项目是否正确：

1. 原子吸收分光光度计的操作过程。
2. 水样的预处理操作。

编号 FJC-116-06

学习单元 15-6 水样中汞的测定

学习目标：完成本单元的学习之后，能够掌握水样中汞的测定原理及测定方法。
职业领域：化工、环保、食品、医药等
工作范围：分析
所需仪器、试剂和设备

序 号	名称及说明	数量
1	721型分光光度计	1台
2	具塞锥形瓶(500mL)	9个
3	分液漏斗(500mL)	1个
4	分液漏斗(125mL)	1个
5	硫酸(分析纯)	适量
6	双硫腙三氯甲烷溶液	适量
7	盐酸羟胺溶液(100g/L)	适量
8	高锰酸钾溶液(50g/L)	适量
9	亚硫酸钠溶液(200g/L)	适量
10	碱性洗液	适量
11	硝酸溶液(1+19)	适量
12	汞标准贮备溶液(100μg/mL)	适量
13	汞标准使用溶液(1μg/mL)	适量

注：1. 碱性洗液：用10g氢氧化钠，溶于500mL纯水，加入10g乙二胺四乙酸二钠，再加氨水（ρ_{20} = 0.88g/mL）至1000mL。

2. 汞标准贮备溶液：称取0.1354g经硅胶干燥器放置24h以上的氯化汞，溶于重铬酸钾硝酸溶液，并将此溶液定容至1000mL。

3. 汞标准使用溶液：将汞标准贮备溶液加稀硝酸（1+19）稀释。

水中汞离子的测定方法有原子荧光法、冷原子吸收法、双硫腙分光光度法等。下面主要给大家介绍双硫腙分光光度法。本法最低检测质量为0.25μg，若取250mL水样测定，则最低检测质量浓度为1μg/L。

一、实验原理

汞离子和双硫腙在0.5mol/L硫酸的酸性条件下能迅速定量配合，生成能溶于三

氯甲烷、四氯化碳等有机溶剂的橙色配合物，于485nm波长下比色定量。

于水样中加入高锰酸钾和硫酸并加热，可将水中有机汞和低价汞氧化成高价汞，且能消除有机物的干扰。

铜、银、金、铂、钯等金属离子在酸性溶液中同样可被双硫腙溶液萃取，但提高溶液酸度和碱性洗液浓度，并在碱性洗液中加入EDTA，可消除一定量前四种金属离子的干扰，但不能消除钯的干扰。

二、分析步骤

1. 水样预处理

（1）于500mL具塞锥形瓶中加入10mL高锰酸钾溶液，如水样中有机物过多，可增加5～10mL，然后再加入250mL水样。

（2）另取同样锥形瓶8个，各先加入10mL高锰酸钾溶液，然后分别加入汞标准使用溶液0.00mL、0.25mL、0.50mL、1.00mL、2.00mL、4.00mL、6.00mL和8.00mL，各加纯水至250mL。

（3）向水样及标准系列瓶中各加入20mL硫酸，置电炉上加热煮沸5min。

（4）将溶液冷却至室温，滴加盐酸羟胺溶液至高锰酸钾褪色，剧烈振荡，开塞放置30min。

注：盐酸羟胺还原高锰酸钾过程中产生大量氯气和氮氧化物，为防止萃取过程中氧化双硫腙，应开塞静置30min，使其逸散。

2. 测定

（1）将溶液倾入500mL分液漏斗中，各加1mL亚硫酸钠溶液及10mL双硫腙三氯甲烷溶液，剧烈振荡1min，静置分层。

（2）将双硫腙三氯甲烷溶液放入另一套已放有20mL碱性洗液的125mL分液漏斗中，剧烈振荡30s，静置分层。将少量脱脂棉塞入分液漏斗颈内，将三氯甲烷相放入干燥的10mL比色管中。

（3）于485nm波长下，用2cm比色皿，以三氯甲烷为参比，测量样品及标准系列溶液的吸光度。

（4）绘制标准曲线，并从曲线上查出样品管中汞的质量。

三、计算

水样中汞的质量浓度计算如下：

$$\rho(\text{Hg}) = \frac{m}{V}$$

式中　ρ（Hg）——水样中汞的质量浓度，mg/L；

m——从工作曲线上查得的汞的质量，μg；
V——水样的体积，mL。

进度检查

一、填空题

1. 水中汞离子的测定方法有＿＿＿＿＿＿、＿＿＿＿＿＿、＿＿＿＿＿＿＿等。

2. 汞离子和＿＿＿＿＿＿在＿＿＿＿＿＿＿＿＿＿条件下能迅速定量配合，生成能溶于三氯甲烷、四氯化碳等有机溶剂的＿＿＿＿＿色配合物，于＿＿＿＿＿nm波长下比色定量。

3. 在碱性洗液中加入＿＿＿＿＿＿＿，可消除一定量铜、银、金、铂离子的干扰。

二、判断题

1. 为使显色反应完全，应加入适当过量的显色剂。（　）
2. 为使721型分光光度计稳定工作，防止电压波动影响测定，最好能外加稳压电源。（　）
3. 如果显色剂有色，则要求有色化合物与显色剂之间的颜色差别要大，提高测定的准确度。（　）

三、简答题

1. 双硫腙分光光度法测定水样中汞含量的原理是什么？
2. 水中汞的主要来源有哪些？

四、操作题

用双硫腙分光光度法测定水样中汞含量，教师检查下列项目是否正确：
1. 分光光度计的操作过程。
2. 水样的处理过程。
3. 标准曲线的绘制。

编号 FJC-116-07

学习单元 15-7　水样中锰的测定

学习目标：完成本单元的学习之后，能够掌握水样中锰的测定原理及测定方法。
职业领域：化工、环保、食品、医药等
工作范围：分析
所需仪器、药品和设备

序　号	名称及说明	数量
1	721 型分光光度计	1 台
2	锥形瓶(150mL)	10 个
3	比色管(50mL)	10 支
4	过硫酸铵(固体)	适量
5	硝酸银-硫酸汞溶液	适量
6	盐酸羟胺(100g/L)	适量
7	锰标准贮备液[$\rho(Mn)=1mg/mL$]	适量
8	锰标准使用液[$\rho(Mn)=10\mu g/mL$]	适量

注：1. 过硫酸铵在干燥时较为稳定，水溶液或受潮的固体溶液分解放出过氧化氢而失效。本法常因试剂分解而失败，请注意。

2. 硝酸银-硫酸汞溶液：称取 75g 硫酸汞溶于 600mL 硝酸溶液（2+1）中，再加 200mL 磷酸及 35mg 硝酸银，放冷后加纯水至 1000mL，贮于棕色瓶中。

3. 锰标准贮备液 [$\rho(Mn)=1mg/mL$]：称取 1.2912g 氧化锰（优级纯）或称取 1.000g 金属锰 [$\omega(Mn)\geqslant 99.8\%$]，加硝酸溶液（1+1）溶解后，用纯水定容至 1000mL。

水中锰的含量测定方法有原子吸收分光光度法、过硫酸铵分光光度法、高碘酸银（Ⅲ）钾分光光度法。下面给大家介绍过硫酸铵分光光度法。

一、测定原理

在硝酸存在下，锰被过硫酸铵氧化成紫红色的高锰酸盐，其颜色的深度与锰的含量成正比。如果溶液中有过量的过硫酸铵时，生成的紫红色至少能稳定 24h。

氯离子因能沉淀银离子而抑制催化作用，可由试剂中所含的汞离子予以消除。加入磷酸可配合铁等干扰元素。如水样中有机物较多，可多加过硫酸铵，并延长加热时间。

二、操作步骤

（1）吸取 50.0mL 水样于 150mL 锥形瓶中。

（2）另取 9 个 150mL 锥形瓶，分别加入锰标准使用溶液 0.00mL、0.25mL、0.50mL、1.00mL、3.00mL、5.00mL、10.00mL、15.00mL 和 20.00mL，加纯水至 50mL。

（3）向水样及标准系列瓶中各加 2.5mL 硝酸银-硫酸汞溶液，煮沸至剩约 45mL 时，取下稍冷。如有浑浊，可用滤纸过滤。

（4）将 1g 过硫酸铵分次加入锥形瓶中，缓缓加热至沸。若水中有机物较多，取下稍冷后再分次加入 1g 过硫酸铵，再加热至沸，使显色后的溶液中保持有剩余的过硫酸铵。取下，放置 1min 后，用水冷却。

（5）将水样及标准系列瓶中的溶液分别移入 50mL 比色管中，加纯水至刻度，混匀。

（6）在 530nm 波长处，用 5cm 比色皿，测定样品和标准系列吸光度。

（7）如原水样有颜色时，可向有色的样品溶液中滴加盐酸羟胺溶液，至生成的高锰酸盐完全褪色为止。再次测定此水样吸光度。

（8）绘制工作曲线，从工作曲线上查出样品管中的锰质量。

有颜色的水样，可由第一次测得的样品溶液的吸光度减去消色后测得的样品空白的吸光度，再从工作曲线查出锰的质量。

三、结果计算

水样中锰的质量浓度计算如下：

$$\rho(\mathrm{Mn}) = \frac{m}{V}$$

式中　ρ（Mn）——水样中锰的质量浓度，mg/L；
　　　m——从工作曲线上查得的锰的质量，μg；
　　　V——水样的体积，mL。

进度检查

一、填空题

1. 水中锰的含量测定方法有_____、_____和_____。
2. 在硝酸存在下，锰被_____氧化成_____色的_____，其颜色的深度与锰的含量成正比。在_____nm 波长处，测定其吸光度。
3. 分光光度法测锰实验中，绘制工作曲线标准系列至少要_____个点。

二、判断题

1. 分光光度法中，可以选择不同厚度的比色皿以控制吸光度在合适的范围内。
（　　）
2. 用分光光度法测量时，只要有色溶液对光有吸收，则可以在任意波长下，测定该溶液的工作曲线。
（　　）

3. 显色剂用量和溶液的酸度是影响显色反应的重要因素。　　　　　(　　)

三、简答题
1. 过硫酸铵分光光度法测定水样中锰含量的原理是什么？
2. 水中锰的主要来源有哪些？

四、操作题
用过硫酸铵分光光度法测定水样中锰含量，教师检查下列项目是否正确：
1. 分光光度计的操作过程。
2. 标准溶液的配制及水样处理过程。
3. 标准曲线的绘制是否正确。

学习单元15-8 水样中铁的测定

学习目标： 完成本单元的学习之后，能够掌握水样中铁的测定原理及测定方法。
职业领域： 化工、环保、食品、医药等
工作范围： 分析
所需仪器、药品和设备

序 号	名称及说明	数量
1	721型分光光度计(2cm 比色皿)	1台
2	铁标准溶液	适量
3	10%盐酸羟胺溶液	适量
4	乙酸钠溶液(1mol/L)	适量
5	邻菲啰啉溶液(0.1%)	适量
6	盐酸溶液(2mol/L)	适量
7	水样	适量

注：铁标准溶液。准确称取0.864g分析纯$NH_4Fe(SO_4)_2 \cdot 12H_2O$置于100mL烧杯中，以30mL 2mol/L盐酸溶解后移入100mL容量瓶中，以水稀释至刻度，摇匀，配制100μg/mL铁标准溶液。

天然水中铁以不同形态存在，例如地表水以Fe^{3+}的无机、有机配位化合物形式存在，还有相当部分以悬浮态或胶体形式存在。在地下水中则有相当部分的铁是以Fe^{3+}形式存在。为了研究方便，多将水样中铁分为悬浮态和可滤态，可滤态是铁能通过0.45μm微孔滤膜的简单离子、配位离子和微小的胶体粒子态等，通不过0.45μm微孔滤膜的部分称为悬浮态，这两部分铁的总和称为水样总铁。

水中铁的主要来源可分为天然源和人为污染源。天然源主要是雨水地面径流从土壤岩石中溶解出来的铁，形成铁的无机配位化合物和有机配位化合物。人为污染源主要是选矿、金属冶炼、机械加工、表面处理、酸洗产生大量含铁废水。

由于Fe^{3+}易水解，常使水呈浅黄色或显浑浊，不仅影响感观（如使人觉得水不干净，且有铁腥味），而且影响造纸、漂洗、印染工业的使用，因为这种浅黄色会使纸张、纺织品出现黄色斑点而成为次品，因此各国对饮用水和工业用水的含铁量都作了较严格的规定。

铁是人体必需的微量营养元素，一般成人体内含铁4～5g。铁是组成人体血红蛋白的主要成分，血红蛋白能把氧运载到全身各组织中去。人主要是从每天的食物中摄取铁，而从饮水中摄入铁量是很少的，缺铁性贫血应多食含铁质丰富的食物，也可补充铁制剂（如硫酸亚铁、乳酸亚铁或葡萄糖酸亚铁）。

测定水中铁的方法很多，但目前用得较多的还是吸光光度法、原子吸收法和化学法，此外也有用等离子发射光谱法的。下面介绍邻菲啰啉分光光度法。

一、基本原理

Fe(Ⅱ)在 pH=1.5～9.5 介质与邻二氮菲生成稳定的橙红色配合物，并在 510nm 附近呈现最大吸收。

当铁以 Fe^{3+} 存在时，可预先用还原剂盐酸羟胺（或对苯二酚等）将其还原成 Fe^{2+}，其反应式如下：

$$4Fe^{3+} + 2NH_2OH \longrightarrow 4Fe^{2+} + N_2\uparrow + 2H_2O + 2H^+$$

测定时控制溶液酸度在 pH=3～8 较为适宜，酸度高时，反应进行较慢，酸度太低，则 Fe^{2+} 水解，影响显色。

Bi^{3+}、Cd^{2+}、Hg^{2+}、Ag^+、Zn^{2+} 等离子与显色剂生成沉淀，Ca^{2+}、Cu^{2+}、Ni^{2+} 等离子则形成有色配合物，当有这些离子共存时，应注意它们的干扰作用。

二、测定步骤

1. 吸收曲线的绘制

准确移取 10μg/mL 铁标准溶液 5mL 置于 50mL 容量瓶中，加入 10%盐酸羟胺溶液 1mL，摇动容量瓶，加入 1mol/L NaAc 溶液 5mL 和 0.1%邻菲啰啉溶液 3mL，加水稀释至刻度。在 721 型分光光度计上，用 2cm 比色皿，以水为空白溶液，从波长 440～600nm，每隔 10～20nm 测定一次吸光度，每换一个波长必须重新校正吸光度为 0，在最大吸收波长附近（510nm）每隔 5nm 测定一个吸光度，以波长为横坐标，吸光度为纵坐标绘制吸收曲线，吸收曲线上的最大吸收波长为进行测定的适宜波长。

2. 标准曲线的绘制

取 50mL 容量瓶 6 只，分别准确吸取 10μg/mL 铁标准溶液 0.00mL、2.00mL、4.00mL、6.00mL、8.00mL、10.00mL 于各容量瓶中，各加入 1mL10%盐酸羟胺溶液，摇动容量瓶，经 2min 后再各加 5mL 1mol/L NaAc 溶液及 3mL 0.1%邻菲啰啉溶液，以水稀释至刻度，摇匀。在 721 型分光光度计上，用 2cm 的比色皿，以水为空白，在最大吸收波长（510nm）处，测定各溶液的吸光度，以铁含量为横坐标、吸光度为纵坐标，绘制标准曲线。

3. 水中微量铁的测定

吸取水样 25.00mL 置于 50mL 容量瓶中，按标准曲线相同步骤加试剂和测定吸光度，从标准曲线上查出铁的含量。

进度检查

一、填空题

1. 本实验中，邻菲啰啉在 pH 为_____的溶液中与_____发生如下显色反应。

2. 试样和工作曲线测定的实验条件应保持_____，所以最好两者同时显色____测定。

3. 比色皿中溶液的高度应为缸的_____。

二、判断题

1. 邻菲啰啉分光光度法测铁实验的显色过程中，按先后次序依次加入邻菲啰啉、缓冲溶液、盐酸羟胺。　　　　　　　　　　　　　　　　　　　（　　）

2. 测铁工作曲线时，要使工作曲线通过原点，参比溶液应选试剂空白。（　　）

3. 本实验只能用玻璃比色皿，不能用石英比色皿。　　　　　　　　（　　）

三、简答题

1. 邻菲啰啉法测定水样中铁含量的原理是什么？

2. 水中铁的主要来源有哪些？

四、操作题

用邻菲啰啉法测定水样中铁含量，教师检查下列项目是否正确：

1. 操作过程是否正确。

2. 标准曲线绘制是否正确。

水质金属分析技能考试内容及评分标准

模块 16　水样中有机化合物的测定

> 编号 FJC-117-01
>
> ## 学习单元 16-1　水中有机化合物分析的国家标准
>
> **学习目标**：完成本单元的学习之后，能够查阅水样中有机化合物分析的国家标准，并能根据实际工作的具体情况选择合适的分析方法进行检测分析。
> **职业领域**：化学、石油、环保、医药、冶金、建材等工程
> **工作范围**：分析

有机化合物除了我们生活中常见的蛋白质、脂肪、简单的碳氢化合物属于易降解的物质以外，其余合成类有机化合物进入环境中多数难以自然降解，这些化合物一旦进入生态环境中，将需要几十年乃至更久的时间进行降解。"像保护眼睛一样保护生态环境，像对待生命一样对待生态环境"，保护环境，从我做起，生活中避免使用一次性餐盒、餐具等，避免更多的难降解有机化合物进入环境中。

一、有机磷农药

有机磷农药是用于防治植物病虫害的含有机磷的有机化合物。这一类农药品种多，药效高，用途广，易分解，在人、畜体内一般不积累，在农药中是极为重要的一类化合物。

我国生产的有机磷农药绝大多数为杀虫剂，如常用的对硫磷、内吸磷、马拉硫磷、乐果、敌百虫及敌敌畏等，近几年来已先后合成杀菌剂、杀鼠剂等有机磷农药。

有机磷农药的测定方法国家标准有：

《水质　有机磷农药的测定　气相色谱法》（GB 13192—1991）；

《水、土中有机磷农药测定的气相色谱法》（GB/T 14552—2003）。

二、有机胺类化合物

有机胺一般是指有机类物质与氨发生化学反应生成的有机类物质，分为七大类，脂肪胺类、醇胺类、酰胺类、脂环胺类、芳香胺类、萘系胺类、其他胺类等。

有机胺类化合物的测定方法国家标准有：

《水质　苯胺类化合物的测定　气相色谱-质谱法》（HJ 822—2017）；

《水质 苯胺类化合物的测定 N-(1-萘基)乙二胺偶氮分光光度法》(GB 11889—1989)。

三、挥发性有机化合物

按照世界卫生组织的定义，沸点在 50~250℃的化合物，室温下饱和蒸气压超过 133.32Pa，在常温下以蒸气形式存在于空气中的一类有机物为挥发性有机物 (VOCs)。按其化学结构的不同，可以进一步分为八类：烷类、芳烃类、烯类、卤烃类、酯类、醛类、酮类和其他。而具致畸致癌性的多环芳烃是人体健康的重要杀手之一。

挥发性有机物的测定方法国家标准有：

《水质 挥发性有机物的测定 吹扫捕集/气相色谱-质谱法》(HJ 639—2012)；

《水质 挥发性有机物的测定 吹扫捕集/气相色谱法》(HJ 686—2014)；

《水质 挥发性有机物的测定 顶空/气相色谱-质谱法》(HJ 810—2016)。

四、合成洗涤剂

我国常用的阴离子合成洗涤剂的主要成分是阴离子表面活性剂。阴离子表面活性剂是在水中电离后起表面活性作用的部分带负电荷的表面活性剂，其测定方法参考学习单元 14-9。两者的测定原理相同，只是测定的标准物质不同，且不同的水质套用不同的标准，阴离子合成洗涤剂测定的标准物质是十二烷基苯磺酸钠（DBS、ABS），分子量为 348；阴离子表面活性剂的标准物质是直链烷基苯磺酸钠（LAS），平均分子量为 344.4。十二烷基苯磺酸钠是直链烷基苯磺酸钠的一种。

合成洗涤剂的测定方法国家标准有：

《生活饮用水标准检验方法 感官性状和物理指标》(GB/T 5750.4—2023)。

方法 1 亚甲蓝分光光度法

方法 2 二氮杂菲萃取分光光度法

方法 3 流动注射法

方法 4 连续流动法

进度检查

一、填空题

1. 我国生产的有机磷农药绝大多数为杀虫剂，如常用的_____、_____、_____、乐果、敌百虫及敌敌畏等，近几年来已先后合成杀菌剂、杀鼠剂等有机磷农药。

2. 有机胺分为七大类，_____、_____、_____、脂环胺类、芳香胺类、萘系胺类、其他胺类等。

3. 按照世界卫生组织的定义，挥发性有机物（VOCs）是沸点在_____的化合物，室温下饱和蒸气压超过_____，在常温下以_____存在于空气中的一类有机物。

二、判断题

1. 填充好的色谱柱在安装到仪器上时是没有前后方向差异的。（　　）
2. 保护柱是安装在进样环与分析柱之间的，对分析柱起保护作用，内装有与分析柱不同的固定相。（　　）
3. 试样中各组分能够被相互分离的基础是各组分具有不同的导热系数。（　　）

三、简答题

1. 我国生产的有机磷农药常用的有哪些？
2. 有机胺可以分成哪几类？
3. 试说明合成洗涤剂与阴离子表面活性剂的区别与联系。

四、操作题

试检索有机磷农药测定的国家标准，教师检查：
1. 是否能找到有机磷农药测定的全部国家标准。
2. 是否能正确解读标准。

编号 FJC-117-02

学习单元 16-2　水中有机磷农药的测定

学习目标： 完成了本单元的学习之后，能够掌握水中有机磷农药（气相色谱法）的测定方法。

职业领域： 化学、石油、环保、医药、冶金、建材等工程

工作范围： 分析

所需仪器、药品和设备

序号	名称及说明	数量
1	色谱仪（带氮磷检测器或火焰光度检测器的气相色谱仪）	1 台
2	载气（氮气，纯度 99.999%，通过一个装有 5Å 分子筛、活性炭、硅胶的净化管净化）	1 套
3	燃气（氢气，与氮气的净化方法相同）	1 套
4	助燃气（空气，与氮气的净化方法相同）	1 套
5	色谱标准物（甲基对硫磷、对硫磷、马拉硫磷、乐果、敌敌畏、敌百虫，纯度均为 95%～99%）	适量
6	三氯甲烷（分析纯）	适量
7	无水硫酸钠（分析纯）	适量
8	氢氧化钠（分析纯）	适量
9	盐酸（分析纯，$\rho=1.19\text{g/mL}$）	适量

一、方法基本知识

用三氯甲烷萃取水中农药，用带有氢火焰离子化检测器的气相色谱仪测定。在测定敌百虫时，由于极性大、水溶性强，用三氯甲烷萃取时提取率为零，故采用将敌百虫转化为敌敌畏后再行测定的间接测定法。该方法适用于地面水、地下水及工业废水中甲基对硫磷、对硫磷、马拉硫磷、乐果、敌敌畏、敌百虫的测定。该方法对甲基对硫磷、对硫磷、马拉硫磷、乐果、敌敌畏、敌百虫的检出限为 $10^{-9}\sim10^{-10}$ g，测定下限通常为 $5\times10^{-4}\sim10^{-5}$ mg/L。当所用仪器不同时，方法的检出范围有所不同。

二、色谱柱的预处理

经水冲洗后，将玻璃柱管内注满洗液浸泡 2h（必要时可将洗液温热效果更好），然后用自来水冲洗至中性，蒸馏水冲洗烘干后进行硅烷化处理：将 6%～10% 的二氯二甲基硅烷-甲醇溶液注满玻璃柱管浸泡 2h，然后用甲醇清洗至中性，烘干备用。

1. 载体

白色酸洗硅烷化硅藻土担体（质量分数为 0.15～0.20）。

2. 固定液

名称及化学性质：二甲基硅油（DC-200），聚氟代烷基硅氧烷（QF-1），最高使用温度 250℃。

液相载荷量：DC-200 为 5%，QF-1 为 7.5%。

涂渍固定液的方法：根据担体的质量称取一定量的固定液，溶在三氯甲烷中，待完全溶解后，倒入盛有担体的烧杯中，再向其中加入三氯甲烷至液面高出 1～20m，摇匀后浸 2h，然后在通风柜中用红外灯将溶剂挥发干（在挥发时须不断摇动容器，以使固定液涂渍均匀），再置于 120℃ 烘箱中 4h 后备用。

3. 色谱柱的填充方法

将色谱柱的尾端（接检测器的一端）用硅烷化玻璃棉塞住，接真空泵，另一端通过软管接一漏斗，开动真空泵后将固定相徐徐倾入色谱柱内，并轻轻拍打色谱柱，使固定相在色谱柱内填充紧密，至固定相不再抽入柱内为止，装填完毕后用硅烷化玻璃棉塞住色谱柱另一端。

4. 色谱柱的老化

将填充好的色谱柱装机通氮气，以 100℃ 为起点，每 2h 上升 20℃ 的速度至 230℃ 连续老化 24h。（老化时色谱柱应和检测器断开，以免污染检测器）

5. 柱效能和分离度

总分离效能指标：

对硫磷、马拉硫磷	$K_1 = 28.08$
马拉硫磷、甲基对硫磷	$K_2 = 10.52$
甲基对硫磷、乐果	$K_3 = 28.60$
乐果、敌敌畏	$K_4 = 57.75$

难分离物质对马拉硫磷、甲基对硫磷的峰高分离度 0.9。

三、试样预处理

1. 水样采集及贮存方法

用玻璃磨口瓶采集样品，在采样前用水样将取样瓶冲洗 2～3 次。水样应在弱酸性状态下保存，因敌敌畏及敌百虫易降解，应尽快分析，其余四种有机磷农药的水样可在 4℃ 冷藏中保存三天。

2. 试样的预处理

（1）甲基对硫磷、对硫磷、马拉硫磷、乐果、敌敌畏的测定　摇匀样品并经过滤去除机械杂质，取试样 100mL（或视水质而定）于 250mL 烧杯中，调 pH 至 6.5，然后将试样转移至 250mL 分液漏斗中，用三氯甲烷萃取三次，每次三氯甲烷用量 5mL（相比为 1∶20），振摇 5min，静置分层。合并三氯甲烷，收集水层。将合并后的三氯甲烷经无水硫酸钠脱水后，供测定用。无水硫酸钠脱水柱内径 1cm，长 15cm，无水硫酸钠段 8cm。

如三氯甲烷层中有机磷农药含量太低，在最小检出量以下，则需经 K-D 浓缩器浓缩至所需体积后再进行测定。如三氯甲烷层中有机磷农药含量太高，则需少取试样或试样经稀释后再进行萃取。

（2）敌百虫的测定　将收集的水层调 pH 至 9.6 后，倒入 250mL 锥形瓶中，盖好瓶塞，置于 50℃ 的水浴锅中进行碱解，不断摇动锥形瓶。15min 后取出锥形瓶，冷至室温后，调 pH 至 6.5，将此溶液转移至 250mL 分液漏斗中，以下操作同（1）甲基对硫磷、对硫磷、马拉硫磷、乐果、敌敌畏的测定。

注：在试样预处理时，仅用 pH 计调节，不能用 pH 试纸代替。

四、操作步骤

1. 仪器的调整

汽化室温度：240℃。
柱箱温度：170℃。
检测器温度：230℃。
载气流速：60mL/min。
氢气流速：160mL/min。
记录器纸速：4mm/min。
衰减：根据样品中被测组分含量调节记录器的衰减。

2. 校准

（1）定量方法　外标法。

（2）标准样品　使用次数：使用标准样品周期性地重复校准。视仪器的稳定性决定周期长短，一般可在测定三个试样后校准一次。

标准样品的制备：

① 贮备溶液：以三氯甲烷为溶剂，准确称取一定量的色谱纯标准样品，精确至 0.2mg，分别配制浓度为 2.5mg/mL 的甲基对硫磷、对硫磷、马拉硫磷贮备溶液；

浓度为0.75mg/mL的敌敌畏贮备溶液；浓度为5.0mg/mL的乐果贮备溶液。敌敌畏贮备溶液在4℃可存放两个月，其余可存放半年。

② 中间溶液的配制：移取一定量的贮备溶液①，用三氯甲烷作稀释剂，分别配制成浓度为50μg/mL的甲基对硫磷、对硫磷、马拉硫磷中间溶液；浓度为7.5μg/mL的敌敌畏中间溶液；浓度为100μg/mL的乐果中间溶液。

③ 标准工作溶液的配制：根据检测器的灵敏度及所测水样浓度，分别等体积移取中间溶液②于同一容量瓶中，用三氯甲烷作稀释剂，配制所需浓度的标准工作溶液，在4℃可存放半个月。

气相色谱中使用标准样品的条件：

① 标准样品进样体积与试样进样体积相同，标准样品的响应值应接近试样的响应值。

② 调节仪器的重复性条件：一个样品连续注射进样两次，其峰高相对偏差不大于5%，即认为仪器处于稳定状态。

③ 标准样品与试样尽可能同时进样分析。

（3）标准数据的表示　试样中组分按下式校准：

$$X_i = \frac{A_i}{A_E} E_i$$

式中　X_i——试样中组分的含量，mg/L；
　　　A_i——试样中组分的峰高，cm；
　　　A_E——标准溶液中组分的峰高，cm；
　　　E_i——标准样品中组分的含量，mg/L。

3. 试验

进样方式：注射器进样。

进样量：一般进样量5μL，最大进样量10μL。

操作：用清洁注射器在待测样品中抽吸几次后，抽取所需进样体积，迅速将注射器中样品注进色谱仪中，并立即拔出注射器。

4. 色谱图的考察

（1）标准色谱图　标准色谱图见图16-1。

（2）定性分析

组分的出峰次序：敌敌畏（敌百虫）、乐果、甲基对硫磷、马拉硫磷、对硫磷。

保留时间：

敌敌畏	1min
乐果	10min
甲基对硫磷	13min8s
马拉硫磷	20min
对硫磷	24min15s

（3）定量分析

① 色谱峰的测量。以峰的起点和终点连线作为峰底，从峰高极大值对时间轴作

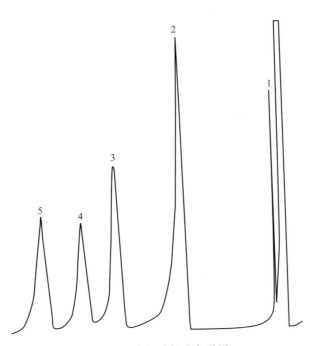

图 16-1 有机磷标准色谱图

1—敌敌畏（敌百虫）；2—乐果；3—甲基对硫磷；4—马拉硫磷；5—对硫磷

垂线，从峰顶至峰底间的线段即为峰高。

② 结果计算。甲基对硫磷、对硫磷、马拉硫磷、乐果、敌敌畏含量的计算：

$$c_i = \frac{c_{i标} h_i V_1 V_2}{h_{i标} V_3 V_4} \cdot K$$

式中 c_i——试样中农药含量，mg/L；

$c_{i标}$——标样中农药含量，mg/L；

h_i——试样中农药，cm；

$h_{i标}$——标样中农药，cm；

V_1——标样进样体积，μL；

V_2——提取液体积，mL；

V_3——试样进样体积，μL；

V_4——被提取的水样体积，mL；

K——试样稀释因子。

敌百虫含量的计算：

$$c = \frac{c_i}{0.86}$$

式中 c——试样中敌百虫含量，mg/L；

c_i——试样中由敌百虫转化生成的敌敌畏含量，mg/L；

0.86——敌敌畏、敌百虫分子量之比。

5．结果的表示

(1) 定性结果　根据标准色谱图各组分的保留时间确定被测试样中的组分数目及组分名称。

（2）定量结果　根据计算方法计算出现组分的含量，结果以两位有效数字表示。

进度检查

一、填空题

1. 测定水中有机磷农药的含量时，应用_____采集样品，在采样前用水样将取样瓶冲洗 2～3 次。
2. 敌百虫的测定中，在试样预处理时，仅用_____调节，不能用 pH 试纸代替。
3. 用气相色谱法测定水中有机磷农药时，组分的出峰次序为_____、_____、甲基对硫磷、马拉硫磷、对硫磷。

二、判断题

1. 选择水中有机污染物提取溶剂的原则是结构相似相溶原理。　　　（　　）
2. 可以用离子色谱法测定水中某种有机磷农药的含量。　　　　　　（　　）
3. 采集回来的水样应在弱酸性状态下保存，并应尽快分析。　　　　（　　）

三、简答题

1. 水中有机磷都包括哪些有机磷？
2. 水中有机磷组分的出峰次序是什么？
3. 色谱峰的测量是如何操作的？

四、操作题

试用色谱法对水中有机磷进行测定，教师检查：
1. 仪器的调整是否操作正确。
2. 仪器的校准操作是否正确。
3. 试样的进样操作是否正确。

编号 FJC-117-03

学习单元 16-3 水中有机胺类（苯胺类）化合物的测定

学习目标： 完成了本单元的学习之后，能够掌握水中苯胺类化合物 [N-(1-萘基)乙二胺偶氮分光光度法] 的测定方法及原理。

职业领域： 化学、石油、环保、医药、冶金、建材等工程

工作范围： 分析

所需仪器、药品和设备

序号	名称及说明	数量
1	分光光度计（能在波长 545nm 处操作，配有光程为 10mm 的比色皿）	1台
2	25mL 具塞刻度试管	数支
3	蒸馏水	适量
4	硫酸氢钾	适量
5	无水碳酸钠	适量
6	亚硝酸钠 [50g/L：称取 5g 亚硝酸钠，溶于少量水中，稀释至 100mL（应配少量，贮于棕色瓶中，置冰箱内保存）]	适量
7	氨基磺酸铵 [25g/L：称取 2.5g 氨基磺酸铵，溶于少量水中，稀释至 100mL（贮于棕色瓶中，置冰箱内保存）]	适量
8	N-(1-萘基)乙二胺盐酸盐（20g/L）	适量
9	硫酸标准溶液 [浓度 $c(\frac{1}{2}H_2SO_4)=0.05mol/L$]	适量
10	精密 pH 试纸（0.5～5.0）	适量
11	苯胺标准贮备液	适量
12	苯胺标准使用液	适量

注：1. N-(1-萘基)乙二胺盐酸盐：称取 2g N-(1-萘基)乙二胺盐酸盐，溶于水中，稀释至 100mL。显色剂 N-(1-萘基)乙二胺盐酸盐，三级品色深，配制时在水浴上加热至清亮时全部溶解，过滤后贮于棕色瓶中，冰箱保存，不宜多配，当溶液浑浊时应重新配制。

2. 苯胺标准贮备液：于 25mL 容量瓶中加入 0.05mol/L 硫酸溶液 10mL，称量（称准至 0.0001g），加入 3～5 滴苯胺试剂，再称量，用 0.05mol/L 硫酸溶液稀释至标线，摇匀。计算出每毫升溶液中所含苯胺的量，此为贮备液，置冰箱内保存（可用两个月）。

3. 苯胺标准使用液：将标准贮备液用 0.05mol/L 硫酸溶液稀释成浓度为 1.00mL 溶液含苯胺 10.0μg 的标准使用溶液（临用时配）。

一、分析测定的原理

苯胺类化合物在酸性条件下（pH=1.5～2.0）与亚硝酸盐重氮化，再与 N-(1-萘基)乙二胺盐酸盐偶合，生成紫红色染料，进行分光光度法测定，测量波长为 545nm。本方法适用于地面水、染料、制药等废水中芳香族伯胺类化合物的测定。试

料体积为 25mL，使用光程为 10mm 的比色皿，本方法的最低检出浓度为含苯胺 0.03mg/L，测定上限浓度为 1.6mg/L。在酸性条件下测定，苯酚含量高于 200mg/L 时，对本方法有正干扰。

二、分析测定的步骤

1. 采样

采集 500mL 水样于硬质玻璃瓶中（保存不得超过 24h），若取样后不能及时测定，需置 4℃ 下保存（不得超过两周）。

2. 试料制备

将水样用经水冲洗过的中速滤纸过滤，弃去初滤液 20mL，用硫酸氢钾或无水碳酸钠调节 pH 值为 6，作为试料。若水样颜色深，可用聚己内酰胺粉末脱色。颜色不深的水样可不脱色，而以样品溶液（不加显色剂）为参比溶液。

3. 标准曲线的绘制

取 7 个 25mL 的具塞刻度试管，分别加入苯胺标准使用溶液 0.0mL，0.25mL，0.50mL，1.00mL，2.00mL，3.00mL，4.00mL，各加蒸馏水至 10mL。然后按照试料测定的操作过程进行操作。

以测得的吸光度减去试剂空白试验（零浓度）的吸光度，和对应的苯胺含量绘制标准曲线。

4. 试料的测定

吸取试料（含苯胺 $0.5 \sim 30\mu g$）于 25mL 具塞刻度试管中，加蒸馏水稀释至 10mL，加硫酸氢钾 50mg，摇匀（可预先取另一份相同体积的该水样，用精密 pH 试纸控制其 pH 值为 1.5～2.0 为参考值）。加 1 滴 5% 亚硝酸钠溶液，摇匀，放置 3min，加入氨基磺酸铵 0.5mL，充分振荡后，放置 3min，待气泡除尽（以消除过量的亚硝酸钠对测定的影响）。加入 N-(1-萘基)乙二胺盐酸盐溶液 1.0mL，用蒸馏水稀释至 25mL，摇匀，放置 30min，于 545nm 波长处，用 10mm 比色皿，以水为参比测量吸光度。以试料的吸光度减去空白试验的吸光度（试料和校准曲线发色时间一致即可），由校准曲线上查出相应的苯胺含量。

5. 空白试验

用蒸馏水代替试料，其余步骤同试料的测定。

6. 去干扰试验

（1）脱色 污染严重或颜色深的水样，可取水样于比色管中，用硫酸氢钾或无水碳酸钠调节 pH 值为 1.5～2.0，加水样体积一半的聚己内酰胺粉末，加塞摇 1～2min，放置后再摇几次，用中速滤纸过滤，取滤液进行测定。

（2）补偿法　对于颜色较浅（或深色时取少量）的水样采用过滤后不加 N-(1-萘基)乙二胺溶液，其余则加入与测定时相同体积的试剂，以此溶液为参比，消除试料原有色度的影响。

三、结果计算

苯胺含量 c(mg/L)，按下式计算

$$c = \frac{m}{V}$$

式中　m——由校准曲线查得的试料中含苯胺量，μg；
　　　V——试料的体积，mL。

进度检查

一、填空题

1. 测定苯胺的样品应采集于_____瓶内，并在_____h 内测定。
2. 测定水中的苯胺化合物含量时，一般选择的显色 pH 值是_____；显色剂是_____。
3. 控制溶液的 pH 所选用的溶液是_____。
4. N-(1-萘基)乙二胺偶氮分光光度法，适用于_____mg/L 的水样中苯胺类的测定。当水中____含量高于 200mg/L 时，会产生____干扰。

二、判断题

1. N-(1-萘基)乙二胺偶氮分光光度法测定水中苯胺类化合物时，显色温度对反应有影响，最佳反应温度为 15℃。　　　　　　　　　　　　　　　　　　（　）
2. 如果苯胺试剂为无色透明液，可直接称量配制。若试剂颜色发黄，应重新蒸馏或标定苯胺含量后使用。　　　　　　　　　　　　　　　　　　　　（　）
3. 对色泽很深的废水用品，应采用蒸馏法，消除色泽干扰。　　　　　（　）

三、简答题

1. 实验中用精密 pH 试纸的目的是什么？
2. 测定过程中如何选择参比溶液？

四、操作题

按本单元所讲授的操作方法和步骤测定水中的苯胺化合物含量，教师检查：

1. 试样的 pH 调节是否正确。
2. 标准曲线的绘制是否正确。
3. 空白试验的操作是否正确。
4. 数据处理过程是否正确。

编号 FJC-117-04

学习单元 16-4　水中挥发性有机物的测定

学习目标： 完成了本单元的学习之后，能够掌握水中挥发性有机物（吹扫捕集/气相色谱-质谱法）的测定方法。

职业领域： 化学、石油、环保、医药、冶金、建材等工程

工作范围： 分析

所需仪器、试剂和设备

序号	名称及说明	数量
1	气相色谱/质谱仪	1台
2	吹扫捕集装置	1套
3	毛细管柱[30m×0.25mm,1.4μm 膜厚（6%腈丙苯基/94%二甲基聚硅氧烷固定液），或使用其他等效毛细管柱]	1套
4	气密性注射器(5mL)	1支
5	微量注射器(5μL、10μL、25μL、50μL、250μL 和 500μL)	若干
6	样品瓶(40mL 棕色玻璃瓶,具硅橡胶-聚四氟乙烯衬垫螺旋盖)	若干
7	棕色玻璃瓶(2mL,具聚四氟乙烯-硅胶衬垫和实芯螺旋盖)	若干
8	容量瓶(A 级,25mL)	若干
9	空白试剂水	适量
10	甲醇(优级纯。使用前需通过检验，确认无目标化合物或目标化合物浓度低于方法检出限)	适量
11	盐酸溶液(1+1)	适量
12	抗坏血酸(优级纯)	适量
13	标准贮备液($\rho=200\sim2000\mu g/mL$。可直接购买市售有证标准溶液，或用高浓度标准溶液配制)	适量
14	标准中间液($\rho=5\sim25\mu g/mL$。用甲醇稀释标准贮备液,保存时间为一个月)	适量
15	内标标准溶液($\rho=25\mu g/mL$。宜选用二溴氟甲烷、甲苯-d8 和 4-溴氟苯作为替代物,可直接购买市售有证标准溶液，或用高浓度标准溶液配制)	适量
16	4-溴氟苯(BFB)溶液($\rho=25\mu g/mL$。可直接购买市售有证标准溶液,或用高浓度标准溶液配制)	适量
17	氦气(纯度≥99.999%)	适量
18	氮气(纯度≥99.999%)	适量

注：1. 色谱部分具有分流/不分流进样口，可程序升温。质谱部分具 70eV 的电子轰击（EI）电离源，每个色谱峰至少有 6 次扫描，推荐为 7~10 次扫描；产生的 4-溴氟苯的质谱图必须满足表 16-1 的要求。具有 NIST 质谱图库、手动/自动调谐、数据采集、定量分析及谱库检索等功能。

2. 吹扫装置能直接连接到色谱部分，并能自动启动色谱，应带有 5mL 的吹扫管。捕集管使用 1/3Tenax、1/3 硅胶、1/3 活性炭混合吸附剂或其他等效吸附剂，但必须满足相关的质量控制要求。

3. 空白试剂水是二次蒸馏水或通过纯水设备制备的水。使用前需经过空白检验，确认在目标化合物的保留时间区间内无干扰峰出现或目标化合物浓度低于方法检出限。

以上所有标准溶液均用甲醇作为溶剂，在 4℃下避光保存或参照制造商的产品说明保存。使用前应恢复至室温、混匀。

一、方法基本知识

样品中的挥发性有机物经高纯氦气（或氮气）吹扫后吸附于捕集管中，将捕集管加热并以高纯氦气反吹，被热脱附出来的组分经气相色谱分离后，用质谱仪进行检测。通过与待测目标化合物保留时间和标准质谱图或特征离子相比较进行定性，内标法定量。

该方法适用于海水、地表水、地下水、生活污水和工业废水中 57 种挥发性有机物的测定，也适用于其他挥发性有机物的测定。当样品量为 5mL 时，用全扫描方式测定，目标化合物的方法检出限为 $0.6\sim 5.0\mu g/L$，测定下限为 $2.4\sim 20.0\mu g/L$。用选择离子方式测定，目标化合物的方法检出限为 $0.2\sim 2.3\mu g/L$，测定下限为 $0.8\sim 9.2\mu g/L$。

实验中所使用的内标、替代物及标准样品均为易挥发的有毒化合物，其溶液配制应在通风柜中进行，操作时应按规定要求佩戴防护器具，避免接触皮肤和衣物。

二、样品

1. 样品的采集

海水、地下水、地表水和污水的样品采集分别参照 GB 17378.3、HJ/T 164 和 HJ/T 91 的规定执行，所有样品均采集平行双样，每批样品应带一个全程序空白和一个运输空白。

采集样品时，应使水样在样品瓶中溢流而不留空间。取样时应尽量避免或减少样品在空气中暴露。且样品瓶应在采样前用甲醇清洗，采样时不需用样品进行荡洗。

2. 样品的保存

采样前，需要向每个样品瓶中加入抗坏血酸，每 40mL 样品需加入 25mg 的抗坏血酸。如果水样中总余氯的量超过 5mg/L，应先按 HJ 586 附录 A 的方法测定总余氯后，再确定抗坏血酸的加入量。在 40mL 样品瓶中，总余氯每超过 5mg/L，需多加 25mg 的抗坏血酸。采样时，水样呈中性时向每个样品瓶中加入 0.5mL 盐酸溶液，拧紧瓶盖；水样呈碱性时应加入适量盐酸溶液使样品 $pH\leqslant 2$。采集完水样后，应在样品瓶上立即贴上标签。

当水样加盐酸溶液后产生大量气泡时，应弃去该样品，重新采集样品。重新采集的样品不应加盐酸溶液，样品标签上应注明未酸化，该样品应在 24h 内分析。

样品采集后冷藏运输。运回实验室后应立即放入冰箱中，在 4℃以下保存，14d 内分析完毕。样品存放区域应无有机物干扰。

三、分析步骤

1. 仪器参考条件

(1) 吹扫捕集参考条件

吹扫温度：室温或恒温；吹扫流速：40mL/min；吹扫时间：11min；干吹扫时间：1min；预脱附温度：180℃；脱附温度：190℃；脱附时间：2min；烘烤温度：200℃；烘烤时间：6min。其余参数参照仪器使用说明书进行设定。

(2) 气相色谱参考条件

进样口温度：220℃；进样方式：分流进样(分流比30∶1)；程序升温：35℃(2min)；→5℃/min→120℃→10℃/min→220℃(2min)；载气：氦气；流量：1.0mL/min。

(3) 质谱参考条件

离子源：EI源；离子源温度：230℃；离子化能量：70eV；扫描方式：全扫描或选择离子扫描（SIM）。扫描范围：m/z 35～270；溶剂延迟：2.0min；电子倍增电压：与调谐电压一致；接口温度：280℃。其余参数参照仪器使用说明书进行设定。

对于使用全扫描方式，质谱应采集每个目标化合物 $m/z \geqslant 35$ 以上的所有离子，但有水或二氧化碳峰存在时，扫描的质量范围可以从 m/z 45 开始。

对于使用 SIM 方式，每个目标化合物应选择一个定量离子和至少一个辅助离子，如果可能，还要选择一个确认离子（如卤素的同位素），确保定量离子没有受到重叠峰中相同离子的干扰。

(4) 分析 BFB 溶液参考条件

① 通过 GC 进样口直接进样

进样方式：手动或自动；进样量：2μL；程序升温：100℃（0.1min）→12℃/min→160℃；其余条件参见 (2) 气相色谱参考条件～(3) 质谱参考条件。

② 通过吹扫捕集装置进样

分析条件见 (1) 吹扫捕集参考条件～(3) 质谱参考条件。

2. 校准

(1) 仪器性能检查　在每天分析之前，GC/MS 系统必须进行仪器性能检查。吸取 2μL 的 BFB 溶液通过 GC 进样口直接进样或加入 5mL 空白试剂水中，然后通过吹扫捕集装置进样，用 GC/MS 进行分析。GC/MS 系统得到的 BFB 关键离子丰度应满足表 16-1 中规定的标准，否则需对质谱仪的一些参数进行调整或清洗离子源。

表 16-1　4-溴氟苯离子丰度标准

质荷比	离子丰度标准	质荷比	离子丰度标准
95	基峰，100%相对丰度	175	质量 174 的 5%～9%
96	质量 95 的 5%～9%	176	质量 174 的 95%～105%

质荷比	离子丰度标准	质荷比	离子丰度标准
173	小于质量 174 的 2%	177	质量 175 的 5%～10%
17	大于质量 95 的 50%		

(2) 标准曲线的绘制

① 使用全扫描方式：分别移取一定量的标准中间液和替代物标准溶液快速加到装有空白试剂水的容量瓶中，并定容至刻度，将容量瓶垂直振荡三次，混合均匀，配制目标化合物和替代物的浓度分别为 5.00μL、20.0μL、50.0μL、100μL、200μg/L 的标准系列。然后用 5mL 的气密性注射器吸取标准溶液 5.00mL，加入 10.0μL 的内标标准溶液，按照仪器参考条件，从低浓度到高浓度依次测定，记录标准系列目标化合物和相对应内标的保留时间、定量离子的响应值。

② 使用 SIM 方式：分别移取一定量的标准中间液和替代物标准溶液快速加到装有空白试剂水的容量瓶中，并定容至刻度，将容量瓶垂直振荡三次，混合均匀，配制目标化合物和替代物的浓度分别为 1.0μL、4.0μL、10.0μL、20.0μL、40.0μg/L 的标准系列。然后用 5mL 的气密性注射器吸取标准溶液 5.00mL，加入 2.0μL 的内标标准溶液，按照仪器参考条件，从低浓度到高浓度依次测定，记录标准系列目标化合物和相对应内标的保留时间、定量离子的响应值。

(3) 平均相对响应因子的计算方法　标准系列第 i 点中目标化合物的相对响应因子（RRF_i），按照以下公式进行计算。

$$RRF_i = \frac{A_i}{A_{ISi}} \times \frac{\rho_{ISi}}{\rho_i}$$

式中　RRF_i——标准系列中第 i 点目标化合物的相对响应因子；

A_i——标准系列中第 i 点目标化合物定量离子的响应值；

A_{ISi}——标准系列中第 i 点与目标化合物相对应内标定量离子的响应值；

ρ_{ISi}——标准系列中内标物的质量浓度，μg/L；

ρ_i——标准系列中第 i 点目标化合物的质量浓度，μg/L。

目标化合物的平均相对响应因子 $\overline{RRF}$ 按照以下公式进行计算。

$$\overline{RRF} = \frac{\sum_{i=1}^{n} RRF_i}{n}$$

式中　$\overline{RRF}$——目标化合物的平均相对响应因子；

RRF_i——标准系列中第 i 点目标化合物的相对响应因子；

n——标准系列点数。

RRF 的标准偏差（SD），按照以下公式进行计算。

$$SD = \sqrt{\frac{\sum_{i=1}^{n}(RRF_i - \overline{RRF})^2}{n-1}}$$

RRF 的相对标准偏差（RSD），按照以下公式进行计算。

$$RSD = \frac{SD}{\overline{RRF}} \times 100\%$$

用相对响应因子计算时，标准系列目标化合物相对响应因子（RRF）的相对标准偏差（RSD）应小于等于 20%。

（4）用最小二乘法建立标准曲线 以目标化合物和相对应内标的响应值比为纵坐标，浓度比为横坐标，用最小二乘法建立校准曲线。若建立的线性校准曲线的相关系数小于 0.990 时，也可以用非线性拟合曲线进行校准，曲线相关系数需大于等于 0.990。采用非线性校准曲线时，应至少采用 6 个浓度点进行校准。

3. 测定

使用全扫描方式进行测定：将样品瓶恢复至室温后，用气密性注射器吸取 5.00mL 样品，向样品中分别加入 10.0μL 的内标标准溶液和替代物标准溶液，使样品中内标和替代物浓度均为 50μg/L，将样品快速注入吹扫管中，按照仪器参考条件，使用全扫描方式绘制的标准曲线进行测定。有自动进样器的吹扫捕集仪可参照仪器说明进行操作。

使用 SIM 方式进行测定：将样品瓶恢复至室温后，用气密性注射器吸取 5.00mL 样品，向样品中分别加入 2.0μL 的内标标准溶液和替代物标准溶液，使样品中内标和替代物浓度均为 10μg/L，将样品快速注入吹扫管中，按照仪器参考条件，使用 SIM 方式绘制的标准曲线进行测定。有自动进样器的吹扫捕集仪可参照仪器说明进行操作。

4. 空白试验

用气密性注射器吸取 5.0mL 空白试剂水，向空白试剂水中分别加入 10.0μL 的内标标准溶液和替代物标准溶液，使空白试剂水中内标和替代物浓度均为 50μg/L（使用 SIM 方式时，内标和替代物浓度应为 10μg/L），将空白试剂水快速注入吹扫管中，按照仪器参考条件进行测定。有自动进样器的吹扫捕集仪可参照仪器说明进行操作。

四、结果计算与表示

1. 目标化合物的定性分析

（1）对于每一个目标化合物，应使用标准溶液或通过校准曲线经过多次进样建立保留时间窗口，保留时间窗口为±3 倍的保留时间标准偏差，样品中目标化合物的保留时间应在保留时间的窗口内。

（2）对于全扫描方式，目标化合物在标准质谱图中的丰度高于 30% 的所有离子应在样品质谱图中存在，而且样品质谱图中的相对丰度与标准质谱图中的相对丰度的绝对值偏差应小于20%。例如，当一个离子在标准质谱图中的相对丰度为30%，则该离子在样品质谱图中的丰度应在10%~50%之间。对于某些化合物，一些特殊的离子如分子离子峰，如果其相对丰度低于30%，也应该作为判别化合物的依据。如果实际样品存在明显的背景干扰，则在比较时应扣除背景影响。

(3) 对于SIM方式，目标化合物的确认离子应在样品中存在。对于落在保留时间窗口中的每一个化合物，样品中确认离子相对于定量离子的相对丰度与通过最近校准标准获得的相对丰度的绝对值偏差应小于20%。

2. 目标化合物的定量分析

目标化合物经定性鉴别后，根据定量离子的峰面积或峰高，用内标法计算。当样品中目标化合物的定量离子有干扰时，允许使用辅助离子定量。

(1) 用平均相对响应因子定量　当目标化合物采用平均相对响应因子进行计算时，样品中目标化合物的质量浓度 ρ_x 按下式进行计算。

$$\rho_x = \frac{A_x \rho_{IS} f}{A_{IS} \times \overline{RRF}}$$

式中　ρ_x——样品中目标化合物的质量浓度，$\mu g/L$；

A_x——目标化合物定量离子的响应值；

A_{IS}——与目标化合物相对应内标定量离子的响应值；

ρ_{IS}——内标物的质量浓度，$\mu g/L$；

$\overline{RRF}$——目标化合物的平均相对响应因子；

f——稀释倍数。

(2) 用校准曲线定量　目标化合物采用线性或非线性校准曲线进行校准时，目标化合物质量浓度 ρ_x 通过响应的校准曲线方程进行计算。

3. 结果表示

当测定结果小于$100\mu g/L$时，保留小数点后1位；当测定结果大于等于$100\mu g/L$时，保留3位有效数字。

使用本方法中规定的毛细管柱时，间二甲苯和对二甲苯的测定结果为两者之和。

进度检查

一、填空题

1. 样品中的挥发性有机物经高纯_____吹扫后吸附于捕集管中，将捕集管加热并以高纯_____反吹，被热脱附出来的组分经_____分离后，用_____进行检测。

2. 取样时应尽量避免或减少样品在空气中暴露。且样品瓶应在采样前用____清洗，采样时不需用样品进行荡洗。

3. 样品采集后_____运输。运回实验室后应立即放入冰箱中，在_____以下保存，_____内分析完毕。

二、判断题

1. 当水样加盐酸溶液后产生大量气泡时，应弃去该样品，重新采集样品。
（ ）

2. 实验中所使用的内标、替代物及标准样品溶液的配制应在通风柜中进行，操作时应按规定要求佩戴防护器具，避免接触皮肤和衣物。（ ）

3. 采集样品时，应使水样在样品瓶中溢流而不留空间。（ ）

三、简答题

1. 水中挥发性有机化合物都包括哪些有机物？

2. 采集样品时，为什么使水样在样品瓶中溢流而不留空间？

3. 水中挥发性有机化合物的测定中，溶液配制为什么要在通风柜里进行？

四、操作题

试用色谱/质谱法对水中挥发性有机化合物进行测定，教师检查：

1. 仪器的参考条件设定是否正确。

2. 标准曲线的绘制是否正确。

3. 数据处理过程是否正确。

学习单元 16-5 水中阴离子合成洗涤剂的测定

学习目标：完成本单元的学习之后，能够掌握水中阴离子合成洗涤剂的测定方法及原理。

职业领域：化工、环保、食品、医药等

工作范围：分析

所需仪器、药品和设备

序号	名称及说明	数量
1	分光光度计(能在510nm进行测量,配有30mm比色皿)	1台
2	分液漏斗(250mL)	数只
3	比色管(10mL)	数只
4	三氯甲烷(分析纯)	适量
5	二氮杂菲溶液(2g/L)[称取0.2g二氮杂菲($C_{12}H_8N_2 \cdot H_2O$,又名邻菲啰啉),溶于纯水中,加2滴盐酸($\rho=1.19mg/L$),并用纯水稀释至100mL]	适量
6	乙酸铵缓冲溶液[称取250g乙酸铵($NH_4C_2H_3O_2$),溶于150mL纯水中,加入700mL冰乙酸,混匀]	适量
7	盐酸羟胺-亚铁溶液[称取10g盐酸羟胺,加0.211g硫酸亚铁铵$(NH_4)_2Fe(SO_4)_2 \cdot 6H_2O$溶于纯水中,并稀释至100mL]	适量
8	十二烷基苯磺酸钠(DBS)标准贮备溶液[$\rho(DBS)=1mg/mL$;称取0.500g十二烷基苯磺酸钠($C_{12}H_{25}-C_6H_4SO_3Na$,简称DBS),溶于纯水中,定容至500mL]	适量
9	十二烷基苯磺酸钠(DBS)标准使用溶液[$\rho(DBS)=10\mu g/mL$,取十二烷基苯磺酸钠标准贮备溶液10.00mL于1000mL容量瓶中,用纯水定容]	适量
10	水样	适量

生活饮用水及其水源水中的阴离子合成洗涤剂测定方法有亚甲蓝分光光度法和二氮杂菲萃取分光光度法，两种方法的最低检测质量不同。亚甲蓝分光光度法用十二烷基苯磺酸钠作为标准，最低检测质量为$5\mu g$。若取100mL水样测定，则最低检测质量浓度为0.050mg/L。能与亚甲蓝反应的物质对本法均有干扰。酚、有机硫酸盐、磺酸盐、磷酸盐以及大量氯化物（2000mg）、硝酸盐（5000mg）、硫氰酸盐等均可使结果偏高。

二氮杂菲萃取分光光度法最低检测质量为$2.5\mu g$。若取100mL水样测定，则最低检测质量浓度为0.025mg/L（以十二烷基苯磺酸钠计）。生活饮用水中及其水源水

中常见的共存物质（mg/L）对本法无干扰：Ca^{2+}、NO_3^-（400）、SO_4^{2-}（100）、Mg^{2+}（70）、NO_2^-（17）、PO_4^{3-}（10）、F^-（7）、SCN^-（5）、Mn^{2+}、Cl_2（1）、Cu^{2+}（0.1）。阳离子表面活性剂质量浓度为 0.10mg/L 时，会产生严重干扰。

一、基本原理

水中阴离子合成洗涤剂与 Ferroin（Fe^{2+} 与二氮杂菲形成的配合物）形成离子缔合物，可被三氯甲烷萃取，于 510nm 波长下测定吸光度。

二、测定步骤

（1）吸取 100mL 水样于 250mL 分液漏斗中。另取 250mL 分液漏斗 8 只，各加入 50mL 纯水，再分别加入 DBS 标准使用溶液 0mL、0.25mL、0.50mL、1.00mL、2.00mL、3.00mL、4.00mL 和 5.00mL，加纯水至 100mL。

（2）于水样及标准系列中各加 2mL 二氮杂菲溶液、10mL 缓冲液、1.0mL 盐酸羟胺-亚铁溶液和 10mL 三氯甲烷（每加入一种试剂均需摇匀），萃取振摇 2min，静置分层，于分液漏斗颈部塞入一小团脱脂棉，分出三氯甲烷相于干燥的 10mL 比色管中，供测定。

（3）于 510nm 波长，用 3cm 比色皿，以三氯甲烷为参比，测量吸光度。

（4）绘制工作曲线，从曲线上查出样品管中阴离子合成洗涤剂的质量。

三、结果计算

$$\rho(\text{DBS}) = \frac{m}{V}$$

式中 ρ（DBS）——水样中阴离子合成洗涤剂（以十二烷基苯磺酸钠计）的质量浓度，mg/L；

m——从工作曲线上查得的阴离子合成洗涤剂（以十二烷基苯磺酸钠计）的质量，μg；

V——水样体积，mL。

进度检查

一、填空题

1. 阴离子合成洗涤剂的测定中，使用亚甲蓝分光光度法，若取 100mL 水样进行测定，最低检测限为_____mg/L。

2. 水样酸度不能过大或过小，适宜的 pH 范围为____~8.0，否则应用_____或_____溶液调节至合适酸度。

3. 在水样分析中,以三氯甲烷作参比,用_____cm 比色皿。在_____nm 波长处测定吸光度。

4. 二氮杂菲萃取分光光度法最低检测质量为_____μg。

二、判断题

1. 亚甲蓝染料在水溶液中与阴离子合成洗涤剂形成易被有机溶剂萃取的绿色化合物。根据有机相绿色的强度,测定阴离子合成洗涤剂的含量。（ ）

2. 能与亚甲蓝反应的物质对亚甲蓝分光光度法均有干扰。酚、有机硫酸盐、磺酸盐及大量氯化物、硝酸盐、硫氰化物等均可使结果偏低。（ ）

3. 以十二烷基苯磺酸钠质量为纵坐标,吸光度为横坐标,绘制标准曲线。
（ ）

三、简答题

1. 试述二氮杂菲萃取分光光度法的原理。

2. 二氮杂菲萃取分光光度法所用的试剂有哪些?

四、操作题

测定水中的阴离子合成洗涤剂的含量,教师检查:

1. 标准曲线的绘制是否正确。

2. 数据处理的过程是否正确。

水样中有机化合物的测定分析
技能考试内容及评分标准

处理电镀废水,保护生态环境

参考文献

[1] 刘红晶. 化工产品分析与检验基础. 北京：中国石化出版社，2017.
[2] 侯小伟，韩雅楠，王茹. 化工产品分析检验. 北京：化学工业出版社，2016.
[3] 王翠萍，赵发宝. 煤质分析及煤化工产品检测. 北京：化学工业出版社，2009.
[4] 魏培海，曹国庆. 仪器分析. 3版. 北京：高等教育出版社，2014.
[5] 于世林，苗凤琴. 分析化学. 3版. 北京：化学工业出版社，2010.
[6] 刘珍. 化验员读本（上、下册）. 4版. 北京：化学工业出版社，2004.
[7] 武汉大学. 分析化学. 6版. 北京：高等教育出版社，2016.
[8] 曾泳淮，林树昌. 分析化学（仪器分析部分）. 2版. 北京：高等教育出版社，2004.
[9] 罗明标，张燮. 工业分析化学. 3版. 北京：化学工业出版社，2018.
[10] 易兵，方正军. 工业分析. 2版. 北京：化学工业出版社，2021.
[11] 李广超，王香善，田久英. 工业分析. 3版. 北京：化学工业出版社，2021.